目指せ達人 基本&活用術

PowerPoint基本&活用術編集部［著］

本書のサポートサイト
本書のサンプルファイルや補足情報、訂正情報を掲載しております。適宜ご参照ください。
https://book.mynavi.jp/supportsite/detail/9784839984618.html

■本書は初版第1刷（2023年9月）時点の情報に基づいて執筆・制作されております。
本書に登場する製品やソフトウェア、サービスのバージョン、画面、機能、URL、製品のスペックなどの情報は、すべてその原稿執筆時点のものです。執筆以降に変更されている可能性がありますので、ご了承ください。

■本書はMicrosoft 365のPowerPointを使用して制作しております。書籍内の操作手順やそれを記録した画面写真はMicrosoft 365 PowerPointのものです。その他のバージョンでは一部画面や操作手順が異なる場合がございます。

■本書に記載された内容は情報の提供のみを目的としております。
したがって、本書を用いての運用は、すべてお客様自身の責任と判断において行ってください。

■本書の制作にあたっては正確な記述につとめましたが、
著者や出版社のいずれも、本書の内容に関してなんらかの保証をするものではなく、
内容に関するいかなる運用結果についていっさいの責任を負いません。あらかじめご了承ください。

はじめに

PowerPointはExcelやWordと並んで、ビジネスの現場でよく使われているソフトです。資料作成・プレゼンのために特化した機能を備えており、ExcelなどのOffice製品を使ったことがある人であれば、誰でも使うことができる汎用的かつシンプルな操作性が特徴です。プレゼン資料や配布資料を作成するとき、まずはPowerPointを立ち上げてみる、という人もいるくらい、PowerPointは資料作成に欠かせない存在であるといえるでしょう。

ただし、誰でも何となく使えてしまうからこそ、PowerPointの使い方をしっかり教えてもらったことがあるという人はなかなかいないのではないでしょうか。過去の資料を参考にしながら、見よう見まねでPowerPointを使っているために、本来活用すべき機能の存在を知らず、効率のよい資料作成ができずにいる、ということはままあることです。

本書では、PowerPointの基本の操作や情報をまとめ、初心者の方がつまずきやすいスライドマスター機能や表・グラフの作成など、ビジネスで必要になる頻度が高い機能を中心にまとめました。操作画面を多く掲載し、一つひとつの手順を丁寧に紹介しているので、操作に迷うことはありません。また、基本の入力やスライドショーの使い方だけでなく、見やすい資料を作るためのワザもコラムやTIPSで紹介しているので、資料作成に苦手意識がある人でも、本書を活用すればサクッとカンタンに使いこなすことができるようになります。

Chapter1と2ではPowerPoint操作の基本を解説し、Chapter3以降では、実際の資料作成において必要となる入力や箇条書き、グラフ、表作成機能をはじめ、PowerPointならではのアニメーション機能、スライドショー機能を紹介しています。特にChapter2で解説しているスライドマスター機能は、PowerPointにはじめて触れる方にはあまり馴染みがなく、使用を避けてしまいがちです。しかしながら、統一感のある資料を効率よく作成するためには、ぜひとも覚えておきたい機能でもあります。

PowerPointの機能を活用し、わかりやすい資料を作るための手がかりとして、本書をご活用いただければとても嬉しく思います。

2023年9月　PowerPoint基本&活用術編集部

Contents

●目次

Chapter7 アニメーション&スライドショーの実行 157

Chapter8 配布資料も大事! 印刷と保存 187

PowerPointを使ううえで知っておきたい画面

PowerPointを操作するための基本情報は主にChapter1と2で解説していますが、ここでは［Backstage］ビューなど、本書で解説している操作をスムーズに実行するために知っておきたい画面についてまとめました。

■ Backstageビュー

［ファイル］タブをクリックすると表示できる［Backstage］ビューでは、新しいファイルの作成や保存、印刷など、ファイルに対するさまざまな操作を行うことができる画面です。

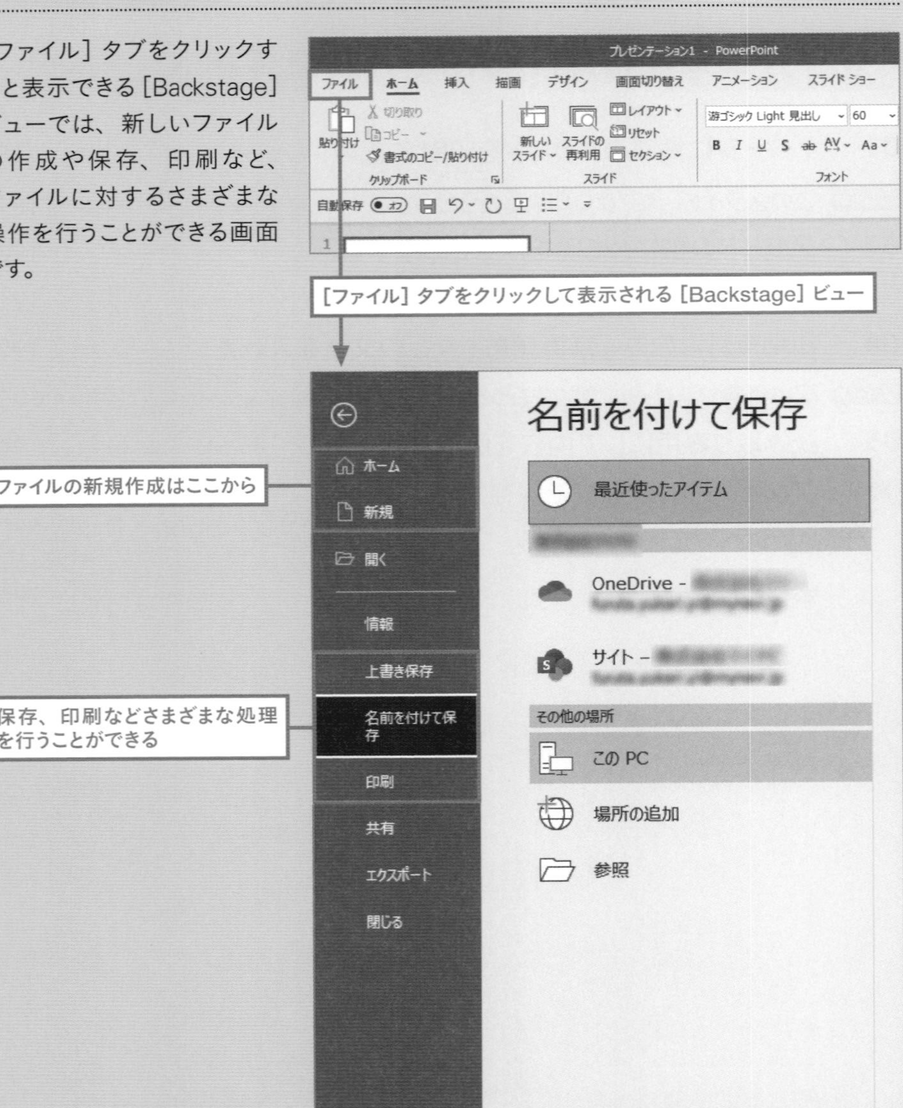

■ オプション画面

[Backstage] ビューの下部にある [オプション] をクリック（画面によっては [その他] → [オプション]）すると、PowerPointのオプション画面が表示できます。

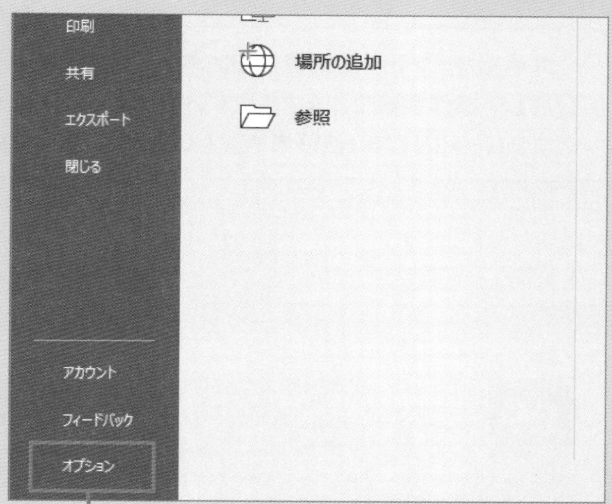

印刷
共有
エクスポート
閉じる
アカウント
フィードバック
オプション
場所の追加
参照

[Backstage] ビューの下部にある [オプション]（画面によっては [その他] → [オプション]）をクリック

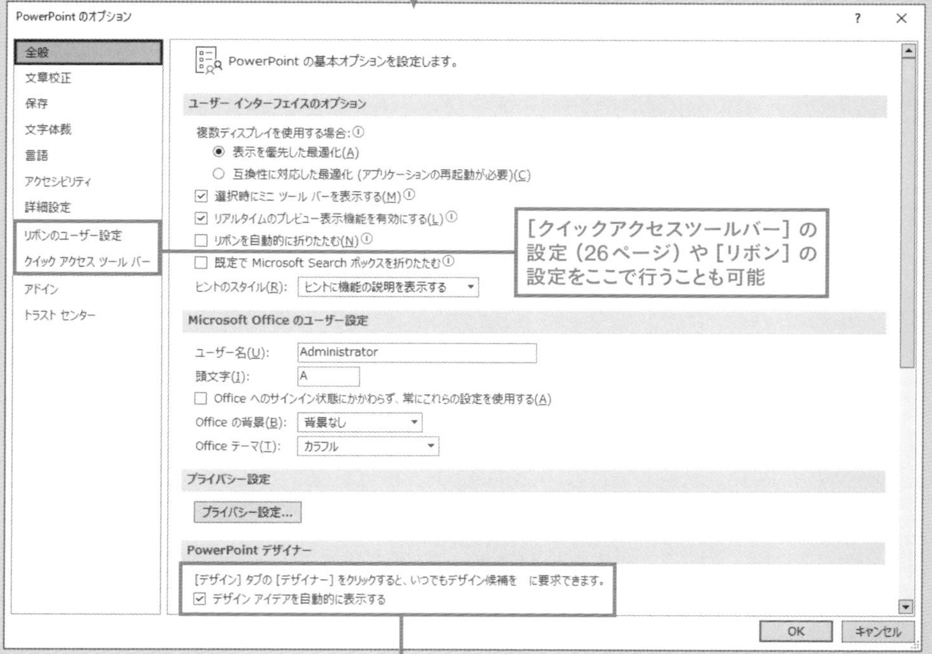

PowerPoint のオプション
全般
文章校正
保存
文字体裁
言語
アクセシビリティ
詳細設定
リボンのユーザー設定
クイック アクセス ツール バー
アドイン
トラスト センター
PowerPoint の基本オプションを設定します。
ユーザー インターフェイスのオプション
複数ディスプレイを使用する場合:
表示を優先した最適化(A)
互換性に対応した最適化 (アプリケーションの再起動が必要)(C)
選択時にミニ ツール バーを表示する(M)
リアルタイムのプレビュー表示機能を有効にする(L)
リボンを自動的に折りたたむ(N)
既定で Microsoft Search ボックスを折りたたむ
ヒントのスタイル(R): ヒントに機能の説明を表示する
Microsoft Office のユーザー設定
ユーザー名(U): Administrator
頭文字(I): A
Office へのサインイン状態にかかわらず、常にこれらの設定を使用する(A)
Office の背景(B): 背景なし
Office テーマ(T): カラフル
プライバシー設定
プライバシー設定...
PowerPoint デザイナー
[デザイン] タブの [デザイナー] をクリックすると、いつでもデザイン候補を　に要求できます。
デザイン アイデアを自動的に表示する
OK
キャンセル

[クイックアクセスツールバー] の設定（26ページ）や [リボン] の設定をここで行うことも可能

デザインアイデアの表示設定など、基本の設定が行える

本書の使い方

◎大事なポイントが箇条書きになっているからわかりやすい!
◎詳しい操作手順でつまずきやすいポイントもしっかり解説
◎コラムとHINTで、使い方や詳しい情報を徹底網羅

重要なポイントは、まずここで確認しましょう

ていねいな手順があるから迷わず操作できます

09 複数の図を組み合わせたら必ずグループ化する

Point
● 複数の図はグループ化しておくと1つの図として扱える
● 回転や拡大だけでなく、塗りつぶしや枠線の変更も1回で済むのでらくちん

複数の図形を1つにまとめることを「グループ化」といいます。グループ化された図形は1つの図形と同じようにまとめて移動や拡大・縮小ができます。**図形を作成したら、ある程度のまとまりごとに必ずグループ化しておきましょう。**

グループ化したい図形を [Ctrl] キーで複数選択し、右クリックして表示させたメニューから [グループ化] → [グループ化] を選択します。

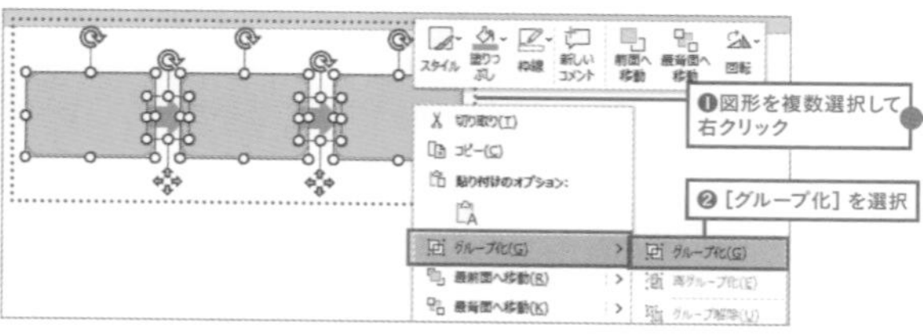

選択していた複数の図形がグループ化され、1つの図形として扱えるようになりました。図形を移動する際も、一つひとつバラバラに操作する必要がありません。

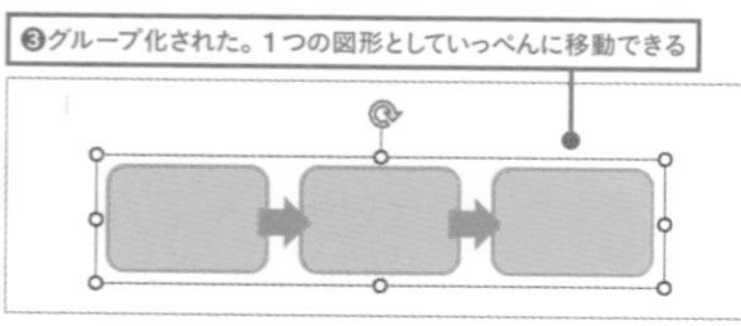

HINT グループ化の解除

グループ化した図は解除してまた単体の図形に戻すこともできます。❶グループ化した図形を選択して右クリックし、表示されたメニューから❷ [グループ解除] を選択します。

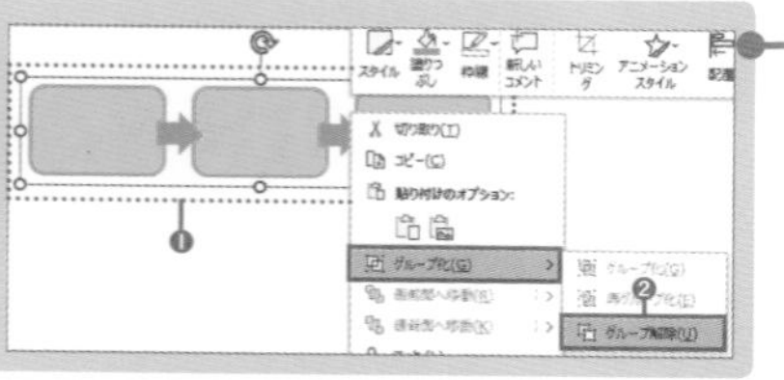

知っておくと便利な情報や、効果的な使い方を紹介しています

146

Chapter 1

必須操作をマスターしよう

PowerPointを使いこなすために、まずは基本をおさえておきましょう。ここでは画面の見方やスライドの作り方・保存の方法など、基本の操作を解説しています。

01 PowerPointで何ができるの？

- 効率的に資料作成ができる機能が満載
- プレゼン時にはスライドショー機能を使用。印刷して配布も◎

資料作成の強い味方

PowerPointを使えば会議や発表に使用するスライド資料を効率的に作成できます。作成した資料はスライドショー機能を使ってプレゼンテーションを行ったり、PDF保存または印刷して配布することができます。

テンプレートやスライドマスターなど、効率的に資料を作成できるさまざまな機能を搭載

作成した資料はスライドショー機能を使って発表できる。特定のスライドのみを表示したり自動再生することも可能

プレゼン形式に合わせて資料を提出する

PowerPointを使ったプレゼンというと、大人数の前で発表するセミナーや説明会でのスライドショー機能を思い浮かべる人が多いかもしれません。ですが、少人数の打ち合わせでは印刷した資料を配布してページごとに説明したり、リモート会議ではPDF保存した資料を事前配布、または画面共有して使用するなど、その場に応じてさまざまな使い方をすることができます。印刷については本書の188ページ以降、PDF保存について195ページで詳しく解説しています。

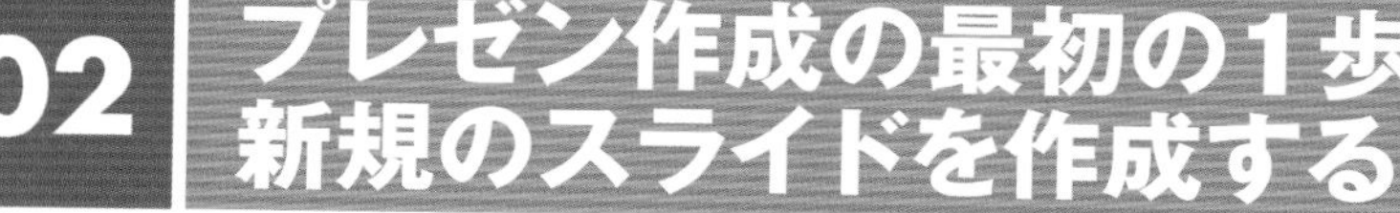

02 プレゼン作成の最初の1歩 新規のスライドを作成する

- 新規プレゼンテーションの作成方法を知る
- 新規スライドではタイトルスライドのみが作成されている

1 新しいプレゼンテーションを選択する

実際にスライドを作成してみましょう。PowerPointを起動し［ホーム］または［新規］タブから［新しいプレゼンテーション］をクリックします。

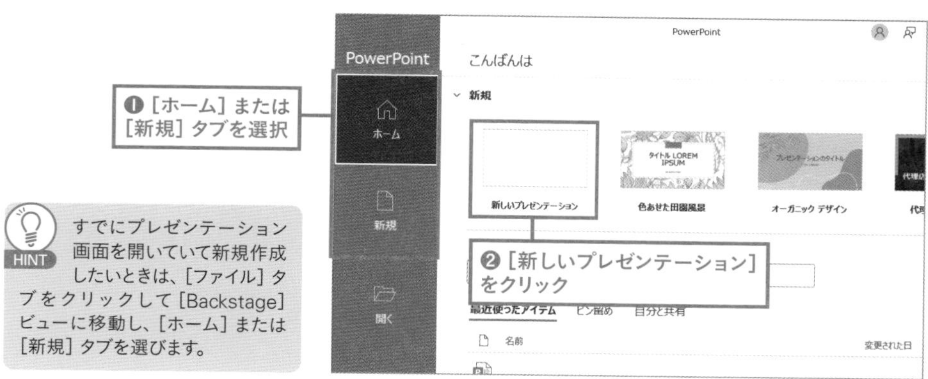

HINT すでにプレゼンテーション画面を開いていて新規作成したいときは、［ファイル］タブをクリックして［Backstage］ビューに移動し、［ホーム］または［新規］タブを選びます。

2 プレゼンテーション画面が表示された

新しいプレゼンテーション画面が作成され、白紙のタイトルスライドのみが作成・表示されています。

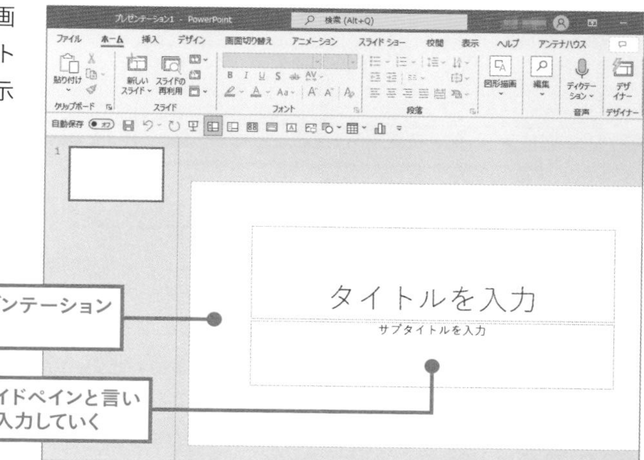

03 覚えておけば操作がスムーズ！ PowerPointの画面構成

- PowerPointの画面構成を知る
- 表示形式の違いを知る

PowerPointの標準画面

15ページで作成した新規スライドを見ながら、PowerPointの基本画面を確認しましょう。**上部には各機能のボタンが並んだリボン、中央部分にはスライド編集を行う「スライドペイン」が表示され、左側にはスライドの縮小イメージが並べられています。**ここではPowerPoint Microsoft 365の画面を例に解説していきます。

境界線にポインターを合わせてドラッグすると、スライドタブとスライドペインの大きさを変更できる

❶リボン	実行できる機能のボタンがカテゴリごとにタブで分けられている
❷クイックアクセスツールバー	よく利用するボタンを表示。追加・削除でカスタマイズ可能
❸スライドタブ	スライドの縮小イメージを表示

❹ステータスバー	スライドの枚数や現在の作業状態を表示
❺スライドペイン	スライドを編集するためのエリア（初期設定のスライドサイズは、ワイド画面に対応した16：9。サイズの変更は32ページを参照）
❻表示モードの切り替えボタン	表示方法［ノート］［標準］［スライド一覧］［閲覧表示］［スライドショー］を切り替えできる
❼ズーム	スライドペインに表示するスライドの表示倍率を変更する

さまざまな表示形式を知る

［表示］タブ、または表示モードの切り替えボタンをクリックすると、表示形式を変更することができます。

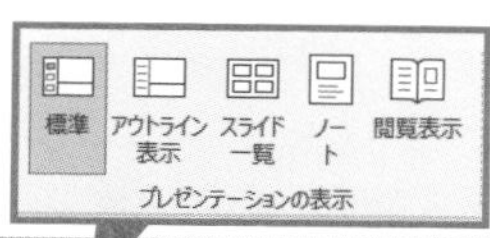

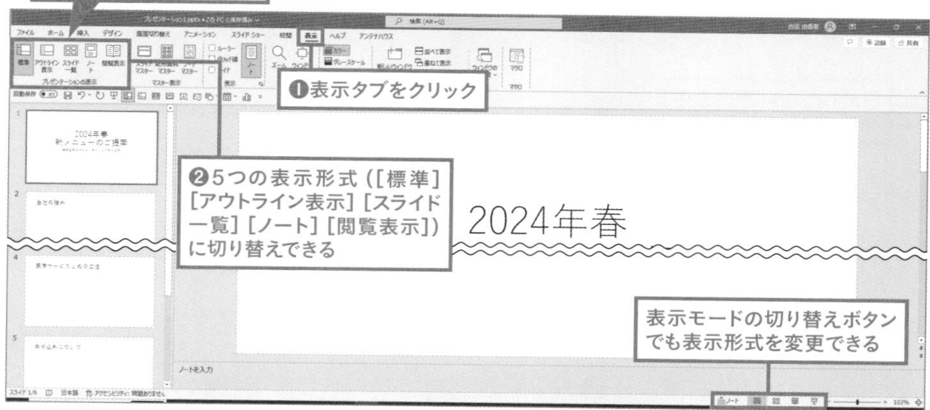

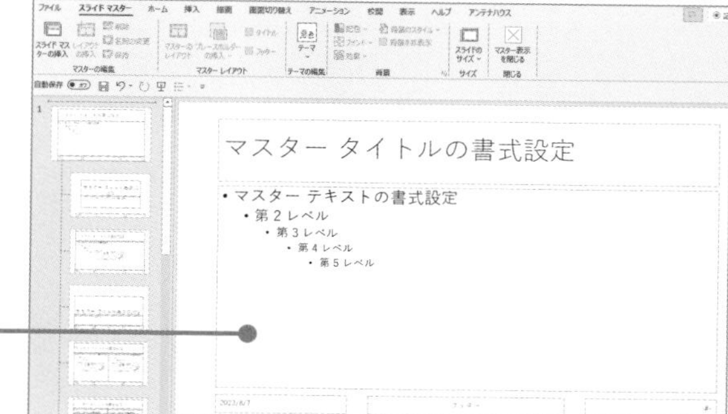

■ アウトライン表示

左側にアウトライン（各スライドのタイトルとメインテキスト）が表示されている

■ スライド一覧表示

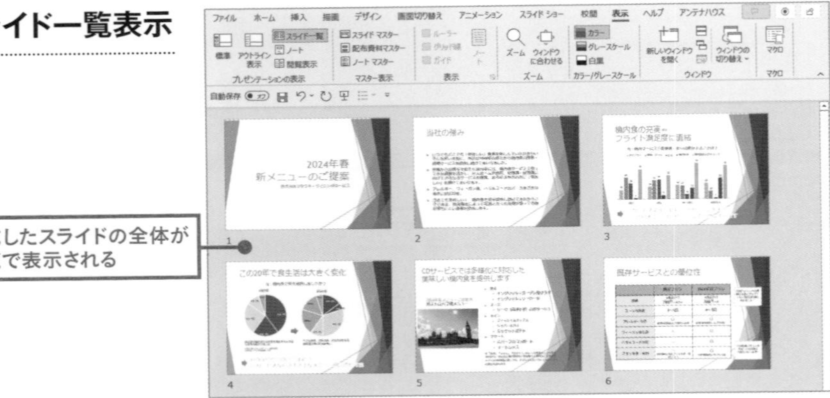

作成したスライドの全体が一覧で表示される

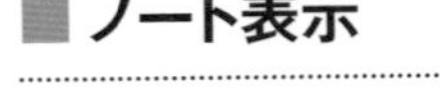

■ ノート表示

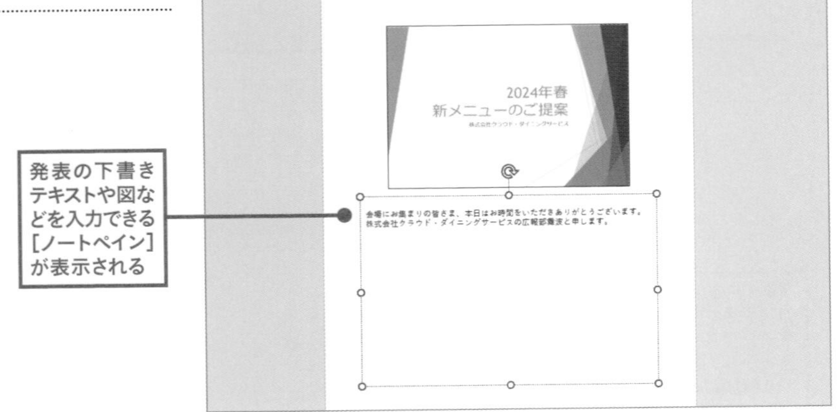

発表の下書きテキストや図などを入力できる［ノートペイン］が表示される

04 タブと操作コマンドを知る

- タブの操作方法を知る
- ウィンドウサイズによってタブや機能が隠れてしまうことに注意

操作するときは「タブ」→「操作コマンド」の順と覚える

15ページで説明したように、スライドを開くと、上部に［ファイル］［ホーム］［挿入］［デザイン］……と操作コマンドを目的別にまとめたタブが表示されています。**［ファイル］タブをクリックすると、保存や印刷の操作ができる［Backstage］ビューが開きます。**

［ホーム］タブをクリックすると、フォントの設定や箇条書きスタイルの設定など、スライドを作成するうえで使用頻度の高い基本の操作コマンドがまとめられています。

❶［ファイル］タブをクリックすると…

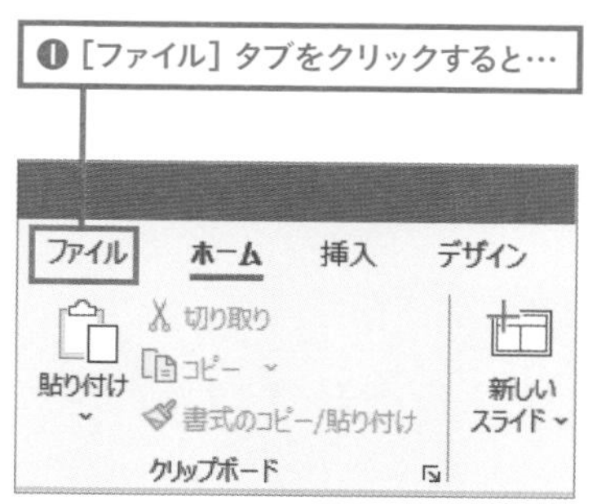

［Backstage］ビューが開き、
新規スライドの作成や保存、印刷が行える

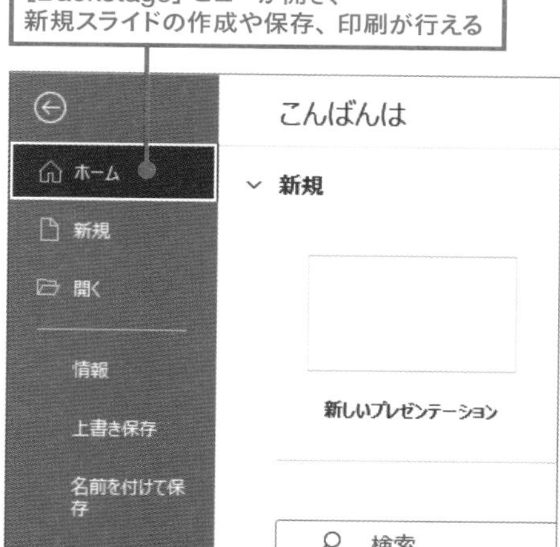

❷［ホーム］タブをクリックすると…

スライドを追加する［新しいスライド］ボタンやフォントの大きさ、色の設定項目、箇条書きのスタイル設定項目が表示される

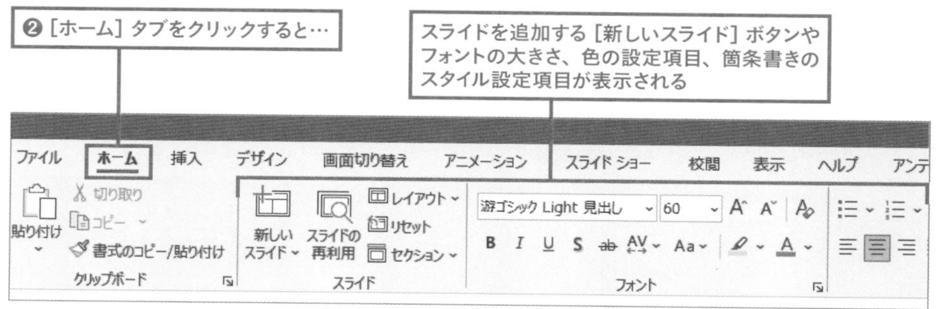

よく使用するタブと機能一覧

❶ [ホーム] タブ	[新しいスライド] [フォント] [段落] [図形描画] etc.
❷ [挿入] タブ	[新しいスライド] [表] [画像] [図] [テキスト] etc.
❸ [デザイン] タブ	[テーマ] [バリエーション] [ユーザー設定] etc.
❹ [スライドショー] タブ	[スライドショーの開始] [設定] etc.
❺ [表示] タブ	[プレゼンテーションの表示] [マスター表示] etc.

※一部機能は重複して表示されています

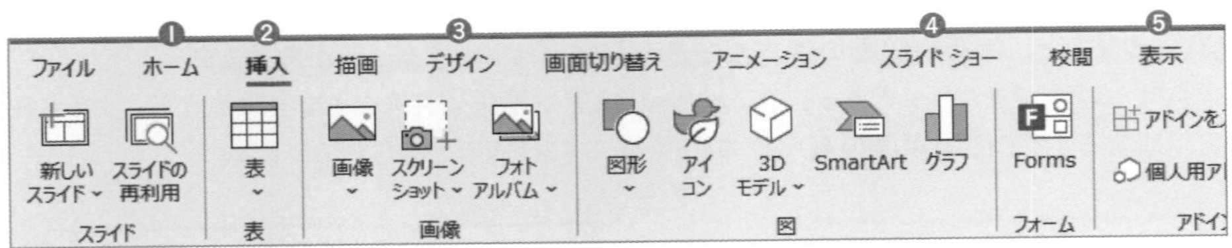

画像は [挿入] タブを選択した状態

TIPS リボンは表示・非表示が切り替えできる

タブとリボンは初期状態ではどちらも表示されていますが、非表示にすることもできます。モニターが小さいときなど、コマンドを非表示にしてスライドペインを最大限大きく表示するのに有効ですが、慣れないうちはどちらも表示しておきましょう。

以前の画面

初期設定では [タブとコマンドの表示] 状態。試しに [タブの表示] にしてみると…

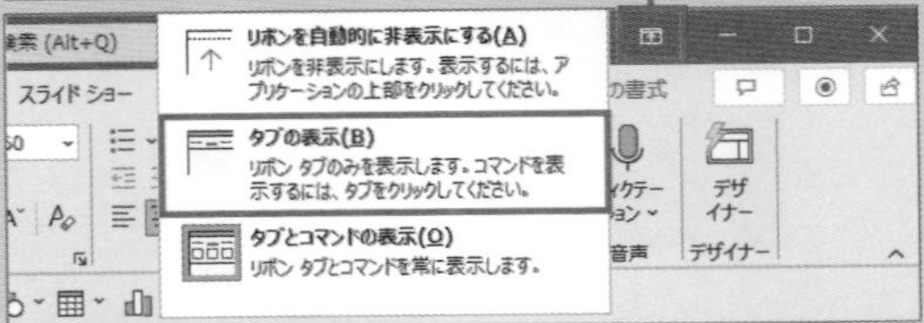

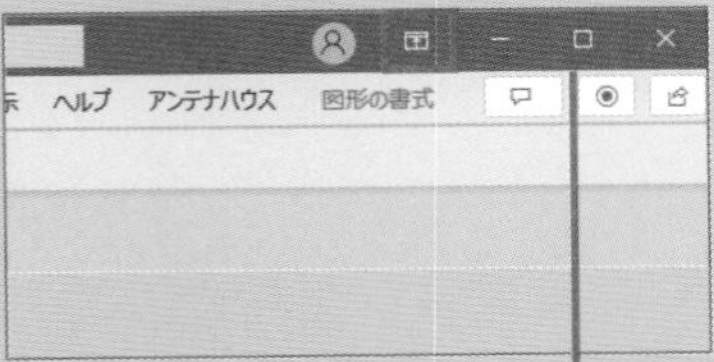

リボンを自動的に非表示にする(A)
リボンを非表示にします。表示するには、アプリケーションの上部をクリックしてください。
タブの表示(B)
リボン タブのみを表示します。コマンドを表示するには、タブをクリックしてください。
タブとコマンドの表示(O)
リボン タブとコマンドを常に表示します。

コマンド部分が非表示になった。タブをクリックしたときのみ、各コマンドが表示される。戻すときは同じようにこの部分をクリックして [タブとコマンドの表示] を選択

Office2021の画面

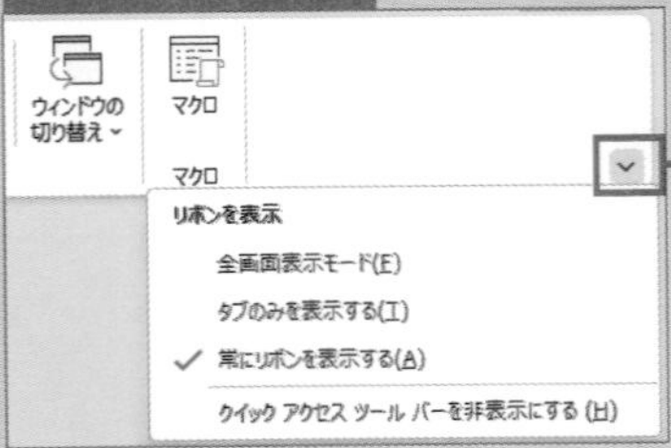

ウィンドウの切り替え
マクロ
リボンを表示
全画面表示モード(F)
タブのみを表示する(T)
常にリボンを表示する(A)
クイック アクセス ツール バーを非表示にする (H)

[リボンの表示オプション] をクリック

特定の機能を選択したときのみ表示される限定タブ

タブの中には、特定のコマンドを選択している場合にのみ表示されるものもあります。たとえば［表示］タブの中の［スライドマスター］を選択すると、通常は表示されていない［スライドマスター］タブが表示されます。

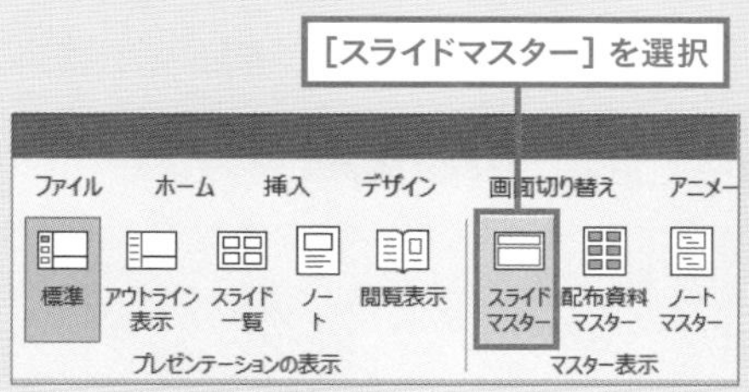

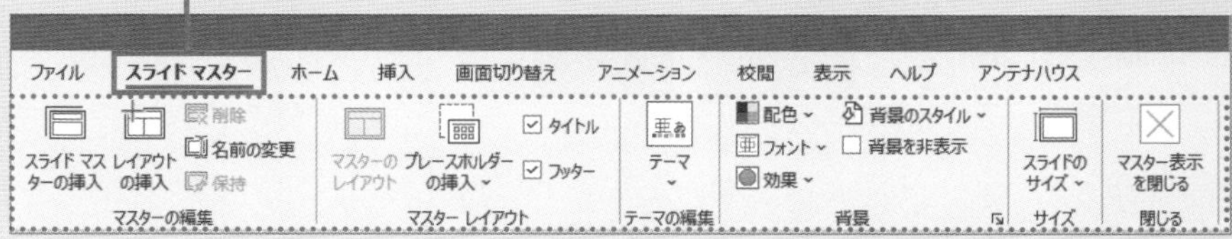

スライドマスターのほかにも、作成した表を選択した状態でのみ表示される［テーブルデザイン］タブや［レイアウト］タブなどがあります。操作手順にあるタブが見つからないときは、このようにタブが表示される条件を満たしているかを確認してみましょう。

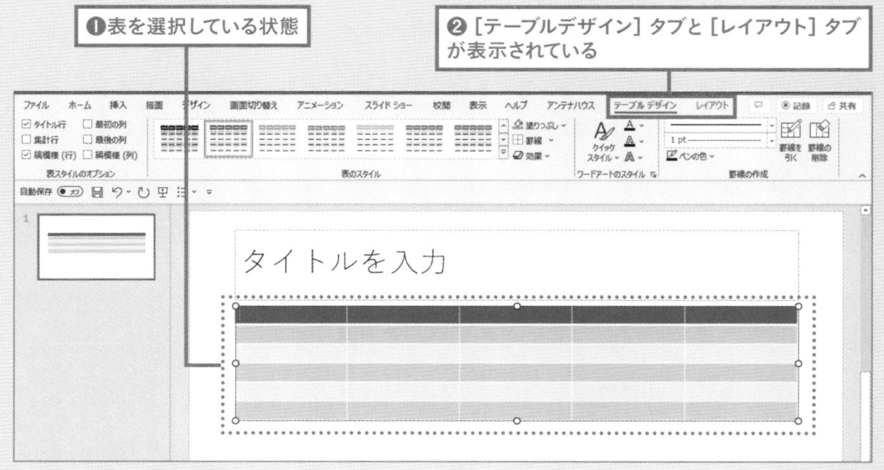

ウィンドウサイズによってはタブや機能が省略して表示されてしまうことも

PowerPointを開いたときのウィンドウサイズが小さい場合、本来表示されるタブや機能のすべてが表示されないことがあります。本書を読む中で、同じ操作をしているはずなのに、タブや機能が表示されていない、という場合は、ウィンドウサイズを広げてみましょう。

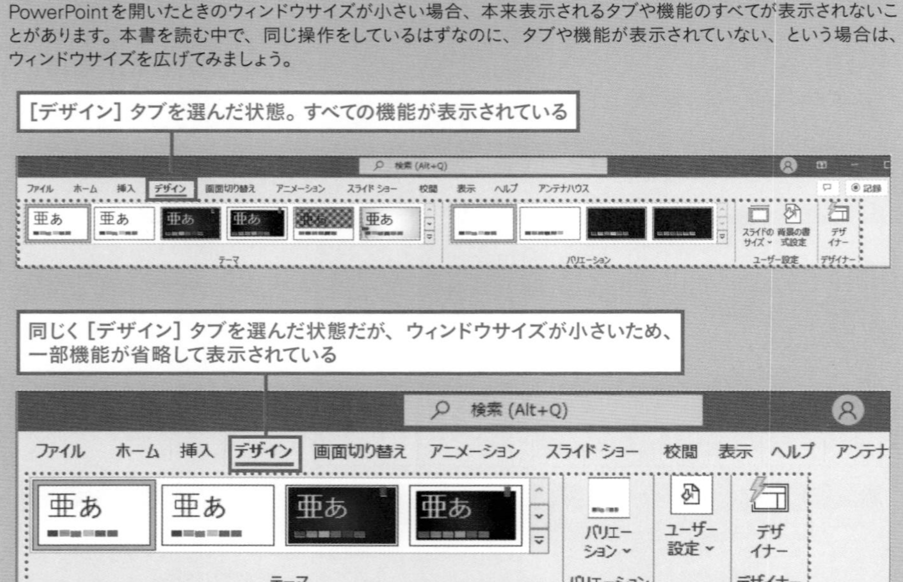

05 1クリックで新しいスライドを追加する

Point
- スライドの追加方法を知る
- スライド削除は右クリックでメニュー表示→［スライドの削除］を選択

［新しいプレゼンテーション］をクリックしてファイルを作成すると、タイトルスライドのみが表示されます。このとき**［新しいスライド］の上部をクリックすると、内容部分（［タイトルとコンテンツ］レイアウトのスライド）を追加することができます。**

1 新しいスライドを追加する

左側のスライドタブでスライドを追加したい位置の前のスライドを選択し、［ホーム］タブから［新しいスライド］ボタンの上部分をクリックします。

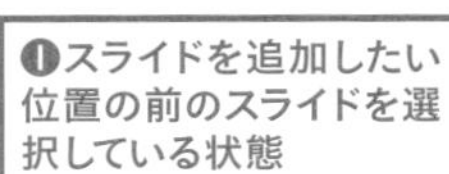

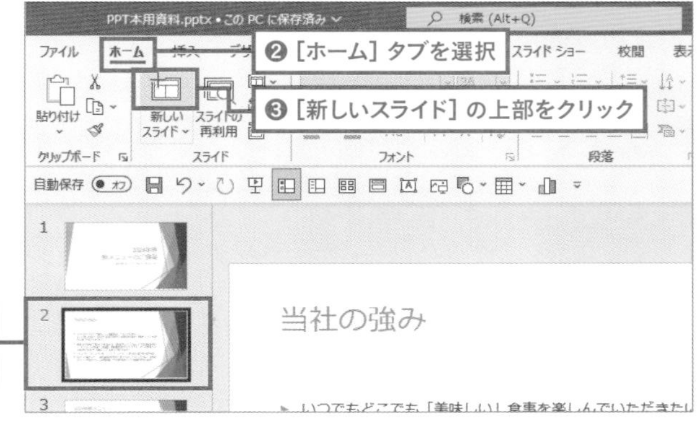

2 スライドが追加された

選択したスライドのあとに新しいスライドが追加されました。

スライドを削除するには？

TIPS

左側のスライドタブで❶削除したいスライドを右クリックし、❷メニューから［スライドの削除］をクリックすると削除できます。

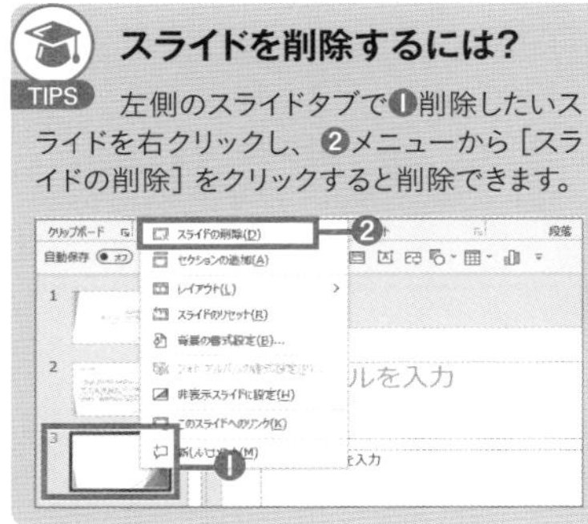

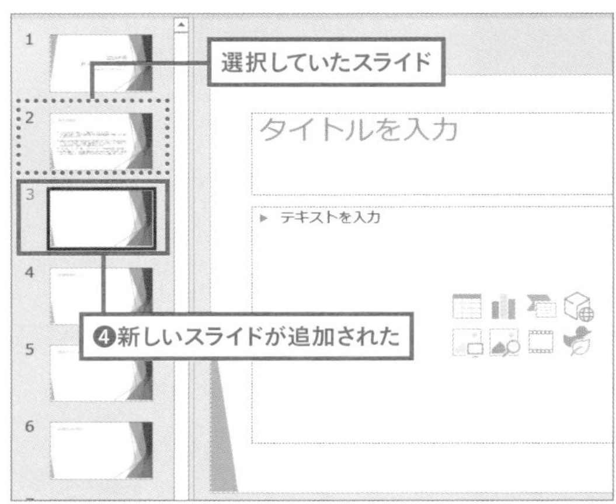

06 作成したスライドを保存する

- スライドの保存方法を知る
- ファイルの拡張子は「.pptx」

作成したスライドは作業中こまめに保存しましょう。予期せぬ事態によってパソコンが強制終了しても、変更した内容を失わず、慌てずにすみます。

デスクトップやフォルダに保存する

［ファイル］タブを選択して［Backstage］ビューを開きます。［名前を付けて保存］を選択し、［参照］をクリックして［保存］ダイアログを表示します。保存先を選び、資料に名前を付けて［保存］ボタンをクリックして保存します。

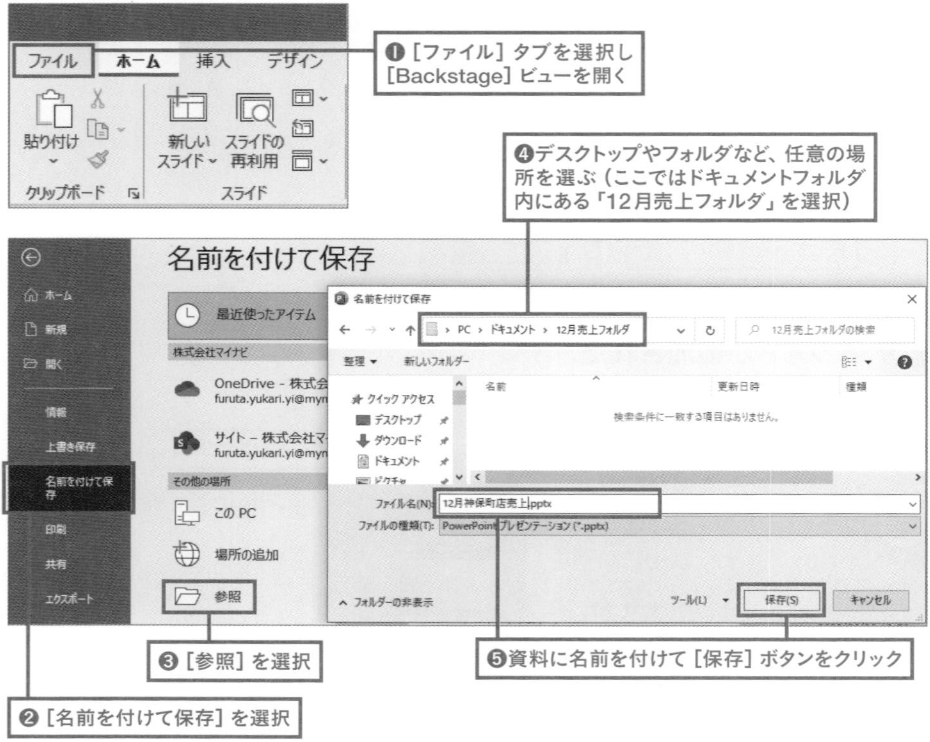

❶［ファイル］タブを選択し［Backstage］ビューを開く

❷［名前を付けて保存］を選択

❸［参照］を選択

❹デスクトップやフォルダなど、任意の場所を選ぶ（ここではドキュメントフォルダ内にある「12月売上フォルダ」を選択）

❺資料に名前を付けて［保存］ボタンをクリック

スライド形式で保存する場合、拡張子はPowerPointのファイル形式である「.pptx」を選ぶようにしましょう。

07 保存したPowerPointファイルを開く

- 保存した資料の開き方を知る
- クイックアクセスツールバーについて知る

保存したPowerPointを開くにはファイルをダブルクリックします。すでにPowerPointを起動している場合は、以下の手順のように保存時と同様［ファイル］タブから開きます。

保存したファイルを開く（すでにPowerPointを起動済みの場合）

［ファイル］タブを選択して［Backstage］ビューを開きます。［開く］を選択し、［参照］をクリックして［ファイルを開く］ダイアログを表示します。保存したフォルダ内にあるPowerPointファイル（拡張子が「.pptx」のもの）を選択し、［開く］ボタンをクリックしてファイルを開きます。

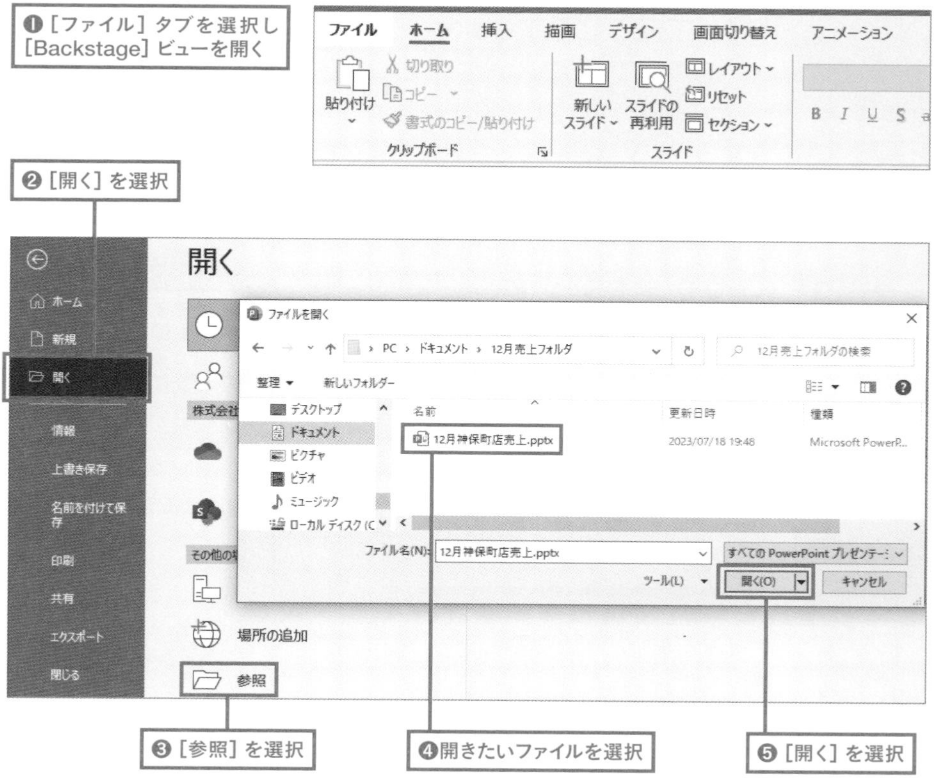

❶［ファイル］タブを選択し［Backstage］ビューを開く

❷［開く］を選択

❸［参照］を選択

❹開きたいファイルを選択

❺［開く］を選択

Column クイックアクセスツールバーをカスタマイズする

リボン下にいくつかコマンドアイコンが表示されていることに気付いた人はいるでしょうか？これは［クイックアクセスツールバー］といって、よく使用する機能などをまとめて表示しておくことができる場所です。タブを選んでからコマンドを選ぶ……という動作に時間がかかる場合や、使用頻度の高い機能を表示しておくと、効率的な資料作成ができるようになります。

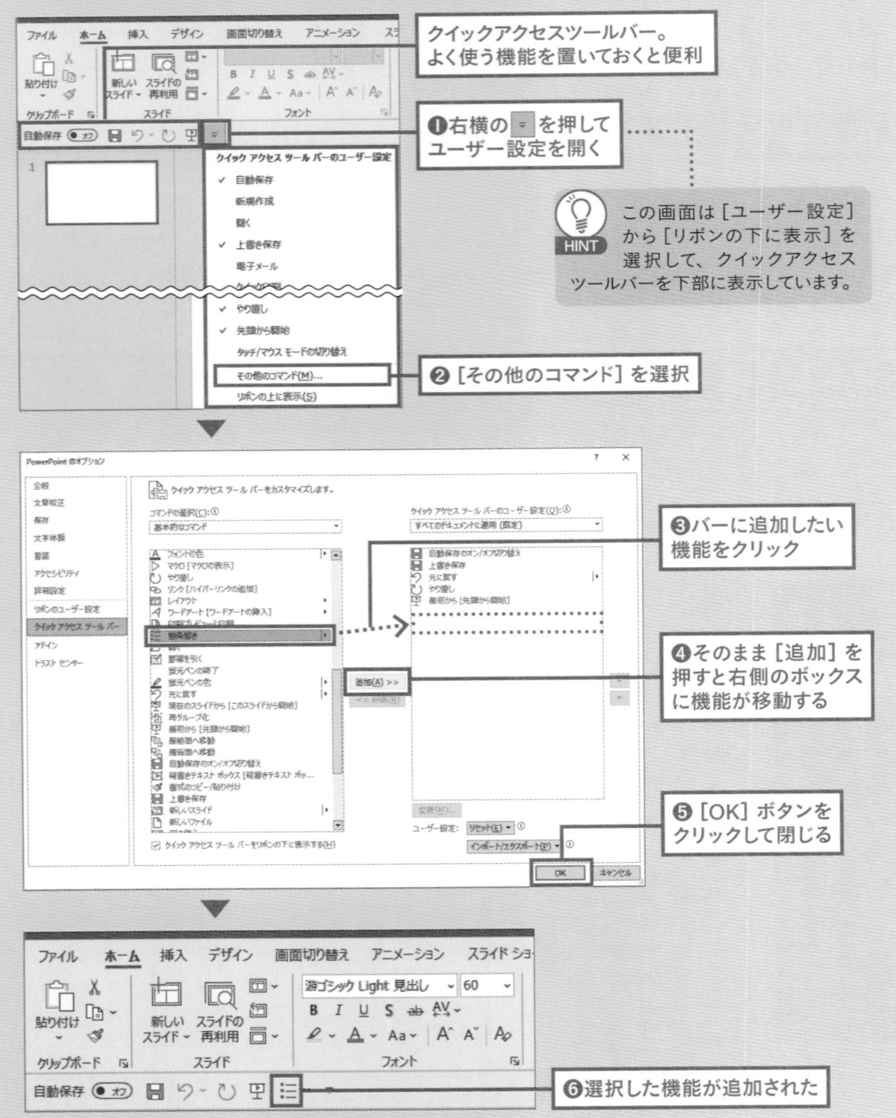

Chapter2

資料作成のための下準備とデザイン

ここではPowerPointのテンプレートやスライドマスター機能など、思い通りの資料を作るために知っておきたいことをまとめました。スライドマスターは効率的な資料作成に欠かせない機能ですが、資料のデザイン性より先に入力について知りたい！　という方は、★の付いた項目のみ目を通し、Chapter 3を先に読み進めてもOKです。

01 スライドレイアウトは目的別に選ぶ

Point
- スライドの内容に合わせて追加できるレイアウトは11種類!
- デフォルトは［タイトルとコンテンツ］レイアウト

［新しいスライド］の上部をクリックすると、［タイトルとコンテンツ］レイアウトのスライドが追加されることは15ページで説明しました。**レイアウトにはこれ以外にもさまざまな種類があり、目的ごとに使用するレイアウトを変更します。**

1 レイアウトを選んで新しいスライドを追加する

左側のスライドタブで追加したい位置の前にあるスライドを選択し、［ホーム］タブから［新しいスライド］ボタンの下部分 ˅ をクリックすると、レイアウトの一覧が表示されます。［タイトルとコンテンツ］のほか、［2つのコンテンツ］や［比較］など、11種類のレイアウトが確認できます。

❶追加したい場所の前のスライドを選択

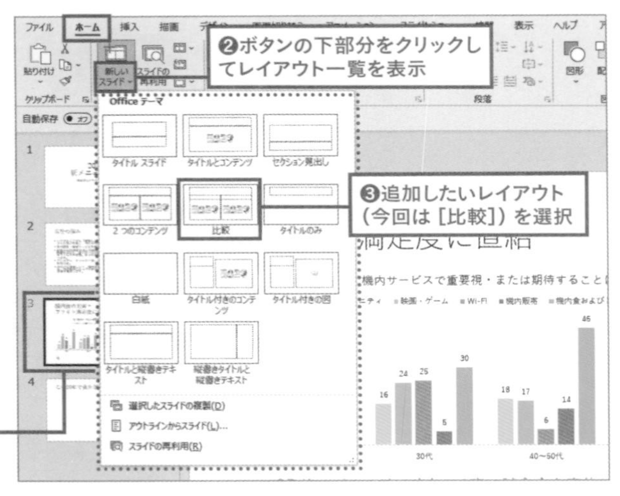

2 新しいスライドが追加された

選択したレイアウトが新規で追加されました。

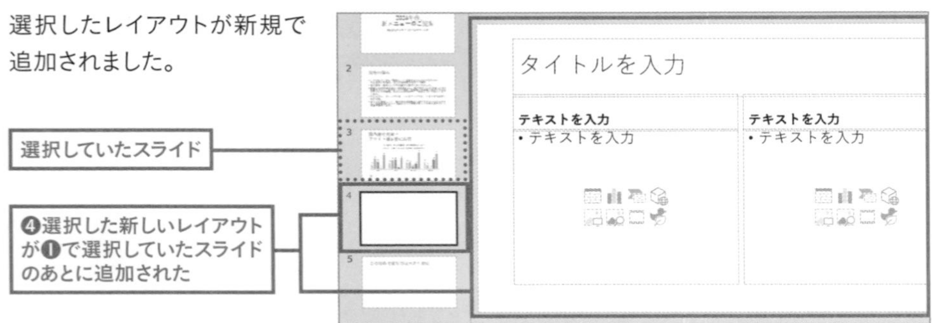

スライドレイアウトとは?

スライドレイアウトは、スライドのどの部分に何を配置するか、あらかじめ設定されているひな型のようなものです。初期状態で追加される［タイトルとコンテンツ］レイアウトは、どのような目的でも使用できる汎用的で便利なレイアウトですが、プレースホルダーが2つずつ用意されている［2つのコンテンツ］や［比較］は、複数の商品情報を掲載したり、前年度との売上比較をするのに適したレイアウトです。

資料の内容によって、レイアウトは臨機応変に変更しましょう。

2つのコンテンツ

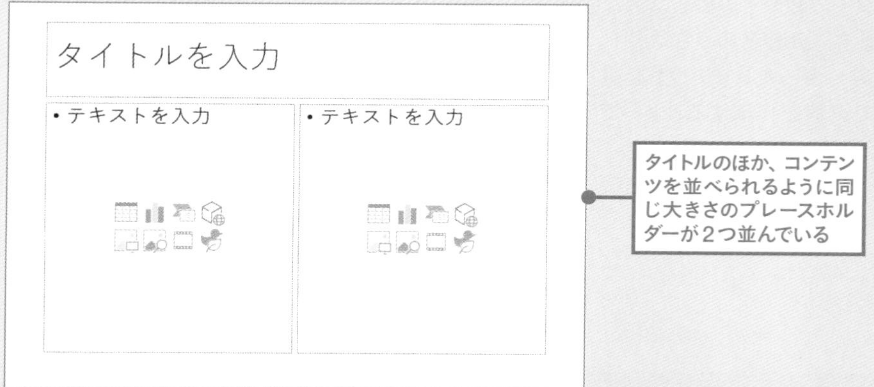

比較

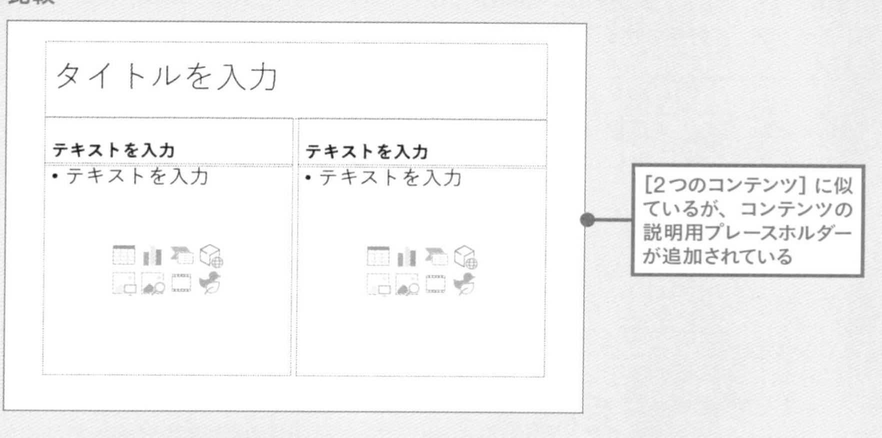

プレースホルダーって何?

選んだレイアウトによって、スライドには数・大きさの異なる点線の枠が表示されています。これは「プレースホルダー」といって、**スライドの中に何を入力するかあらかじめ決められたスペースです**。レイアウトによって、プレースホルダーの数やその目的は異なります。初心者のうちは特に内容に合ったレイアウトを選んで資料を作成するとよいでしょう。

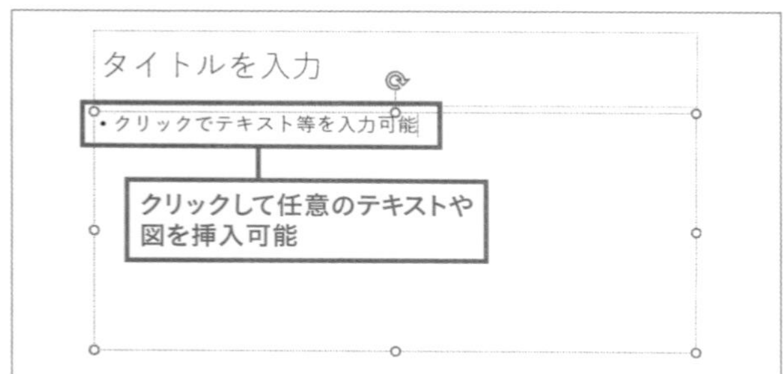

プレースホルダーのサイズは自由に変更できる

プレースホルダーは、クリック&ドラッグで自由に大きさを変更できます。プレースホルダーを選択し、サイズを変更したい○部分にカーソルを近付け、カーソルの形状が ⇕ になったら、ドラッグして好きなサイズに変更しましょう。

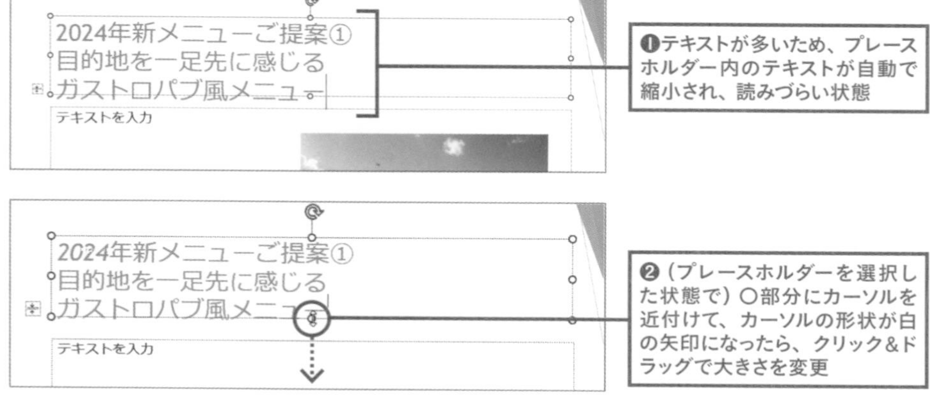

TIPS

入力後にレイアウトを変更したい

入力した内容はそのままにレイアウトだけ変更することもできます。❶レイアウトを変更したいスライドを選択し、❷［ホーム］タブから［レイアウト］を選択すると、スライドレイアウトが表示されます。❸変更したいレイアウトを選択すると、内容はそのままレイアウトが変わりました。

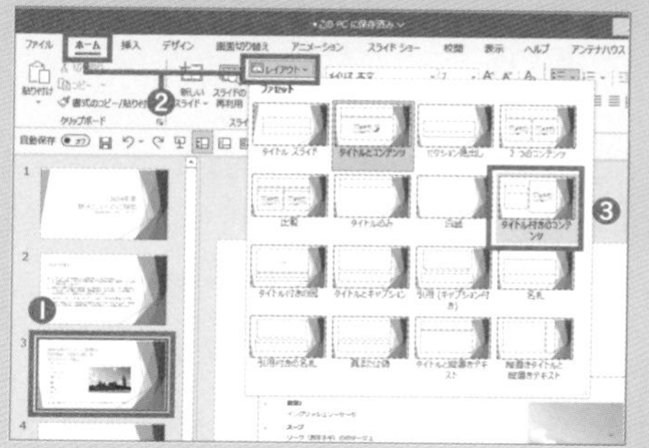

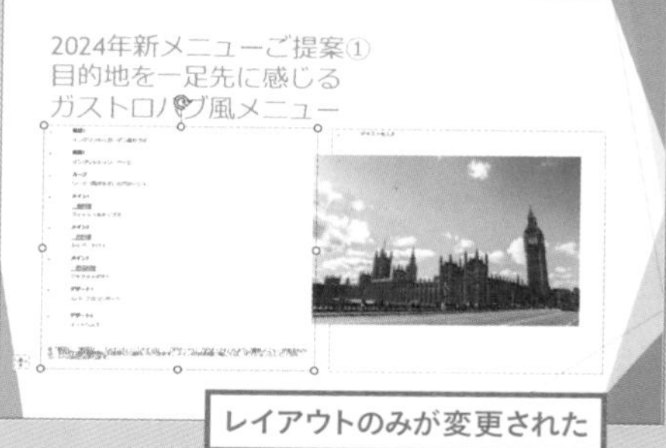

Column

プレースホルダーを初期状態に戻したい

内容に合わせてプレースホルダーの大きさを変更したけれど、元の大きさに戻したくなった……。そんなときはリセット機能を使いましょう。リセットしたいスライドを選択した状態で❶［ホーム］タブの［リセット］を押すと、❷プレースホルダーが初期状態のサイズに戻りました。

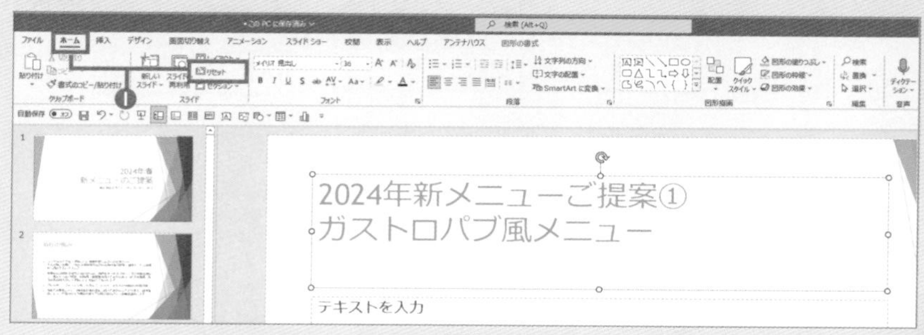

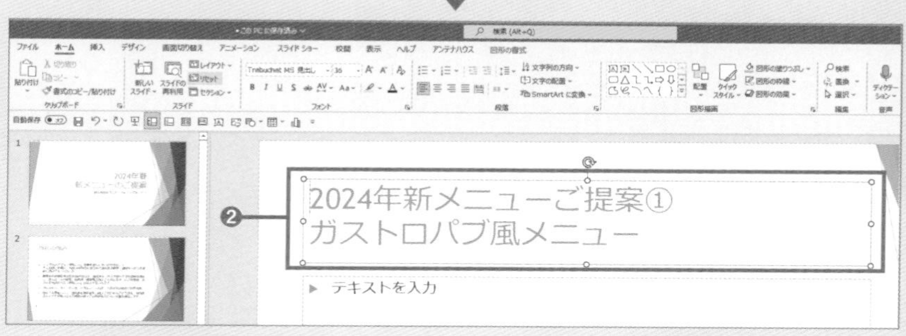

02 目的に合わせてスライドサイズを変更する ★

- スライドサイズ・向きはカスタマイズ可能
- 印刷を想定する資料はA4サイズに変更する

スライドを新規作成すると、少し横長のワイド画面（16：9）で作成されます。プロジェクターでスライド資料を投影する場合にはそのまま使っても問題ありませんが、**印刷用資料を作成する場合は、必ず最初にサイズを用紙サイズに合わせて変更しておきましょう。**

1 スライドのサイズを変更する

［デザイン］タブ→［スライドのサイズ］をクリックして［ユーザー設定のスライドのサイズ］を選択し［スライドのサイズ］ダイアログを表示します。［スライドのサイズ指定］のリストから変更したいサイズを選んで［OK］ボタンをクリックしましょう。

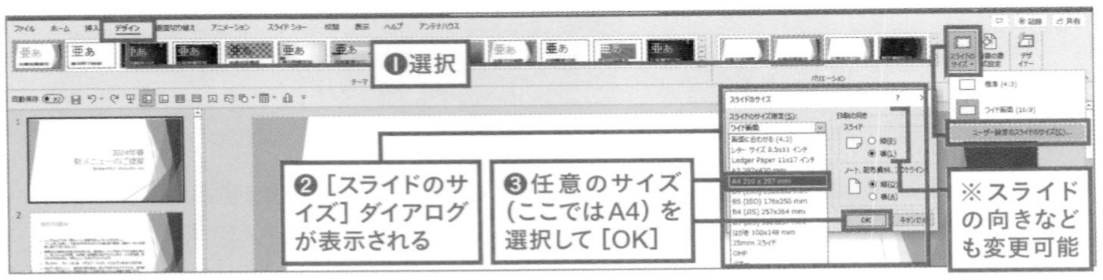

TIPS 印刷用資料の場合は必ず変更

作成したスライドサイズと用紙サイズが合っていないと、余白が想定していたよりも大きく印刷されてしまい、適切な資料作りができません。必ず印刷する用紙サイズに合わせてスライドサイズを変更しておきましょう（一般的なコピー機を使用する場合、「A4サイズ」で資料を作成しておくのがおすすめです）。

2 サイズが変更された

設定したスライドサイズに変更されました。

TIPS 既に内容を入力しているスライドの場合、入力したコンテンツをなるべく大きく表示するか、縮小して表示するかを選択するダイアログボックスが表示されます。レイアウトをなるべく崩したくない場合は［サイズに合わせて調整］を選択しましょう。

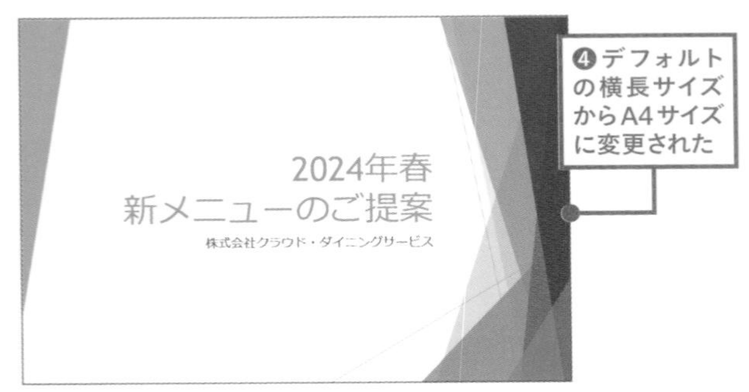

03 必ず入れたい! スライド番号 ★

Point
- スライド番号は［ヘッダーとフッター］機能から追加可能
- 表紙のスライド番号の非表示は［スライド開始番号］を変更する

資料を作成するときに必ず入れたいのがページ番号です。発表時、どのページを見てほしいかページ番号で説明ができ、参加者からの質問にもスムーズに対応できます。

1 ［挿入］タブの［ヘッダーとフッター］を選択する

［挿入］タブを選択し、右側にある［ヘッダーとフッター］または［スライド番号］を選択すると、［ヘッダーとフッター］ダイアログ ボックスが表示されます。

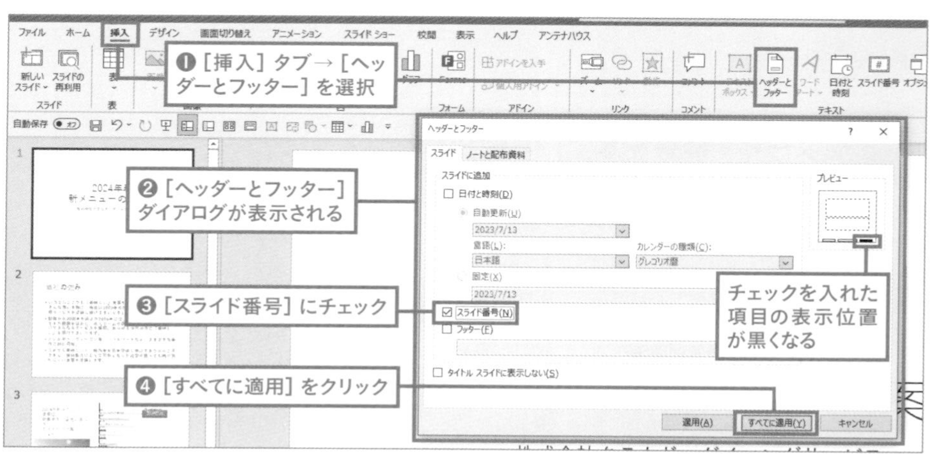

2 ［スライド番号］にチェックを入れる

スライドの右下にスライド番号が表示されます。

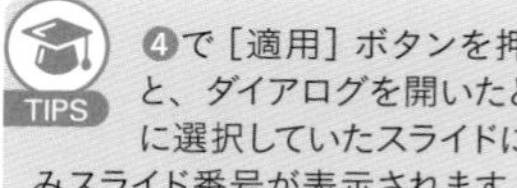

❹で［適用］ボタンを押すと、ダイアログを開いたときに選択していたスライドにのみスライド番号が表示されます。

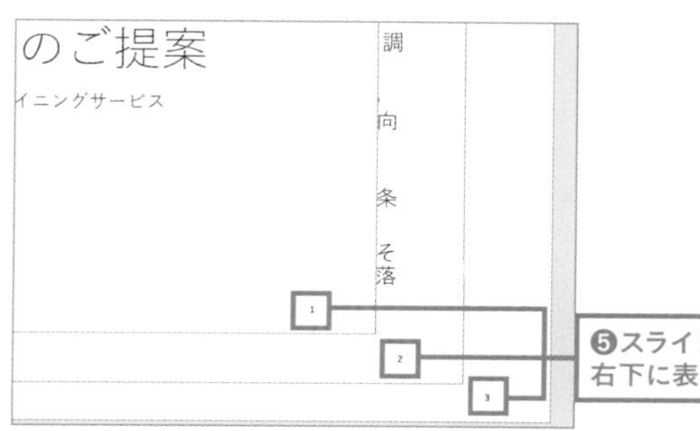

TIPS

[日付と時刻] [フッター] もここでチェックを入れて表示できます。[フッター] には会社名や組織名、資料タイトルなどを入力します。

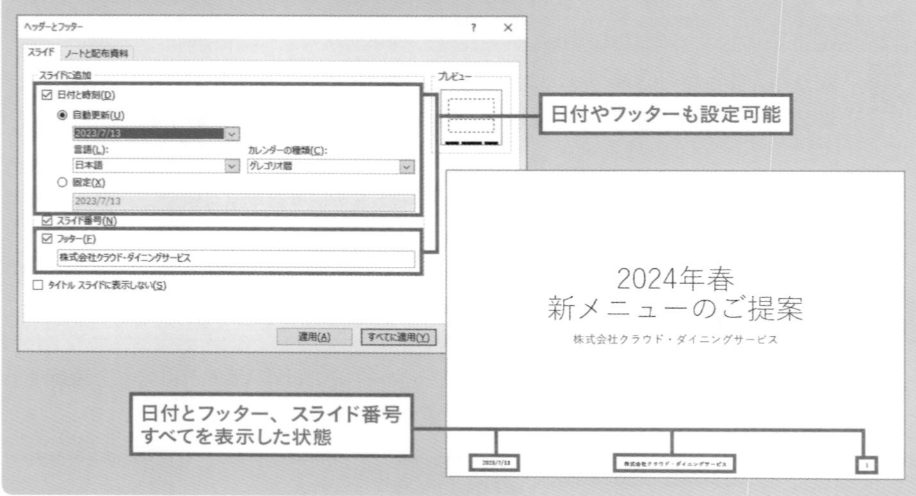

Column

スライド番号を本文から開始したいときは?

スライド番号を本文はじまり（タイトルスライドを「0ページ目」とする）にしたいときは、❶ [タイトル スライドに表示しない] にチェックを入れ、❷ [デザイン] タブの [スライドのサイズ] を選択し、ダイアログの❸ [スライド開始番号] を [0] に変更して [OK] ボタンを押します。

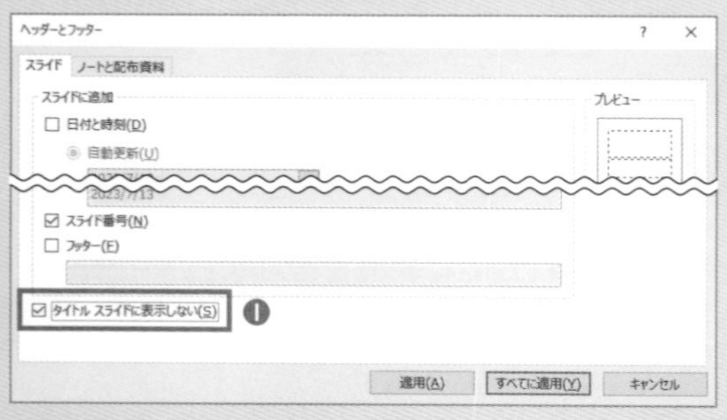

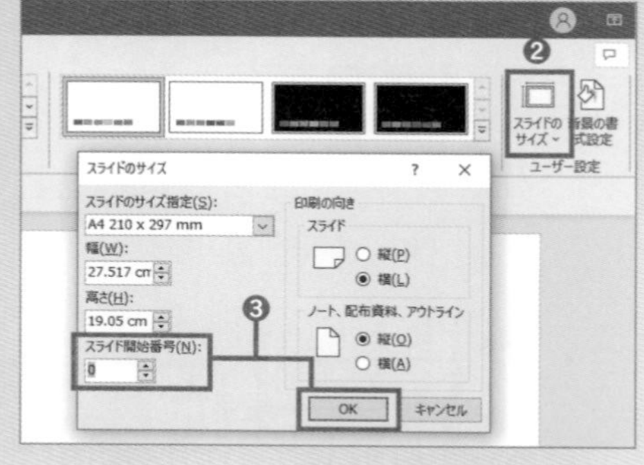

04 フッターやスライド番号の位置を変更する ★

- ヘッダーやフッターの位置は移動可能（プレースホルダーの移動と同じ要領）
- スライドマスターで設定すれば全スライドに変更が反映されて便利

フッターやスライド番号は資料の下に表示されるよう設定されていますが、この位置は自由に動かせます。スライドマスターを表示して、フッターの位置をドラッグして変更しましょう。

1 スライドマスターを表示する

右図はスライドの下部分に日付やスライド番号を表示した状態です（ここではわかりやすいよう、日付、フッター、スライド番号のすべての要素を表示）。この状態で［表示］タブを選択し、［スライドマスター］を選択します。

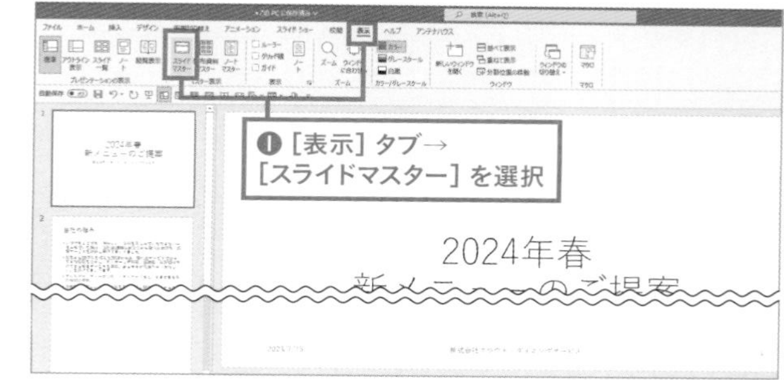

2 スライドマスターを編集する

画面が［スライドマスター］タブに切り替わりました。1番上のスライドを選択し、フッターのプレースホルダーを移動したい位置にドラッグします。変更が完了したら［マスター表示を閉じる］を選択して、スライドマスターの編集を完了します。

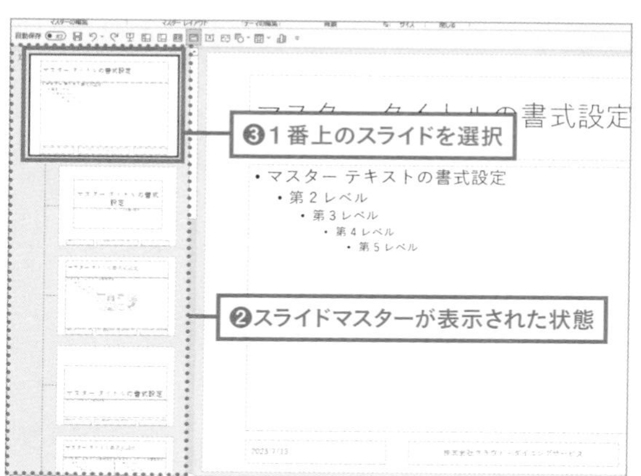

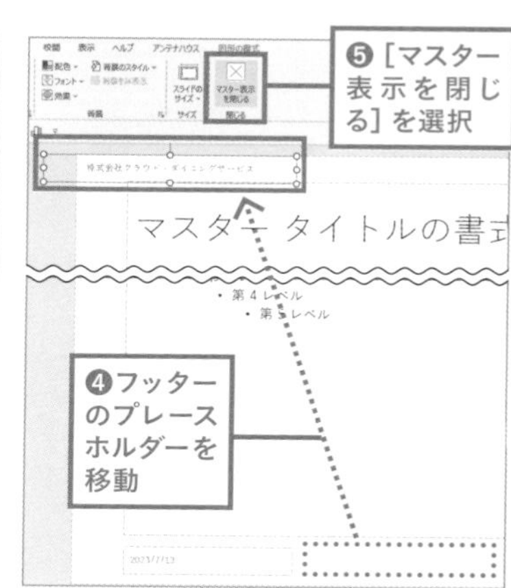

3 フッターの位置が変更された

スライド画面に戻ると、すべてのスライドにおいて先程ドラッグした位置にフッターが表示されました。このようにスライドマスターを使うことで、スライド全体の表示にまつわる変更を行うことができます。

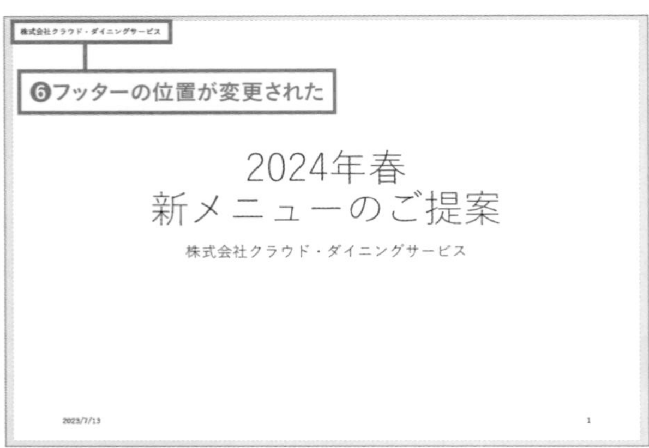

TIPS

スライドマスターって何？

効率的なスライド作りに重要な［スライドマスター］機能。スライドのレイアウトをコントロールするいわばスライド全体の司令塔のような存在です。2〜3ページの短い資料であればそこまで厳密に設定する必要はありませんが、数十枚の資料を作成後、「会社ロゴの位置変更」「スライド背面に㊙マークを表示」など、上司や同僚から変更依頼があった場合でも、スライドマスターで設定しておけば一瞬で変更を反映することができます。

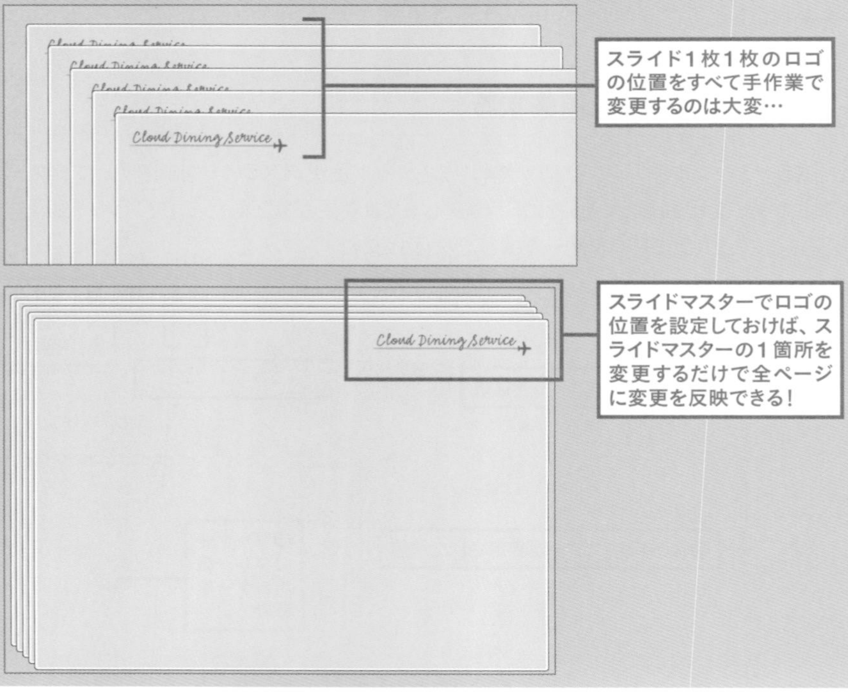

Cloud Dining Service

スライド1枚1枚のロゴの位置をすべて手作業で変更するのは大変…

Cloud Dining Service

スライドマスターでロゴの位置を設定しておけば、スライドマスターの1箇所を変更するだけで全ページに変更を反映できる！

05 スライドマスターを使って効率的な資料作成を目指す

Point

- フォントの変更やロゴの設定など、スライドの見た目を管理できる
- [スライドマスター] の設定はすべてのスライドに、[レイアウトマスター] は各レイアウトスライドに反映される

PowerPointで使ってほしい機能の1つが [スライドマスター] です。35ページでフッターの位置を変更したように、**文字色やサイズ、箇条書きのスタイル、会社ロゴの配置などを一括で管理・設定することができます**。ある程度デザインパターンの決まっているものは、スライドマスターに登録しておくと便利です。

1 スライドマスターを表示する

スライドを開いた状態で、[表示] タブの [スライドマスター] をクリックしてマスターを表示します。一見、通常のスライドと同じように見えますが、1番上にある大きなスライドサムネイルの下に11種類のレイアウトマスターが表示されている状態です。

[スライドマスター] は、全スライドのデザインを一括で管理することができ、[レイアウトマスター] は11種のスライドレイアウト（28ページ参照）ごとにデザインを管理することが可能です。文字のサイズやフォントなど、資料を通じて統一したいものは [スライドマスター]、本文にのみ表示したい会社ロゴなどは [レイアウトマスター] で設定します。

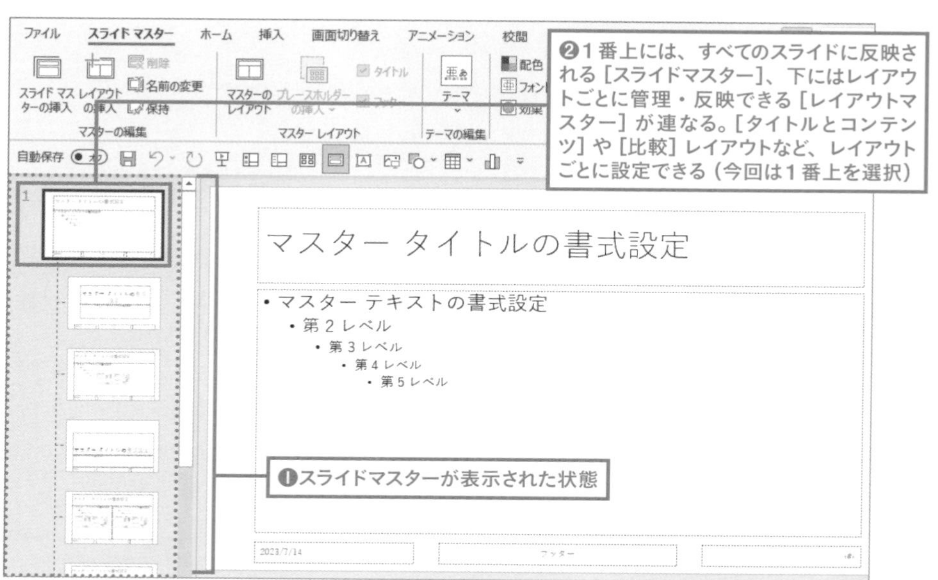

❷1番上には、すべてのスライドに反映される [スライドマスター]、下にはレイアウトごとに管理・反映できる [レイアウトマスター] が連なる。[タイトルとコンテンツ] や [比較] レイアウトなど、レイアウトごとに設定できる（今回は1番上を選択）

❶スライドマスターが表示された状態

2 フォントを設定する

今回はフォントの設定をすべてのスライドに適用したいので1番上にある［スライドマスター］で行います。サムネイルから1番上の［スライドマスター］を選択した状態で、［フォント］をクリックしてドロップダウンメニューを表示します。一覧の中から設定したいフォントパターンを選択すると、［スライドマスター］だけでなく、ほかの［レイアウトマスター］のフォントもすべて選択したフォントに変更されます。

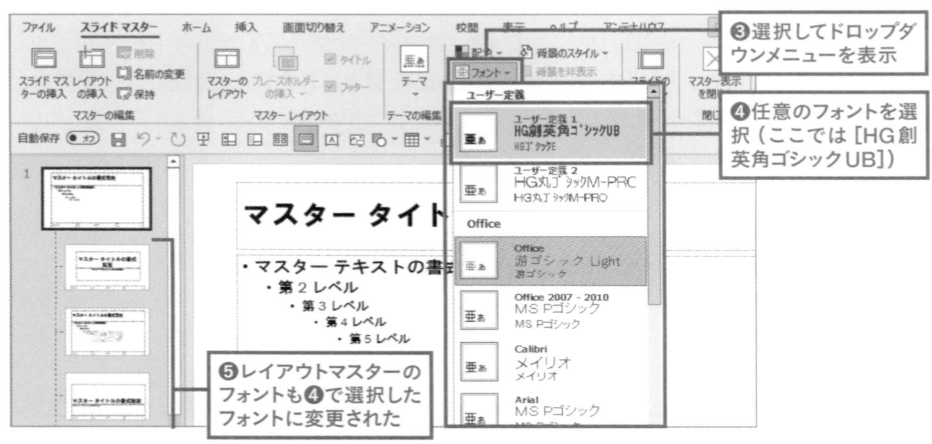

HINT スライドマスターでフォントサイズを設定する

手順❸では「見出し」と「本文」、2つのフォントのセットが一覧に表示されています。フォントの組み合わせを変更したいときは、［フォントのカスタマイズ］を選択し、見出しと本文に好きなフォントを設定し、名前を付けて保存しましょう。

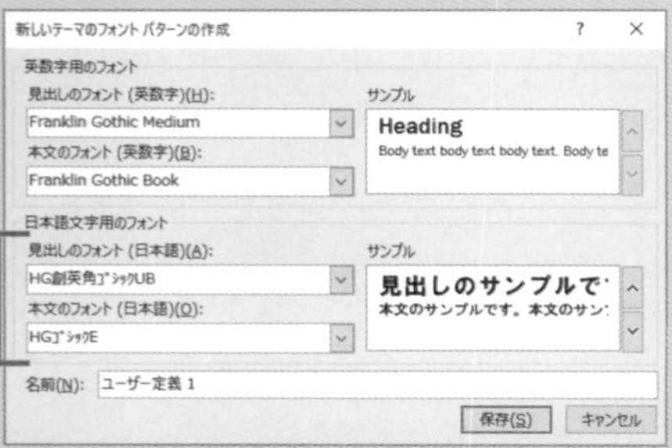

手順❹のドロップダウンメニュー下にある［フォントのカスタマイズ］を選択すると、見出しと本文を個別に設定できる

また、フォントやサイズを変更したいプレースホルダーを選択した状態で、［ホーム］タブからフォントとフォントサイズを個別に設定することもできます。

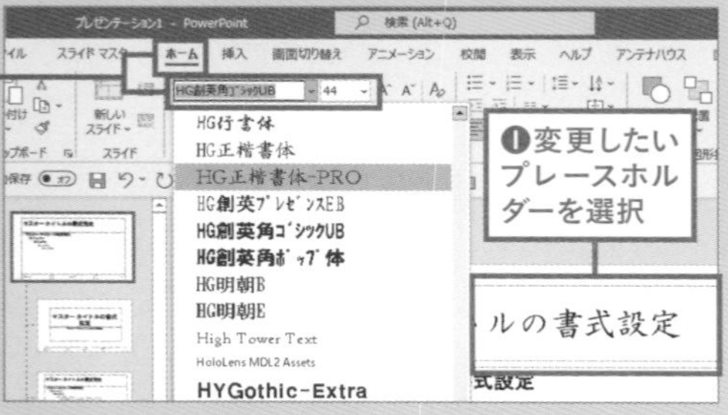

❶変更したいプレースホルダーを選択

❷［ホーム］タブ→［フォント］や［フォントサイズ］を変更

3 本文に会社ロゴを設定する

どんなに数が多いスライドでも、[スライドマスター] を使えば会社ロゴを一気に全ページに表示できます。ここでは、本文にのみロゴを表示させる方法として上から3番目にある [レイアウトマスター] を選択します (タイトルページと本文、すべてのスライドにロゴを表示させるときは、1番上の [スライドマスター] タブを選択しましょう)。[挿入] タブ→ [画像] → [このデバイス…] を選択し、会社ロゴが格納されているフォルダからロゴ画像を選択し、[挿入] ボタンをクリックします。

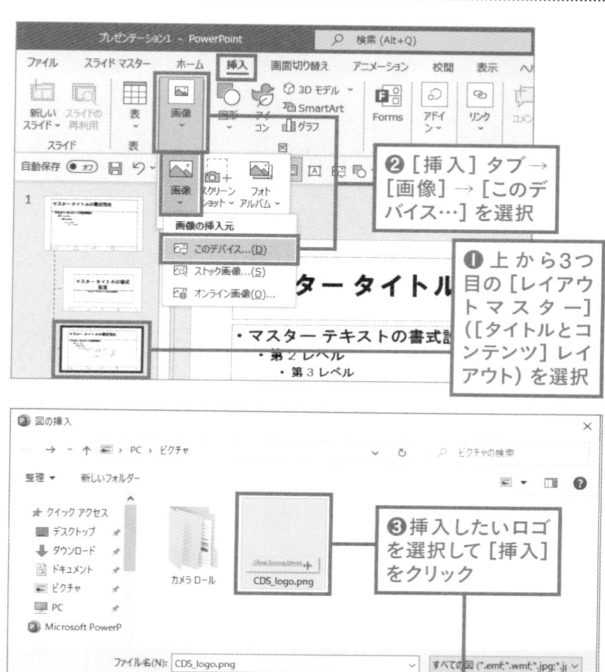

4 スライドマスターを終了する

挿入した画像を任意の大きさと位置に変更したら [スライドマスター] タブ→ [マスター表示を閉じる] を選択して、スライドマスターの編集を完了します。スライドを確認すると2と3で設定したフォントと会社ロゴが元のスライド資料に反映されています。

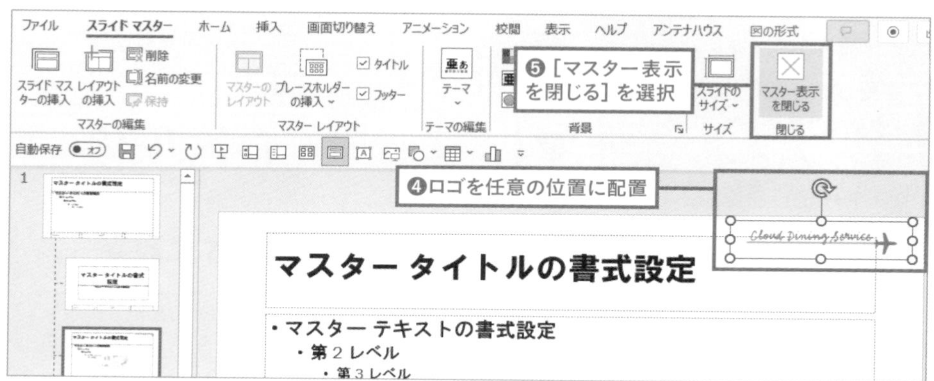

06 行頭文字や箇条書きスタイルを一括で変更する

- 段落ごとに行頭マークを変更して見やすい資料に
- スライドマスターで設定すればスライドごとに変更する手間は必要ナシ

行頭文字や箇条書きスタイルをすべて変更する場合、1ページずつ変更していては大変な手間がかかります。このようなときも、スライドマスターを使えば一瞬で変更できます。

1 スライドマスターを選択する

[表示] タブ→ [スライドマスター] をクリックして、サムネイルの1番上にある [スライドマスター] を選択します。変更したい箇条書きスタイルにカーソルを合わせてクリックし、[ホーム] タブ→ [箇条書き] から変更したい箇条書きのスタイルを選択します。

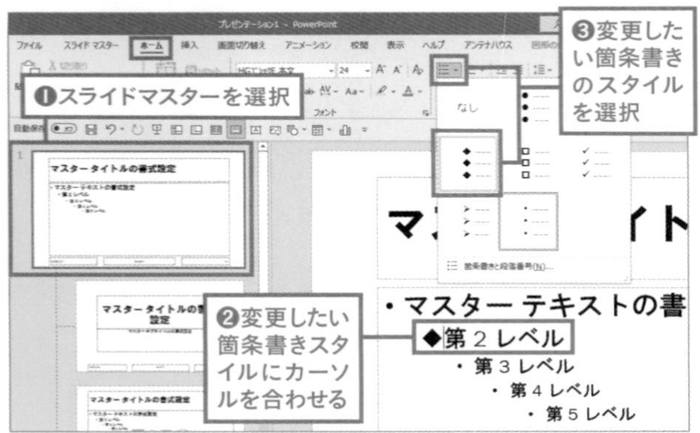

2 箇条書きのスタイルを変更する

同じように変更したい他の階層も選択して、[ホーム] タブ→ [箇条書き] から変更したい箇条書きのスタイルを選択で変更していきます。箇条書きスタイルの変更が完了したら [スライドマスター] タブ→ [マスター表示を閉じる] を選択して終了します。

TIPS 箇条書きについて詳しく知りたいときは、80ページをチェック!

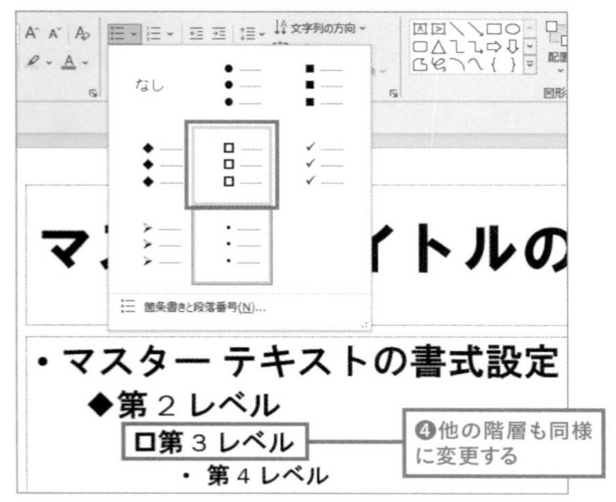

07 作成したスライドマスターをテンプレートとして保存・共有する

Point
- 設定完了したスライドマスターは「.potx形式」で保存可能
- スライドマスターをチームで共有して統一感ある資料作成を!

カスタマイズしたスライドマスターは、保存してテンプレートとして使用できます。

1 スライドマスターを保存する

[ファイル] タブ→ [名前を付けて保存] を選択したら、[参照] をクリックして保存画面を表示させます。保存画面の [ファイルの種類] をクリックし、[PowerPointテンプレート (.potx)] を選択してファイル名を付けて保存します。

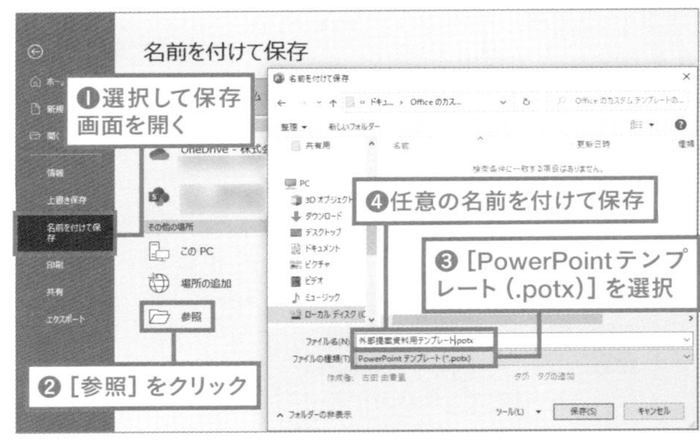

2 保存したスライドマスターを使用・共有する

1で保存した「.potxファイル」を開くと、設定したテンプレートが反映された状態で新規のプレゼンテーションが開きました。保存した「.potxファイル」をメールなどで共有すれば、他の人も同じテンプレートを使って資料作成ができます。

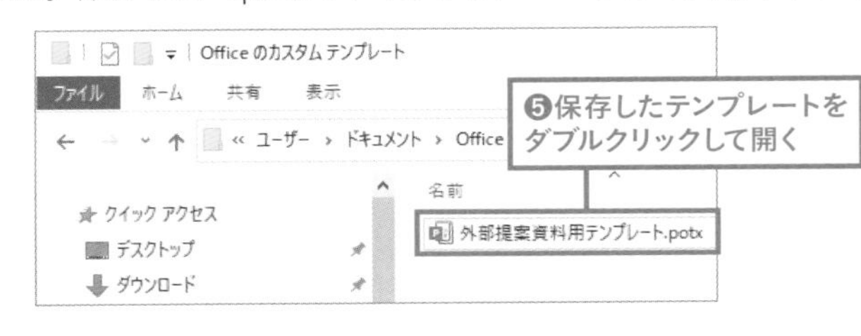

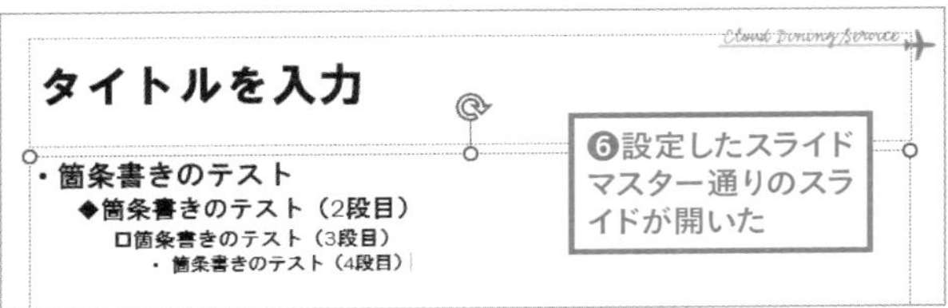

HINT テンプレートは保存時には「.pptx形式」で保存される

2で開いた「.potx形式」のプレゼンテーションは保存すると「.pptx形式（通常のPowerPointのファイル形式）」で保存されるため、作成したテンプレート自体は上書きされず、何度でも使用することができます。

作成途中のスライドに自分で作ったテンプレートを反映したい!

作成中のスライドに保存しておいたスライドマスターを適用するには、❶［デザイン］タブ→［テーマ］の右下をクリックしてテーマのリストを表示し、❷［テーマの参照］を選択します。❸保存した「.potxファイル」を選択し、［適用］をクリックすると、❹選択したテンプレートがスライドに反映されました。

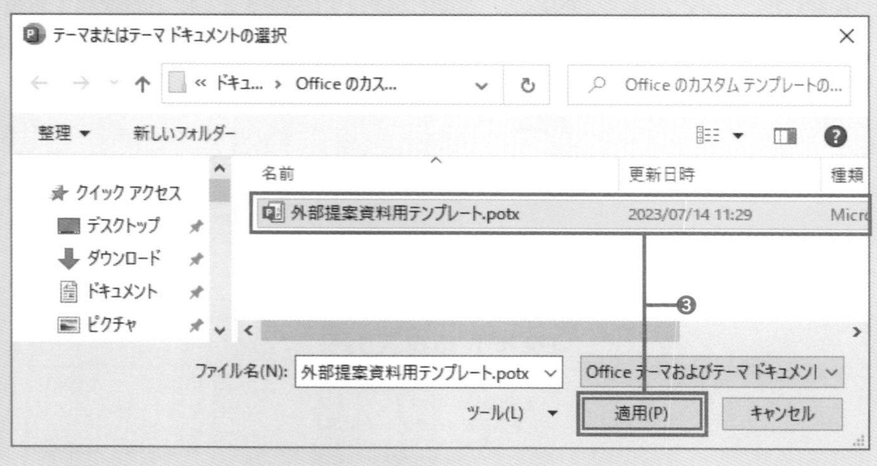

当社の強み

▶ いつでもどこでも「美味しい」食事を楽しんでいただきたいーそんな想いを胸に、当社は1999年の設立から機内食の開発・調理サービスを提供し続けてまいりました。

▶ 創業から20周年を迎えた2019年には、機内食サービスで培ってきた経験を活かし、老人ホームや病院、幼稚園・保育園に向けてさらなるサービスを展開。あらゆる世代の方に「美味しい」を届けてまいります。

▶ アレルギー、ヴィーガン食、ハラルフードなど、さまざまな

▼

選択したテンプレートが反映された

❹

Cloud Dining Service

当社の強み

- いつでもどこでも「美味しい」食事を楽しんでいただきたいそんな想いを胸に、当社は1999年の設立から機内食の開発・調理サービスを提供し続けてまいりました。
- 創業から20周年を迎えた2019年には、機内食サービスで培ってきた経験を活かし、老人ホームや病院、幼稚園・保育園に向けてさらなるサービスを展開。あらゆる世代の方に「美味しい」を届けてまいります。
- アレルギー、ヴィーガン食、ハラルフードなど、さまざまな条件に対応可能。
- 冷めても美味しい！　機内食を長年提供し続けてきたからこそできる、独自製法によって可能となった時間が経っても味が落ちにくい食事を提供します。

テーマを利用して細かくスライドマスターでカスタマイズ

新規作成で作ったまっさらなスライドを一からすべて書式設定していくのは骨が折れるもの。PowerPointで用意されているテンプレートやテーマ（詳細は44ページ）を選び、箇条書きのスタイルやフォント、ロゴ設定などの細かい部分をスライドマスターで設定・管理していくと、デザイン性を保ちつつ、自分流にカスタマイズしたスライド資料を作ることができます。

08 デザインを楽にレベルアップさせたい! ★

Point

- テーマを使えば簡単にスタイリッシュな資料が作れる!
- テンプレートは営業資料や事業紹介など特定の目的があるときに便利

PowerPointには、**あらかじめ色やフォント、背景デザインなどが設定された［テーマ］が用意されています**。［テーマ］をスライドに適用すれば、スライド資料を簡単に統一感あるスタイリッシュなデザインにすることができます。

1 テーマを選択する

［デザイン］タブ→［テーマ］からデザインを選びます。ここでは［ファセット］というテーマを選びました。

2 スライドにテーマが反映された

スライドに選択したテーマが反映されました。

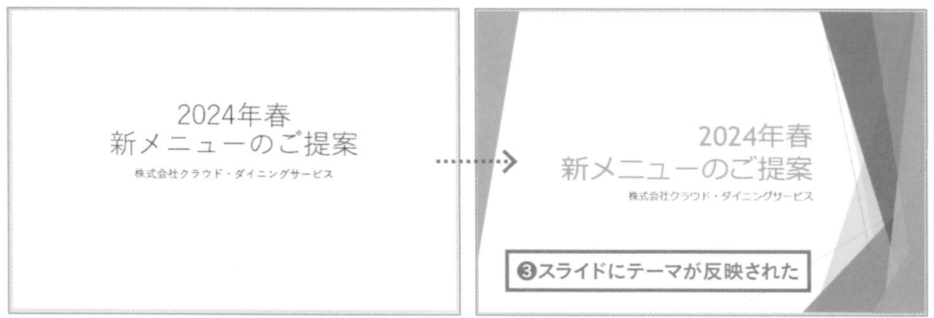

テーマごとに複数の色バリエーションがある

テーマを選んだあと、右横のバリエーションからテーマの色やフォント設定を変更できます。

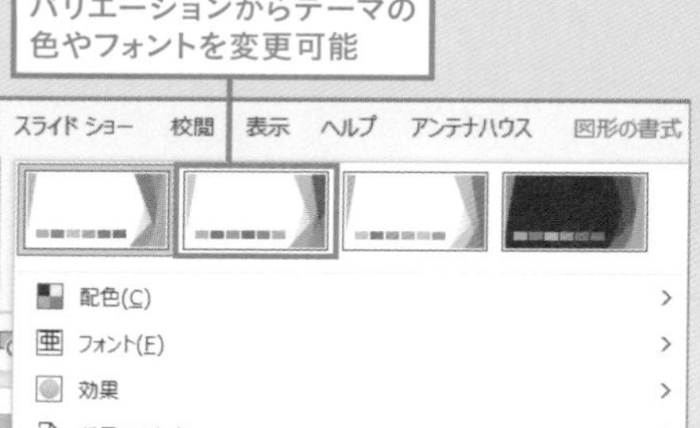

Column テンプレートとテーマの違い

PowerPointにはこの項で説明したテーマのほか、［ファイル］タブから選べるテンプレートというものもあります。

テーマは色やフォント、背景色などを統一して作られたスライドデザインのことを指します。［デザイン］タブのテーマ一覧から好きなテーマを選択すると、スライドの見た目を一気に変化させることができます。

1で選んだ［ファセット］のほかにもさまざまなテーマが用意されている

2024年春
新メニューのご提案
株式会社クラウド・ダイニングサービス

2024年春
新メニューのご提案
株式会社クラウド・ダイニングサービス

2024年春
新メニューのご提案
株式会社クラウド・ダイニングサービス

2024年春
新メニューのご提案
株式会社クラウド・ダイニングサービス

テンプレートはテーマと同じように、色やフォントなど統一されたデザインで構成されていますが、営業用資料、組織図、小売り用など、設定された目的のため、デザインと内容があらかじめカスタマイズされているサンプルファイルです。
テンプレートには目的ごとに適切なサンプルスライドが準備されており、画像やテキストを差し替えるだけであっという間にプレゼン資料が完成します。

テンプレートは［ファイル］タブ→［新規］を選ぶと表示される

［代理店向けデザイン］を選んでみると、「予想売上」「会社概要」など、ダミーの内容がすでに入力されている

09 テーマの背景色が合わない! そんなときはバリエーションを活用 ★

- テーマの色やフォントはカスタマイズできる
- 印刷を想定した資料の場合、背景色は薄めの方が◎

44ページで選んだテーマは、リボンの右横にあるバリエーションから色やフォント設定を変更できます。

1 バリエーションを確認する

テーマ右横には、[バリエーション] の項目が表示されています。

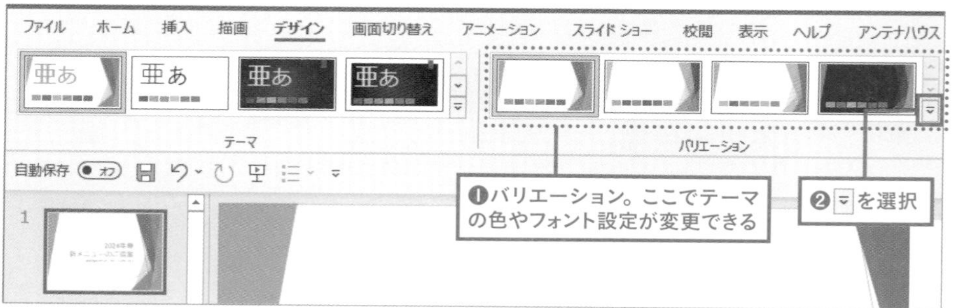

2 テーマの色を変更する

バリエーションのリストが表示されました。テーマの色を変更するには [配色] にカーソルを合わせて好きな色の組み合わせを選びます。

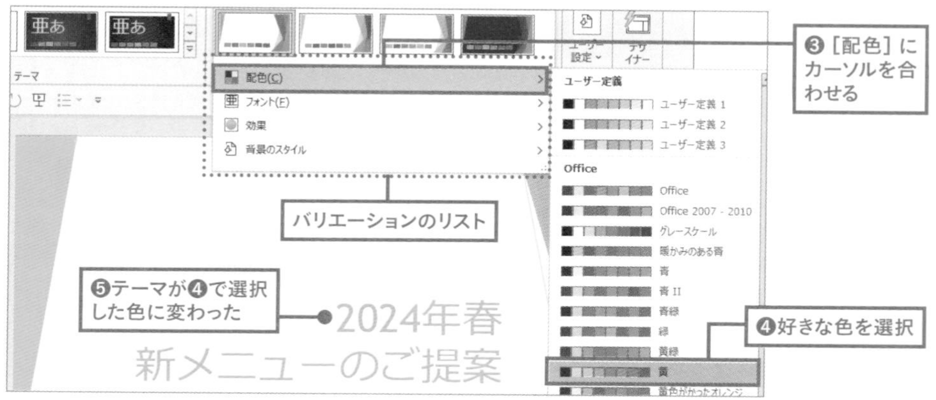

フォントや効果も変更できる

バリエーションでは配色のほか、テーマで使用するフォント設定や図形の効果も変更が可能です。

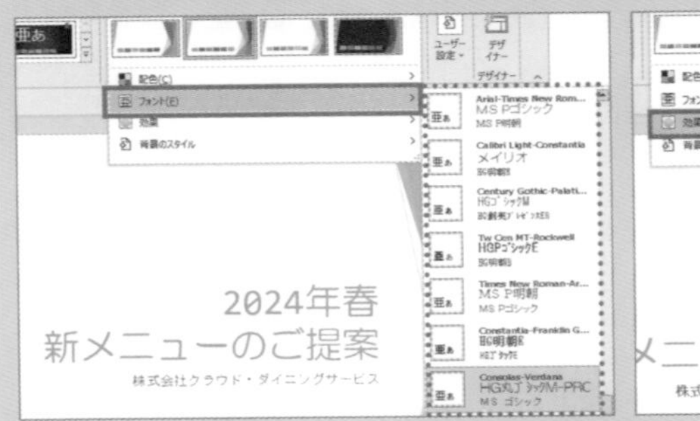

［フォント］から好きなフォント設定を選択

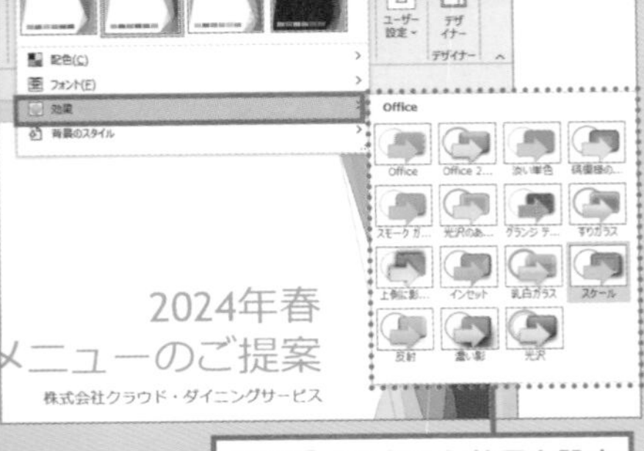

［効果］から好きな効果を設定（作成する図形に反映される）

Column

内容に合わせてデザインを提案してくれるデザイナー機能

レイアウトが単調でプレゼンが盛り上がらない……。そんなときには［デザイナー］を使ってみましょう。入力内容をうまく活かしてメリハリの付いたデザインを提案してくれるお役立ち機能です。

※この機能はMicrosoft 365のみに搭載されています。

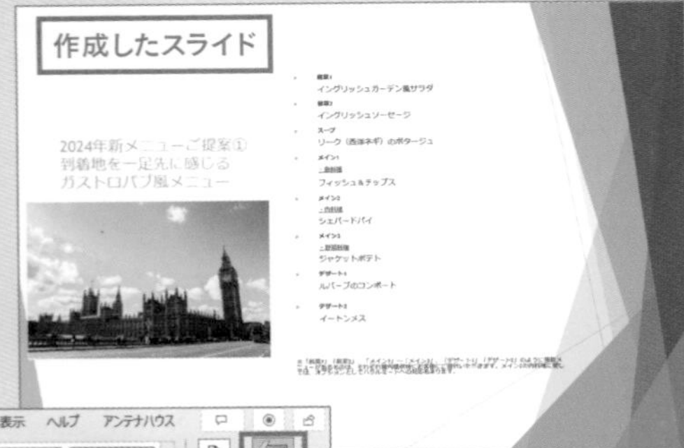

作成したスライド

❶［デザイン］タブの［デザイナー］をクリックすると、右横に複数のデザイン提案が表示される

❷クリックしてデザインを反映

10 スライドの背景色を設定する ★

- スライドごとに背景色をカスタマイズ可
- すべてのスライドの背景色を設定するにはスライドマスターを使用する

テンプレートなどを使用しないシンプルなスライドを作るときなど、スライドの背景色を自分で設定することもできます。

1 背景の書式設定を表示する

[デザイン] タブ→ [バリエーション] の ▽ をクリックし、[背景のスタイル] にカーソルを合わせて [背景の書式設定] を選択します。

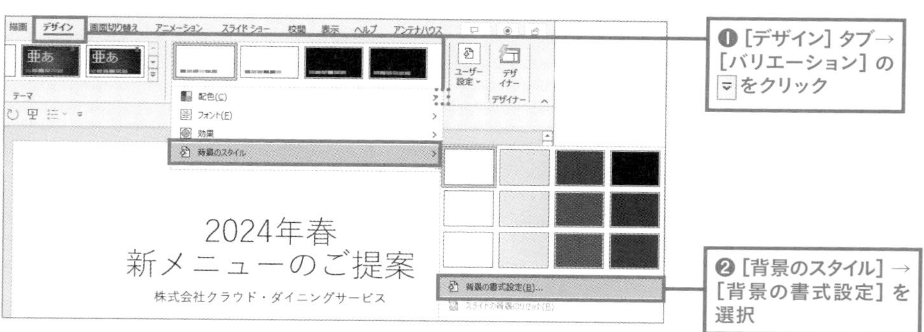

2 背景の色を選択する

スライド右横に [背景の書式設定] 画面が表示されました。ここで背景色を設定できます。

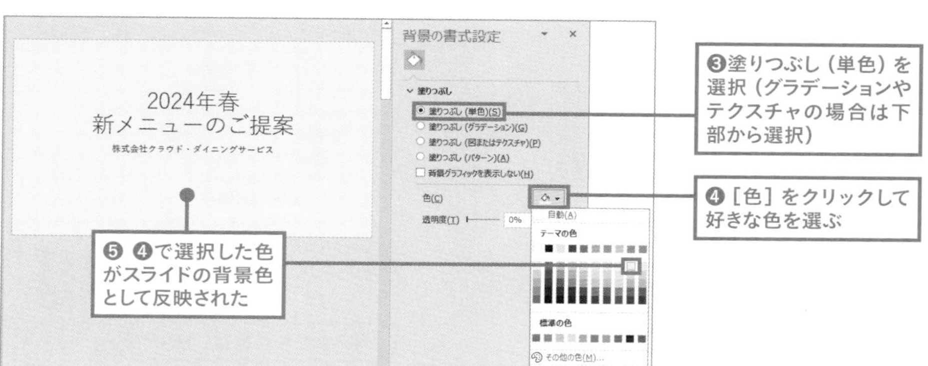

色を極めて見やすい資料作りを!

スライド作成において、色の使い方は非常に重要なポイントです。目立つように赤や黄色を多用したり、鮮やかな色を何色も使ったりすると、かえって重要な内容が埋もれてしまい、伝えたいことをうまく伝えられません。

おすすめは会社のロゴに使用されている色やコーポレートカラーを1色目に選び、2色目はその補色（色相環で対になる色のこと）を選ぶ方法です。

また、色が与えるイメージをもとに使用する色を選んでみてもよいでしょう。赤やオレンジ、ピンクなどの暖色はあたたかいイメージや動的な印象を与え、青や水色などの寒色は落ち着いた印象を与えます。

色相環

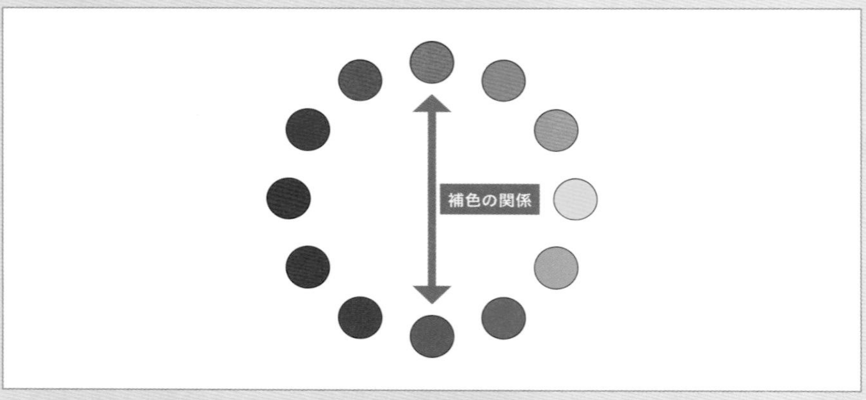

PowerPointで色を選ぶには、［ホーム］タブ→［フォントの色］→［その他の色］などで表示される［色の設定］ダイアログを表示します。

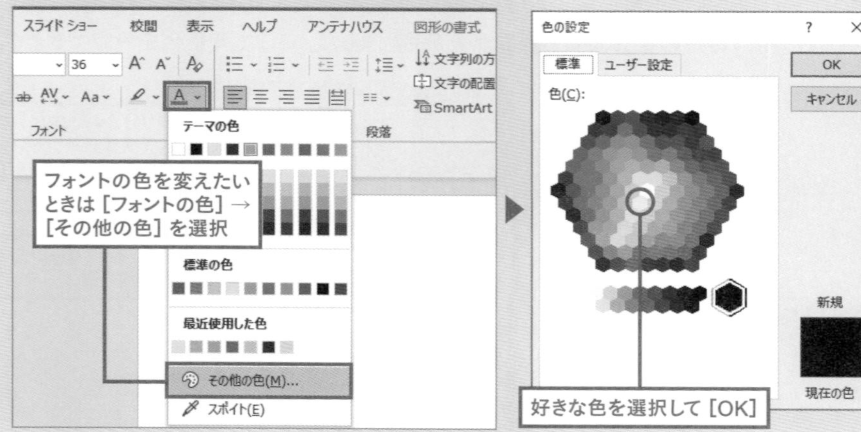

Chapter3

資料作成がすいすい進む基本&入力ワザ

資料を作ろう！　とPowerPointを開いてみたはいいものの、何を書いたらいいかわからず白紙のスライドを前にかたまってしまった……。資料作りにおいてよくある悩みですが、内容がきちんと整理されていない状態では無理もありません。ここでは構成の作成に役立つアウトライン機能と基本の文字入力について紹介します。

01 まず「アウトライン」で資料の構成を作ろう

- アウトライン表示で資料の土台（構成）を作る
- アウトラインの操作をマスターする

資料を作成する際、PowerPoint上でスライドを追加しながら行き当たりばったりに内容を決めていませんか？　相手の心をつかむ資料を作るには、どういう順番でどのように内容を伝えるか、すなわち資料の構成が重要となります。アウトライン機能を活用して、全体の流れを決めてから、内容を作り込んでいきましょう。

1 アウトライン表示に変更する

［表示］タブから［アウトライン表示］をクリックしてアウトライン表示に切り替えます。左側に各スライドのタイトルとメインテキストから成るアウトラインが表示されました。アウトライン機能は「outline（概要、骨子）」という名前の通り、ページごとの内容をおおまかに決めて全体の流れを把握するのに役立つ機能です。今回はスライドに何も入力していない状態なので、スライドのページ数のみ表示されています。

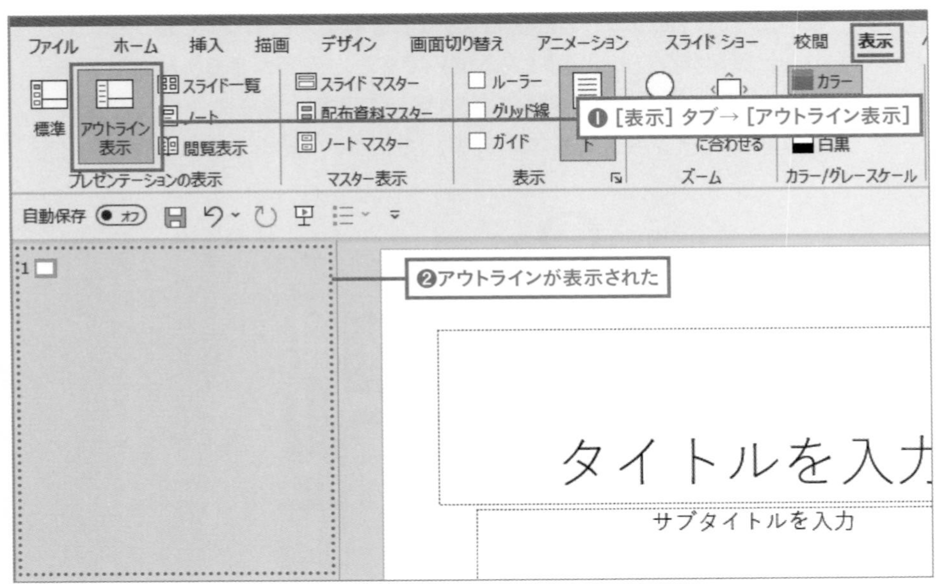

アウトライン表示の見方

1ではタイトルスライドに何も記載していないため、スライド番号以外何も表示されていません。すでに複数スライドに入力している状態でアウトライン表示にしてみると、左側に複数のスライドが並び、入力済みのタイトル（と一部メインテキスト）が表示されています。

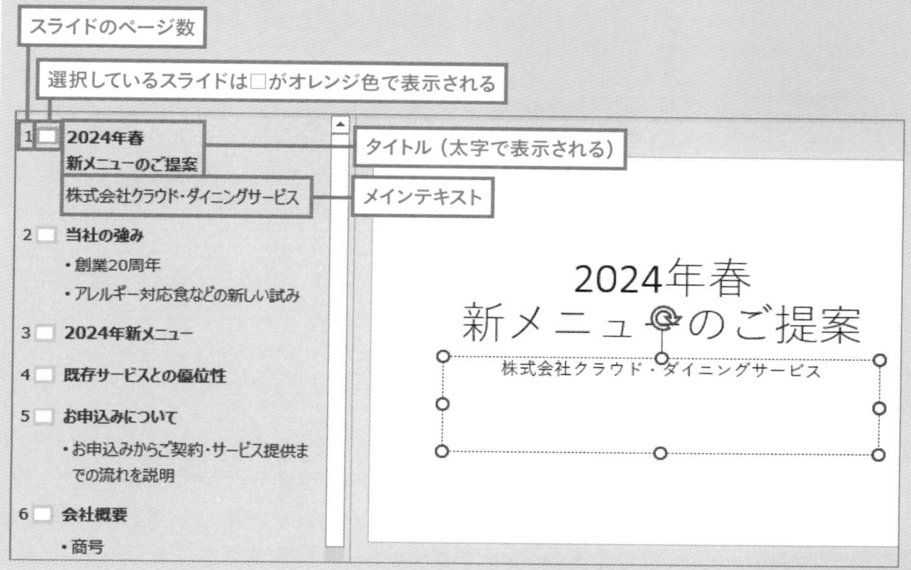

2 アウトラインにスライドタイトルを入力する

数字の横の□にカーソルを近付けてクリックすると、アウトラインが入力可能な状態になります。1ページ目は表紙に相当するので資料のタイトルを、2ページ目以降は各スライドに入力する内容をざっくり入力していきます。

アウトライン上では、スライドタイトルは太字で表示される

1 2024年春新商品の紹介

❸クリックしてアウトラインにテキストを入力

❹テキストがそのままスライドタイトルのプレースホルダーに反映された

2024年春新商品の紹

サブタイトルを入力

3 次のスライドを作る

1ページ目のスライドタイトルの入力を終え、[Enter] キーを押すと、2ページ目のスライドが作成されます。2と同様にスライドタイトルを入力します。

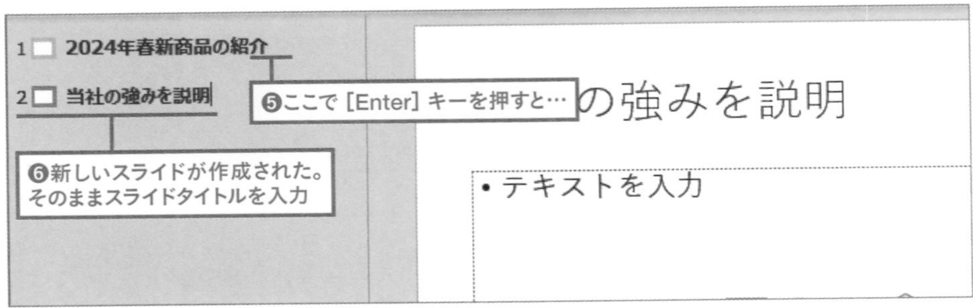

4 メインテキストを入力する

アウトラインにはメインテキストも入力できます。3でスライドタイトルを入力した状態で [Ctrl] キーを押しながら [Enter] キーを押すと、メインテキスト部分にカーソルが移動します。このように**アウトライン表示では、スライドのタイトルとメインテキストを一覧で表示した状態で入力できるため、資料の骨子のみを記述しながら、資料全体の構成を考えるのに適しています。**

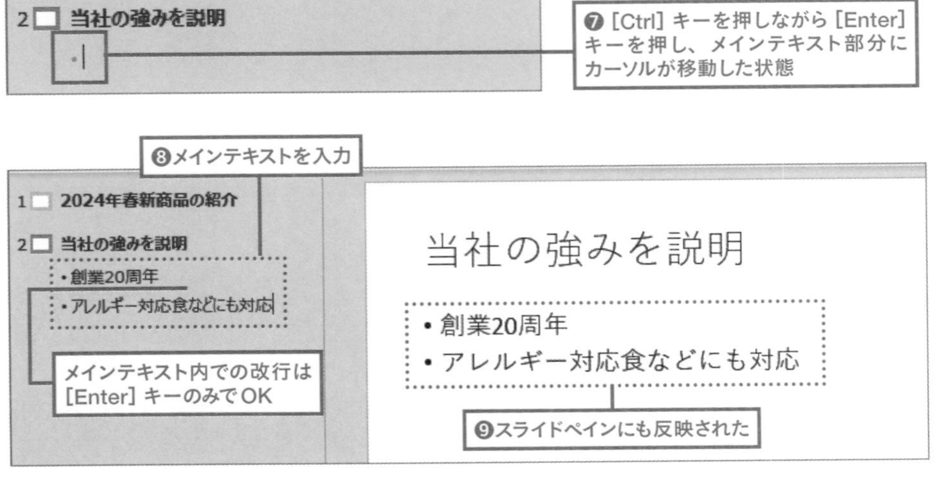

メインテキスト入力後、次の新規スライドを作成する

メインテキストを入力後、次のスライドを作成する際は、[Ctrl] + [Enter] キーを押します。

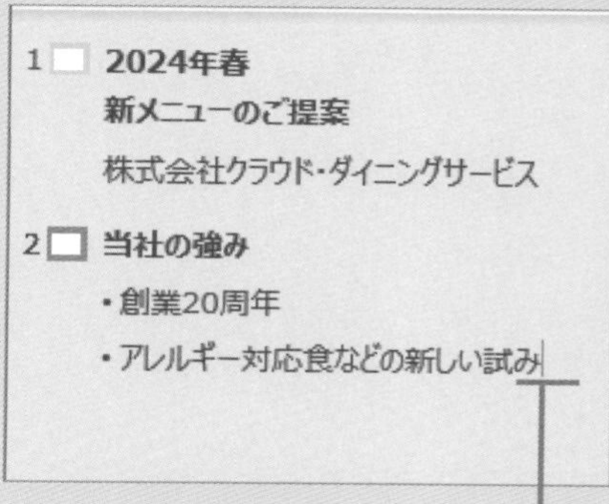

❶メインテキストにカーソルを合わせた状態で [Ctrl] + [Enter] キーを押す

1 2024年春
新メニューのご提案
株式会社クラウド・ダイニングサービス
2 当社の強み
・創業20周年
・アレルギー対応食などの新しい試み
3

❷新しいスライドが作成された

アウトラインを自由に歩き回るためのキー入力

カーソルがアウトラインの要素のどこにあるかを基準に考えると操作を楽にマスターできます。

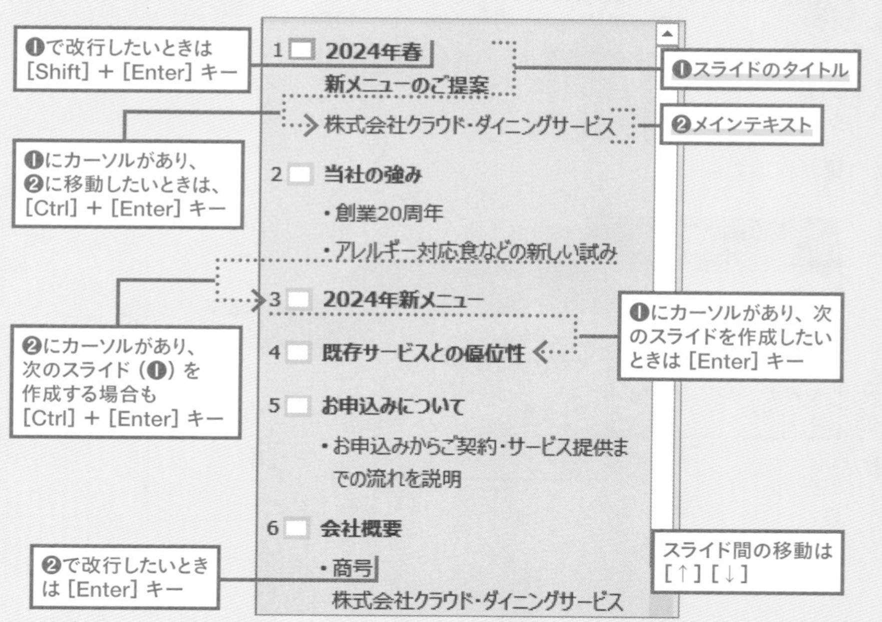

1 2024年春
新メニューのご提案
株式会社クラウド・ダイニングサービス
2 当社の強み
・創業20周年
・アレルギー対応食などの新しい試み
3 2024年新メニュー
4 既存サービスとの優位性
5 お申込みについて
・お申込みからご契約・サービス提供までの流れを説明
・お申込み書は別添とする
6 会社概要

お申込みについて
• お申込みからご契約・サービス提供
説明
• お申込み書は別添とする

❷の中で階層を作るには［Tab］キー

Column

資料作成の順序

アウトラインで流れを作成したら、スライドの順番が適切な流れになっているかを確認しましょう。削除や順番の入れ替えは簡単に行えるので、必要になりそうなスライドをどんどん追加してあとから整理していきましょう。

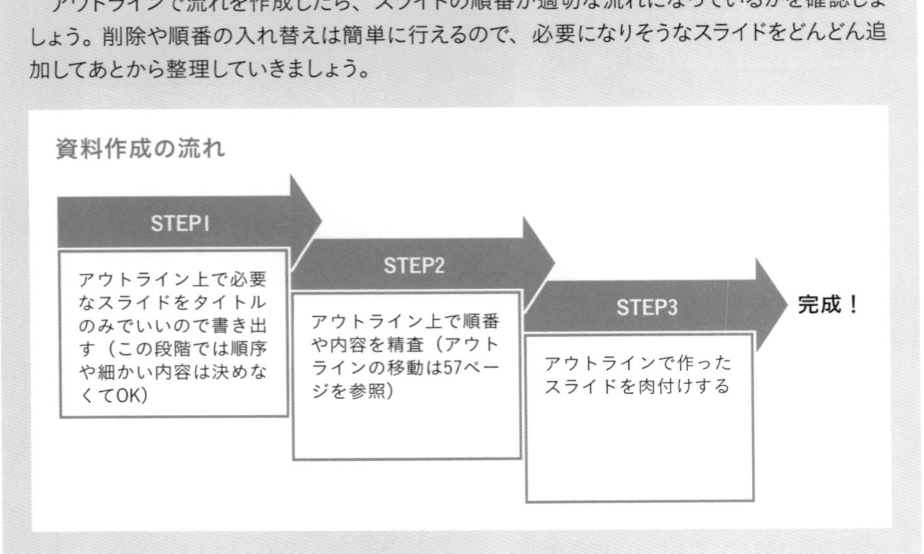

02 アウトラインの構成順を変更したい

- アウトラインは見直しが大事
- このタイミングでチームメンバーや上司に流れを確認してもらうと◎

スライドごとの大まかな内容が決まったら、内容を確認し、情報の順番や流れに齟齬がないかをチェックしましょう。入力したアウトラインは、クリックして再度入力・修正が可能です。

1 アウトラインの順番を変更する

アウトラインの順番を入れ替えたいときは、順番を変えたいスライドの□部分にカーソルを合わせ、カーソルの形状が ✥ に変わったら移動したい位置にクリック&ドラッグします。

❶カーソルを□部分に合わせる

1 2024年春
新メニューのご提案
株式会社クラウド・ダイニングサービス
2 当社の強み
・創業20周年
・アレルギー対応食などの新しい試み
3 会社概要
・商号
株式会社クラウド・ダイニングサービス
・本社所在地
一ツ橋2丁目6番3号XXXXビル
4 2024年新メニュー
5 既存サービスとの優位性
6 お申込みについて

❷カーソルの形状が変わったらドラッグして移動

1 2024年春
新メニューのご提案
株式会社クラウド・ダイニングサービス
2 当社の強み
・創業20周年
・アレルギー対応食などの新しい試み
3 2024年新メニュー
4 既存サービスとの優位性
5 お申込みについて
6 会社概要
・商号
株式会社クラウド・ダイニングサービス
・本社所在地
一ツ橋2丁目6番3号XXXXビル

❸順番が変更された

スライド本文の移動も可能

スライド本文も同様の手順で順番を変更できます。3ページ目の内容を5ページ目に移動するなど、スライド間の移動も可能です。

2 アウトラインを削除する

アウトラインを削除するときは、削除したいスライドの上にカーソルを合わせて右クリックし、[スライドの削除] を選択します。

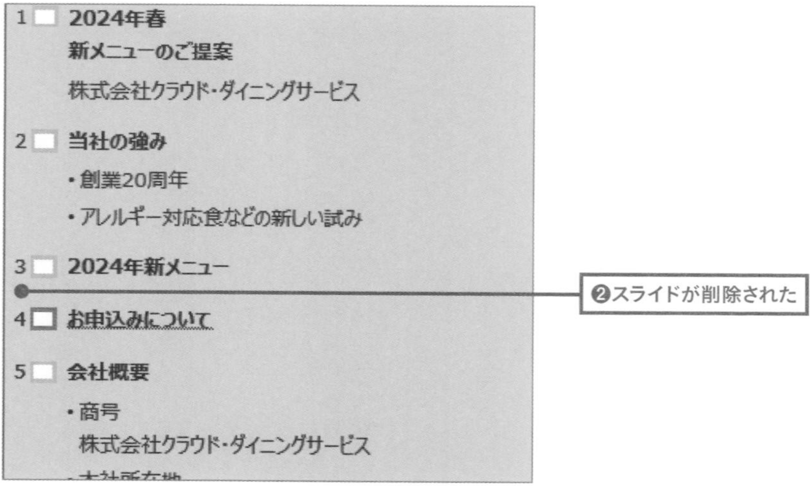

❶スライド上で右クリック→[スライドの削除] を選択

❷スライドが削除された

アウトライン表示から通常表示に戻す

スライドの構成が決まったらアウトライン表示を元に戻しましょう。[表示] タブ→ [標準] をクリックします。

03 入力したテキストのフォントの設定を変更する

- テキストの一部のみを選択して限定的に書式を変更する
- さまざまな書式を一度に変更するなら［フォント］ダイアログボックス

使用するテーマ、レイアウト（または独自に設定したスライドマスター）によって、フォントや色・サイズはあらかじめ設定されていますが、入力後（または入力前）にテキストをドラッグして選択することで、任意の文字だけ個別に設定を変更することができます。ここでは入力済みのスライドを使用して、テキストの設定を変更する方法を紹介します。

入力したテキストの色を変更する

入力したテキストの色を変更するときは、あらかじめ変更したいテキストをドラッグして選択した状態で［ホーム］タブの［フォントの色］をクリックして好きな色を選びます。

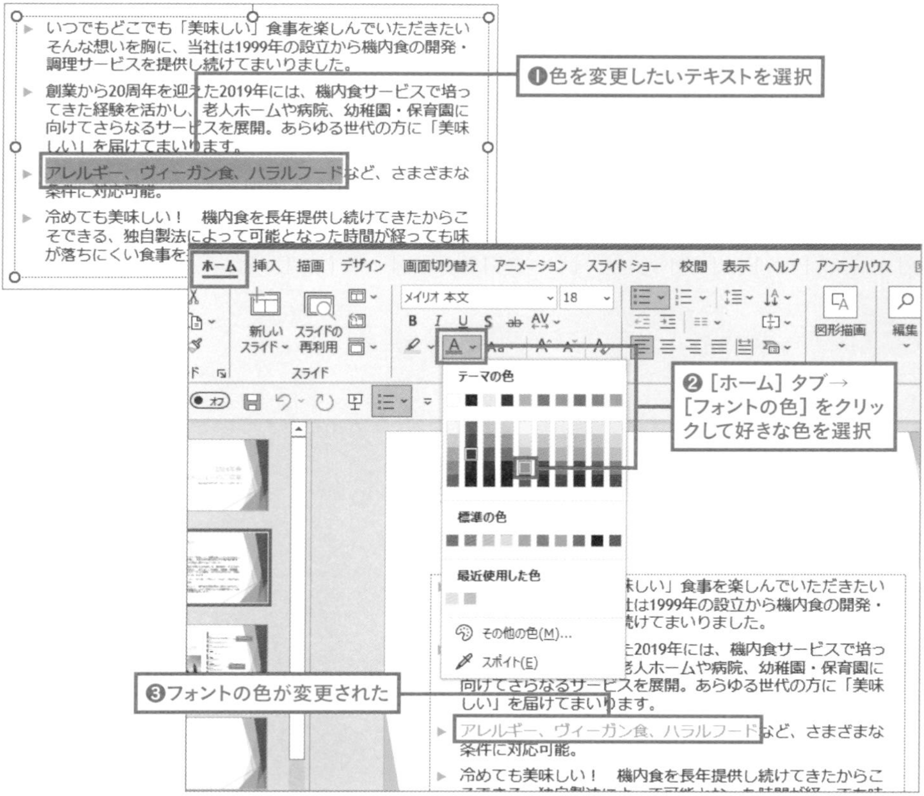

❶色を変更したいテキストを選択

❷［ホーム］タブ→［フォントの色］をクリックして好きな色を選択

❸フォントの色が変更された

HINT テーマに合った色を選びたい

❷で［その他の色］を選ぶとさらに多種多様な色から選択できます。

図は［標準］タブですが、［ユーザー設定］タブをクリックすると、RGBやHex（Webデザインなどで使用される6桁の色コード）で色を指定したり、スライダー上で自由に色を決められます。

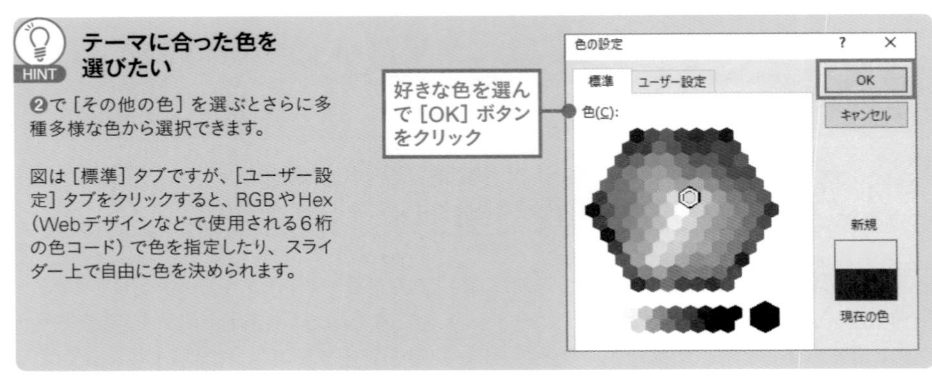

入力したテキストのフォントサイズを変更する

入力したテキストのサイズを変更するときは、あらかじめ変更したいテキストをドラッグして選択した状態で［ホーム］タブの［フォント サイズ］をクリックして好きな大きさを選びます。

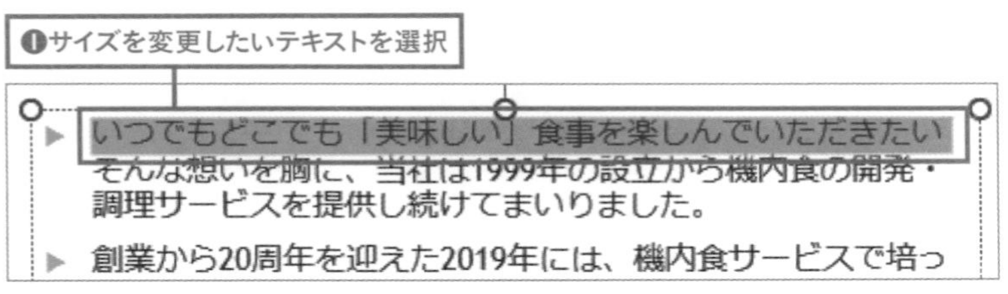

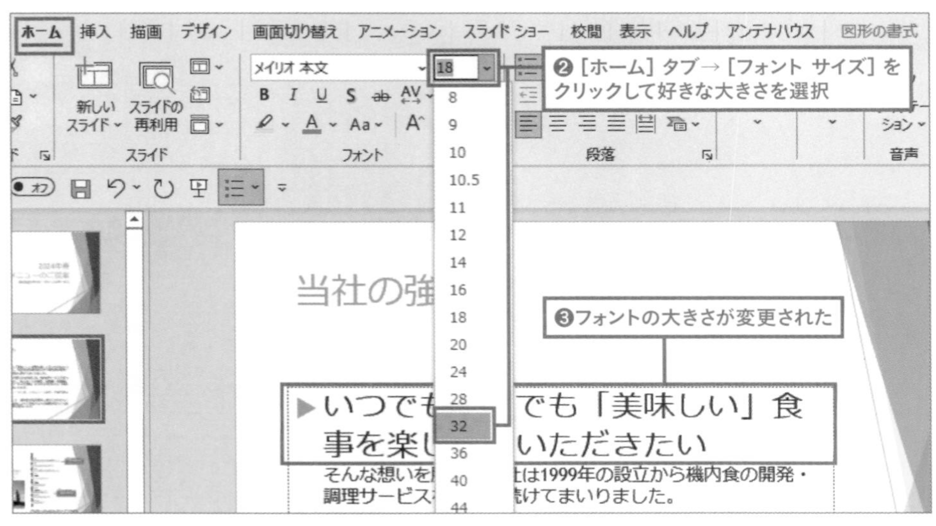

入力したテキストのフォントを変更する

入力したテキストのフォントの種類を変更するときは、あらかじめ変更したいテキストをドラッグして選択した状態で［ホーム］タブの［フォント］をクリックして好きなフォントを選びます。

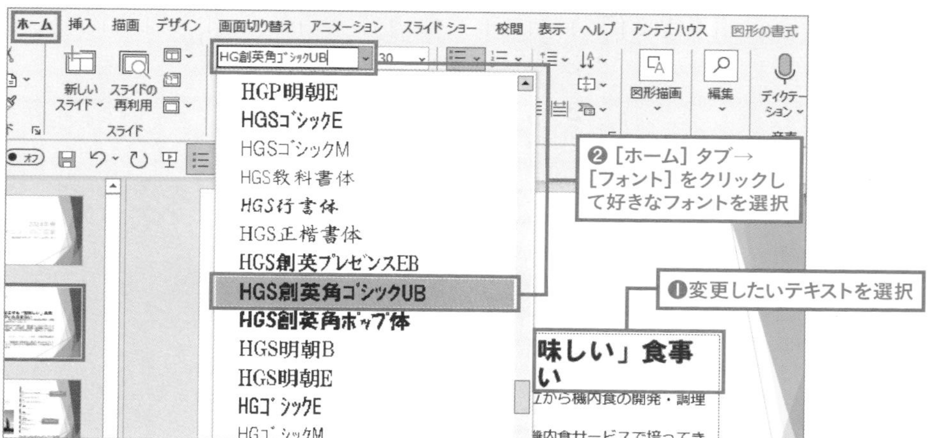

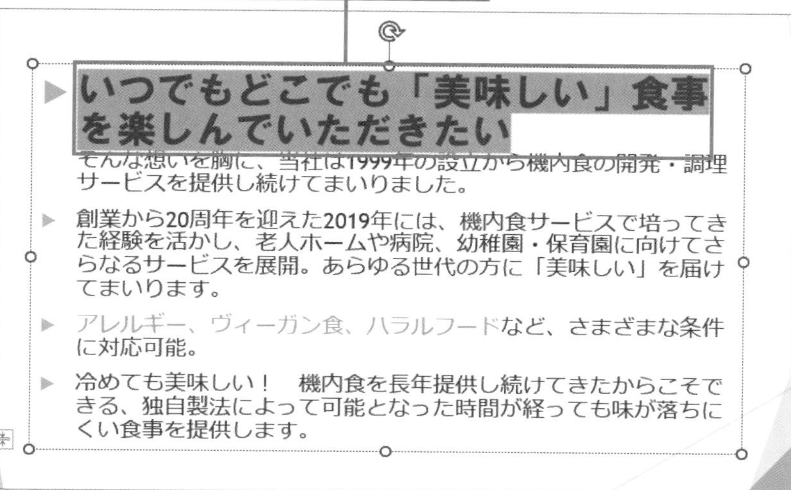

HINT

設定変更→入力の順でもOK

同じ方法でフォント、サイズ、色の設定をそれぞれ変更してからテキストを入力をすることもできます。

書式はまとめて設定もできる

59ページから紹介している書式変更には、フォントやスタイル、色や文字飾りなど設定項目がいくつもあります。**一つひとつクリックして設定するのが面倒な場合は、[フォント] ダイアログボックスを表示して書式を一気に設定できます。**

文字をドラッグして選択し、[フォント] グループの [ダイアログボックス起動ツール] をクリックしてダイアログをたちあげます。

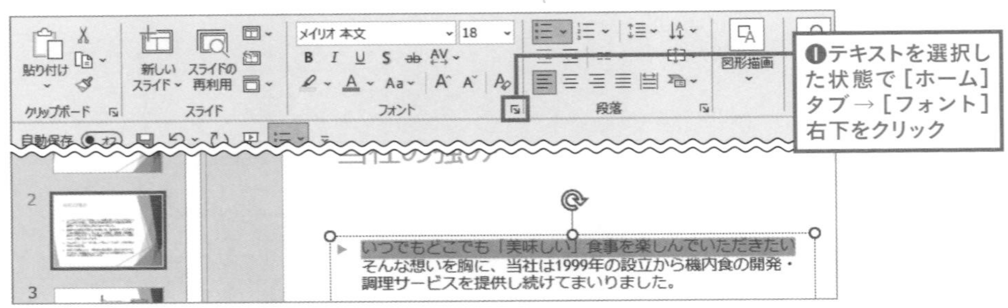

1 [フォント] ダイアログボックスを設定する

ダイアログは [フォント] タブが表示されている状態です。英数字用フォント、日本語用フォント、サイズ、フォントの色、文字飾りなどの項目を一気に設定できます。

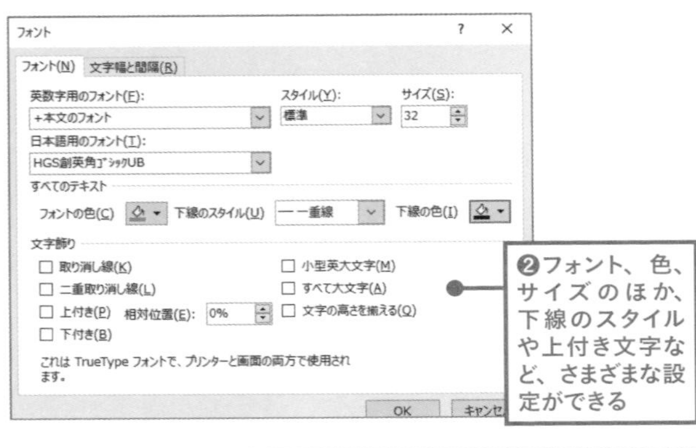

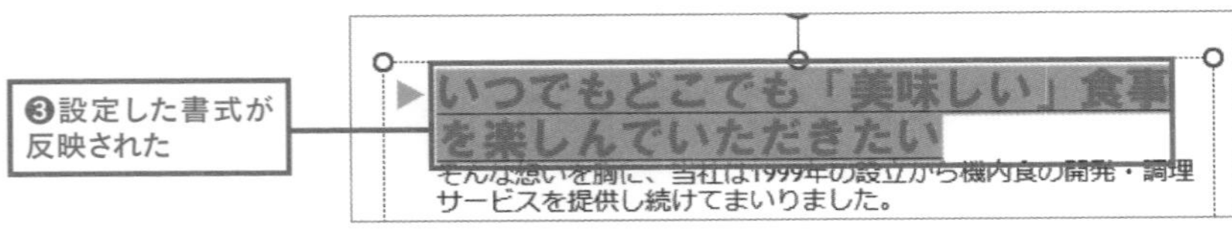

TIPS 複数のテキストを選択したいときは、[Ctrl] キーを押しながらテキストをドラッグします。

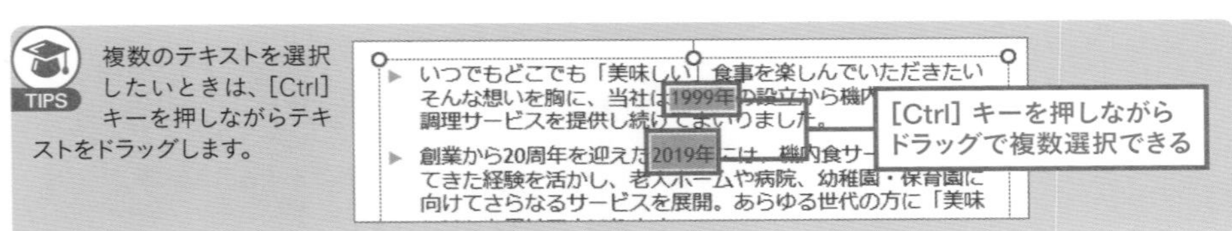

04 強調したい単語は「文字の効果」で目立たせる

- 目立たせたいテキストには「文字の効果」も有効
- 多用しすぎると見づらくなってしまうため、優先度を決めて使用する

入力したテキストには、影や輪郭など図形のような効果を付けることもできます。特に強調したいテキストには、書式変更のほか、効果を設定して目立たせましょう。

1 テキストを選択し［文字の効果の設定］を選択する

前ページと同じように、強調したいテキストをドラッグして選択したら、［図形の書式］タブを選択します。

❶テキストを選択

❷［図形の書式］タブを選択

❸［ワードアートのスタイル］が表示されている

アニメーション　スライド ショー　校閲　表示　ヘルプ　アンテナハウス　図形の書式

図形の塗りつぶし　図形の枠線　図形の効果　ワードアートのスタイル　代替テキスト　アクセシビリティ　前面へ移動　背面へ移動　オブジェクトの選択と表示　配置　グループ化　回転　配置

当社の強み

- いつでもどこでも「美味しい」食事を楽しんでいただきたい そんな想いを胸に、当社は1999年の設立から機内食の開発・調理サービスを提供し続けてまいりました。
- 創業から20周年を迎えた2019年には、機内食サービスで培ってきた経験を活かし、老人ホームや病院、幼稚園・保育園に向けてさらなるサービスを展開。あらゆる世代の方に「美味しい」を届けてまいります。
- アレルギー、ヴィーガン食、ハラルフードなど、さまざまな条件に対応可能。
- 冷めても美味しい！　機内食を長年提供し続けてきたからこそできる、独自製法によって可能となった時間が経っても味が落ちにくい食事を提供します。

HINT ［図形の書式］タブは、プレースホルダーを選択している間のみ表示されます。

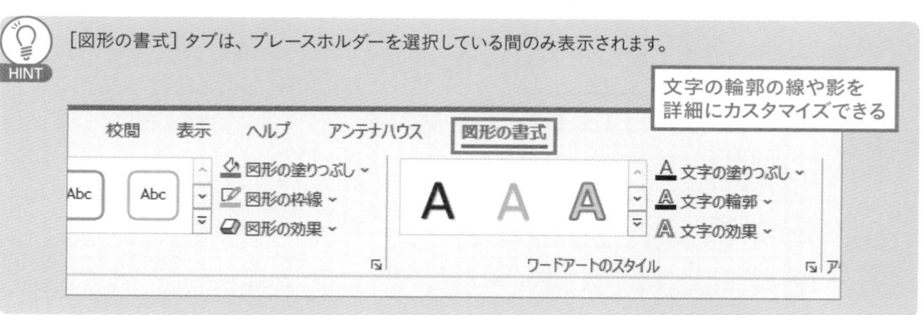

2 効果を設定する

[ワードアートのスタイル] の中の ▽ をクリックすると、あらかじめ設定された文字の効果が表示されます。任意のものを選ぶと、選択したテキストに効果が反映されます。

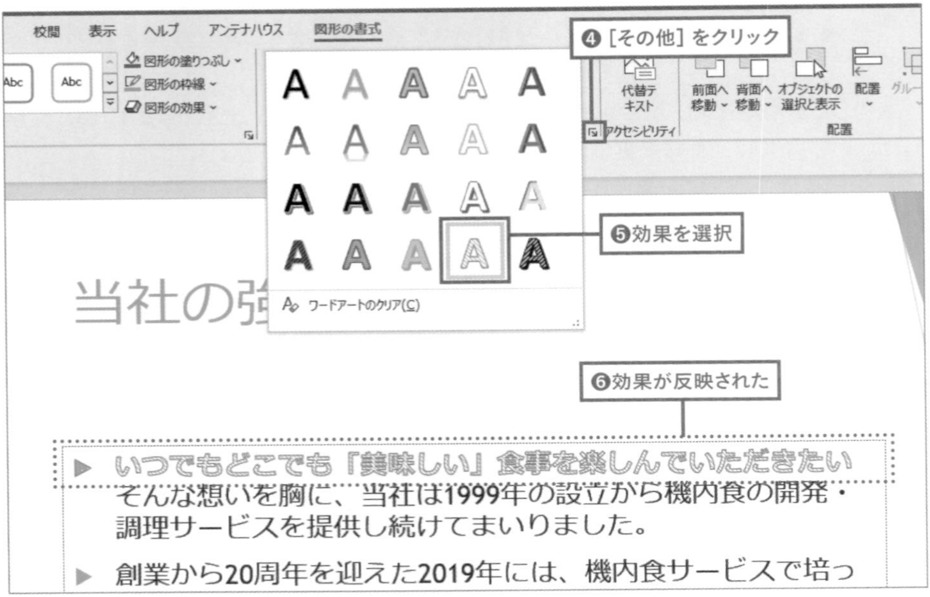

❹ [その他] をクリック

❺効果を選択

❻効果が反映された

HINT

図形の書式設定

[文字の塗りつぶし] [文字の輪郭] [文字の効果] で個別にカスタマイズ、または選択したテキスト上で右クリック→ [文字の効果の設定] を選択してウィンドウの右側に表示される書式設定では、さらに詳細なカスタマイズが可能です。

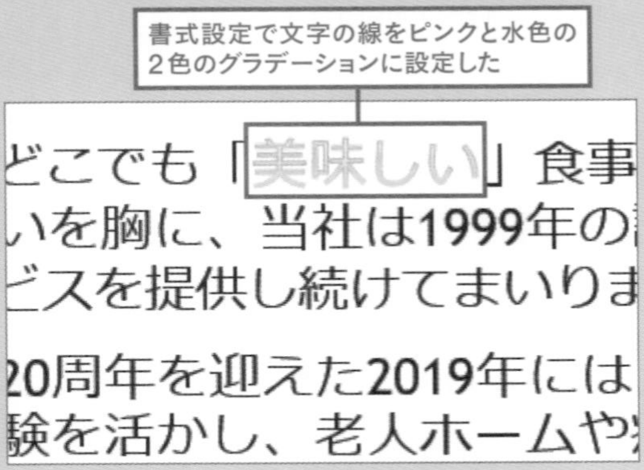

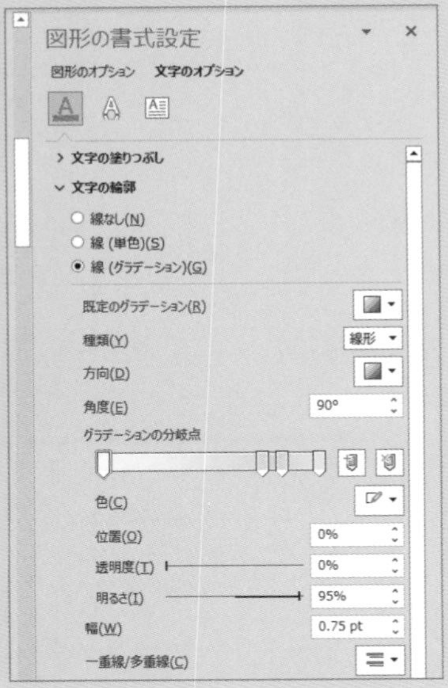

書式設定で文字の線をピンクと水色の2色のグラデーションに設定した

05 書式のコピーで効率的にテキストを強調したい

Point
- 書式はコピーできる
- 複数箇所にコピーするときは［書式のコピー/貼り付け］ボタンをダブルクリック

設定した書式はコピーして他のテキストに貼り付けることができます。複数のテキストや要素の書式を統一するときに便利な機能です。

1 書式をコピーする

書式を設定した文字列をドラッグして選択し、［ホーム］タブ→［書式のコピー/貼り付け］をクリックします。ポインターの形状が変わり、書式がコピーされました。

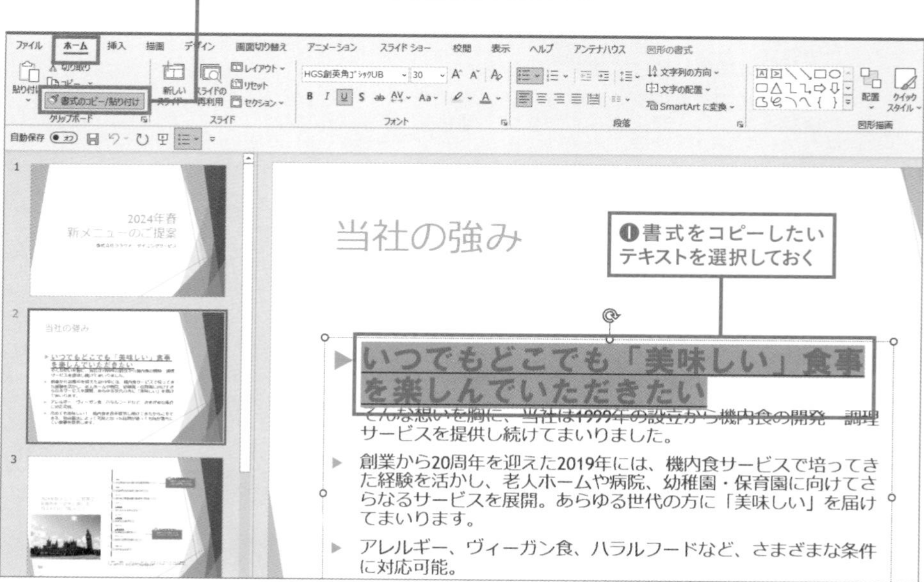

TIPS

書式を複数箇所に連続して貼り付ける

通常コピーした書式は貼り付け1回のみ有効となります。ただし、❷で［書式のコピー/貼り付け］ボタンをダブルクリックすると、書式を1度貼り付けたあとも、連続して同じ書式を貼り付けられます。コピーを終了する場合は、［Esc］キーを押します。

2 書式を貼り付けする

ポインターの形状が の状態で、書式をコピーしたい文字列をクリック&ドラッグすると、コピーした書式が反映されます。

▶ いつでもどこでも「美味しい」食事を楽しんでいただきたい
そんな想いを胸に、当社は1999年の設立から機内食の開発・調理サービスを提供し続けてまいりました。
▶ 創業から20周年を迎えた2019年には、機内食サービスで培ってきた経験を活かし、老人ホームや病院、幼稚園・保育園に向けてさらなるサービスを展開。あらゆる世代の方に「美味しい」を届けてまいります。
▶ アレルギー、ヴィーガン食、ハラルフードなど、さまざまな条件に対応可能。
▶ 冷めても美味しい！　機内食を長年提供し続けてきたからこそできる、独自製法によって可能となった時間が経っても味が落ちに

❸ポインターの形状が変わった状態で…

▶ いつでもどこでも「美味しい」食事を楽しんでいただきたい
そんな想いを胸に、当社は1999年の設立から機内食の開発・調理サービスを提供し続けてまいりました。
▶ 創業から20周年を迎えた2019年には、機内食サービスで培ってきた経験を活かし、老人ホームや病院、幼稚園・保育園に向けてさらなるサービスを展開。あらゆる世代の方に「美味しい」を届けてまいります。
▶ アレルギー、ヴィーガン食、ハラルフードなど、さまざまな条件に対応可能。
▶ 冷めても美味しい！　機内食を長年提供し続けてきたからこそできる、独自製法によって可能となった時間が経っても味が落ちに

❹コピーしたいテキストをドラッグする

▶ いつでもどこでも「美味しい」食事を楽しんでいただきたい
そんな想いを胸に、当社は1999年の設立から機内食の開発・調理サービスを提供し続けてまいりました。
▶ 創業から20周年を迎えた2019年には、機内食サービスで培ってきた経験を活かし、老人ホームや病院、幼稚園・保育園に向けてさらなるサービスを展開。あらゆる世代の方に「美味しい」を届けてまいります。
▶ **アレルギー、ヴィーガン食、ハラルフード**など、さまざまな条件に対応可能。
▶ 冷めても美味しい！　機内食を長年提供し続けてきたからこそできる、独自製法によって可能となった時間が経っても味が落ちに

❺書式がコピーされた

書式のコピーをキャンセルする

[書式のコピー/貼り付け] ボタンをクリックしたあと、操作を中断するには、[Esc] キーを押します。

06 段落や見出しの前後は行間隔を空けると読みやすさアップ

- 段落と行間の違いを理解する
- 行間や段落は詰まりすぎも空きすぎもNG。バランスに注意しよう

段落や行間隔は自動で設定されていますが、**小見出しや段落の前後は設定値より少し空けると要素同士テキストがまとまって、見やすくなります。**

1 ［段落］ダイアログボックスを表示する

行間を設定したい行をクリックして選択した状態で、［ホーム］タブ→［行間］→［行間のオプション］をクリックしてダイアログボックスを開きます。

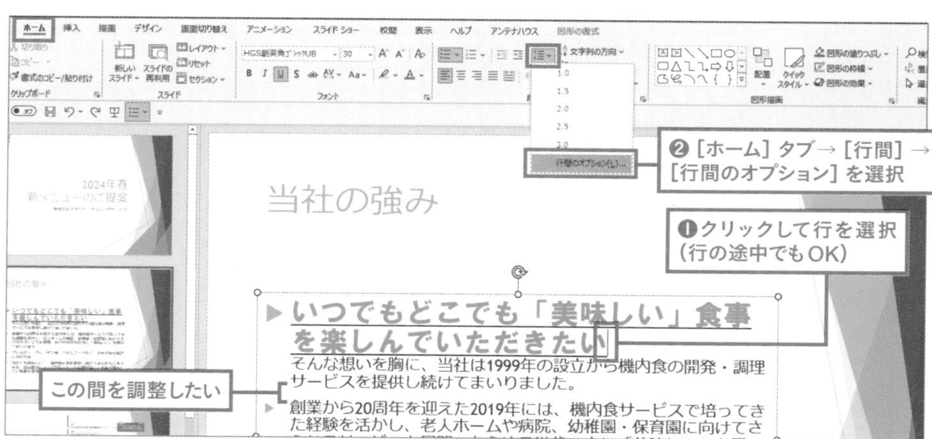

2 ［間隔］に任意の数字を入力して決定する

ダイアログが開いたら［間隔］の［段落後］に任意の数字を入力し、［OK］ボタンをクリックします。

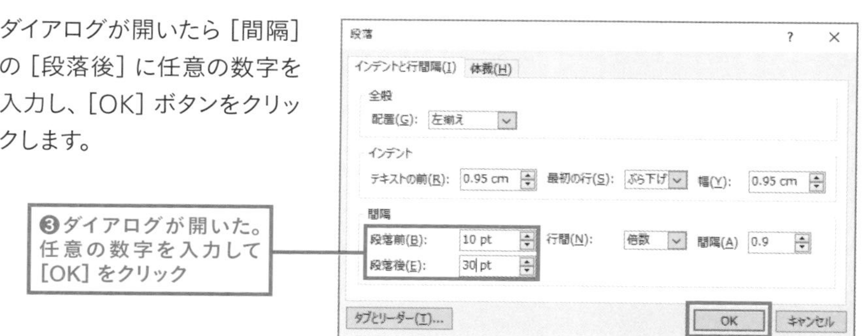

❹設定した通り、選択した段落のあとのみ、スペースが空いた

▶ いつでもどこでも「美味しい」食事を楽しんでいただきたい

そんな想いを胸に、当社は1999年の設立から機内食の開発・調理サービスを提供し続けてまいりました。

▶ 創業から20周年を迎えた2019年には、機内食サービスで培ってきた経験を活かし、老人ホームや病院、幼稚園・保育園に向けてさらなるサービスを展開。あらゆる世代の方に「美味しい」を届けてまいります。

▶ アレルギー、ヴィーガン食、ハラルフードなど、さまざまな条件に対応可能。

▶ 冷めても美味しい！　機内食を長年提供し続けてきたからこそできる、独自製法によって可能となった時間が経っても味が落ちに

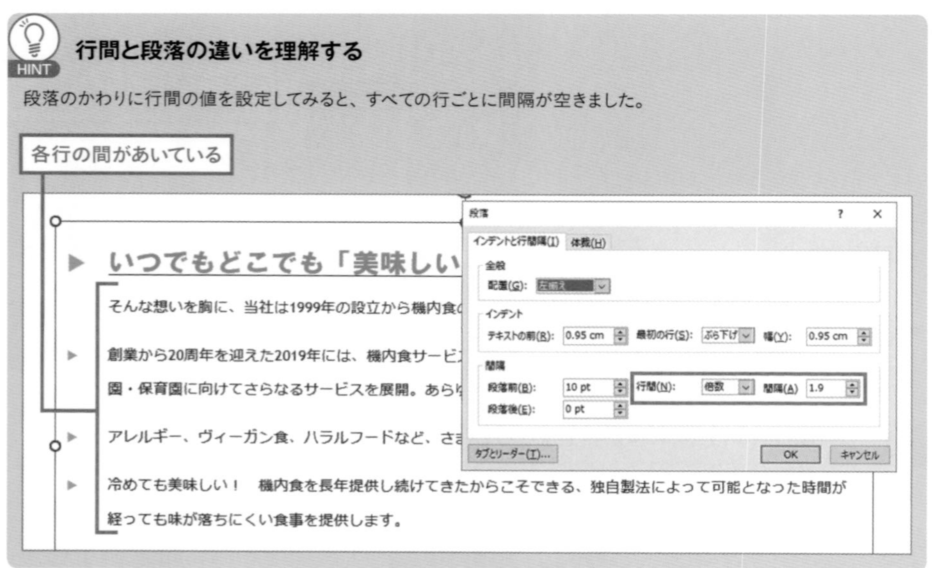

行間と段落の違いを理解する

段落のかわりに行間の値を設定してみると、すべての行ごとに間隔が空きました。

07 タイトルはセンター揃え、本文は両端揃え 要素ごとに規則性を付けると◎

- [中央揃え] [左揃え] は要素ごとに統一して設定しよう
- 2行以上続く文章には [両端揃え] が読みやすい

プレースホルダー内のテキスト揃えはレイアウトごとに異なります ([タイトルスライド] は「中央揃え」に、[タイトルとコンテンツ] レイアウトは「左揃え」に設定されています)。これらのテキストは、[ホーム] タブから「右揃え」「左揃え」「中央揃え」「両端揃え」「均等割り付け」に変更できます。ここでは左揃えのスライドタイトルを中央揃えに変更してみましょう。

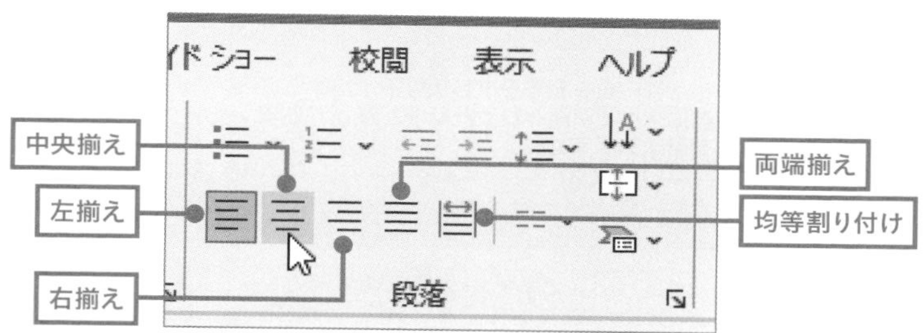

変更したいプレースホルダーを選択し、[ホーム] タブの [中央揃え] をクリックすると、左揃えのテキストが中央揃えになります。

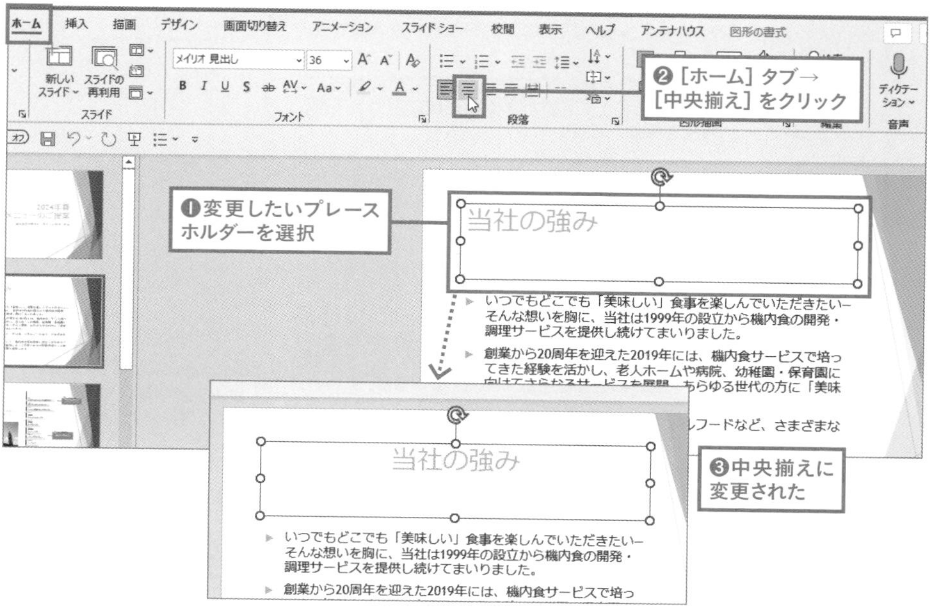

❶変更したいプレースホルダーを選択

❷ [ホーム] タブ→[中央揃え] をクリック

❸中央揃えに変更された

Column

「両端揃え」と「左揃え」の違いって何?

［両端揃え］はテキストの行が2行以上のときに利用します。❶「左揃え」と比較すると、❷「両端揃え」は文字間隔が自動調整され、最終行以外はプレースホルダーの両端に揃えて文字列が配置されていることがわかります。

❶左揃え

- いつでもどこでも「美味しい」食事を楽しんでいただきたい―そんな想いを胸に、当社は1999年の設立から機内食の開発・調理サービスを提供し続けてまいりました。
- 創業から20周年を迎えた2019年には、機内食サービスで培ってきた経験を活かし、老人ホームや病院、幼稚園・保育園に向けてさらなるサービスを展開。あらゆる世代の方に「美味しい」を届けてまいります。
- アレルギー、ヴィーガン食、ハラルフードなど、さまざまな条件に対応可能。
- 冷めても美味しい！　機内食を長年提供し続けてきたからこそできる、独自製法によって可能となった時間が経っても味が落ちにくい食事を提供します。

❷両端揃え

- いつでもどこでも「美味しい」食事を楽しんでいただきたい―そんな想いを胸に、当社は1999年の設立から機内食の開発・調理サービスを提供し続けてまいりました。
- 創業から20周年を迎えた2019年には、機内食サービスで培ってきた経験を活かし、老人ホームや病院、幼稚園・保育園に向けてさらなるサービスを展開。あらゆる世代の方に「美味しい」を届けてまいります。
- アレルギー、ヴィーガン食、ハラルフードなど、さまざまな条件に対応可能。
- 冷めても美味しい！　機内食を長年提供し続けてきたからこそできる、独自製法によって可能となった時間が経っても味が落ちにくい食事を提供します。

端にきっちり文字が揃えられていることがわかる

- いつでもどこでも「美味しい」食事を楽しんでいただきたい―そんな想いを胸に、当社は1999年の設立から機内食の開発・調理サービスを提供し続けてまいりました。
- 創業から20周年を迎えた2019年には、機内食サービスで培ってきた経験を活かし、老人ホームや病院、幼稚園・保育園に向けてさらなるサービスを展開。あらゆる世代の方に「美味しい」を届けてまいります。
- アレルギー、ヴィーガン食、ハラルフードなど、さまざまな条件に対応可能。
- 冷めても美味しい！　機内食を長年提供し続けてきたからこそできる、独自製法によって可能となった時間が経っても味が落ちにくい食事を提供します。

［均等割り付け］を使うと、文字列がプレースホルダー内に等間隔で配置される

08 テキストをハイライト表示して内容を目立たせる (2019以降のバージョンのみ対応)

- 強調したい部分に使える［蛍光ペン］機能
- ハイライト表示機能は2019以降のバージョンのみ

1 ［蛍光ペンの色］を選択する

［ホーム］タブ→［蛍光ペンの色］の ˅ をクリックして、好きな色を選択します。

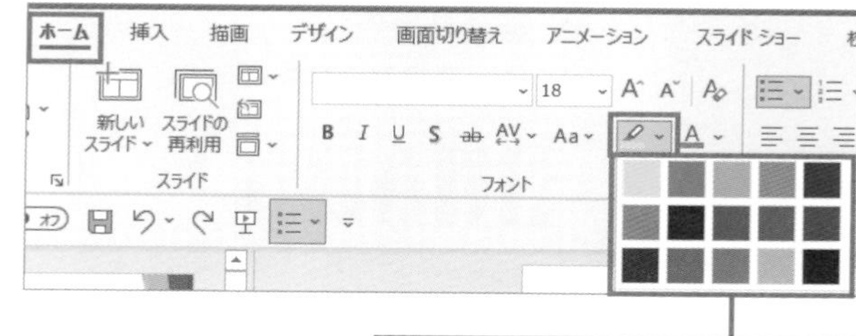

❶［ホーム］タブの［蛍光ペンの色］から好きな色を選択

2 強調したい箇所をドラッグして選択する

カーソルがペンの形状の状態で、強調したい箇所をドラッグして離すと❶で選んだ色でハイライトされます。
蛍光ペンモードを終了するにはもう一度［ホーム］タブの［蛍光ペンの色］をクリックします。

いつでもどこでも「美味しい」食事を楽しんでい
そんな想いを胸に、当社は1999年の設立から機内
調理サービスを提供し続けてまいりました。
創業から20周年を迎えた2019年には、機内食サー
てきた経験を活かし、老人ホームや病院、幼稚園
向けてさらなるサービスを展開。あらゆる世代の
しい」を届けてまいります。

❷マウスがペンの形状に変化する

いつでもどこでも「美味しい」食事を楽しんでい
そんな想いを胸に、当社は1999年の設立から機内
調理サービスを提供し続けてまいりました。
創業から20周年を迎えた2019年には、機内食サー
てきた経験を活かし、老人ホームや病院、幼稚園
向けてさらなるサービスを展開。あらゆる世代の
しい」を届けてまいります。

❸強調したい部分をドラッグするとハイライトされた

テキストを選択してから［蛍光ペンの色］選択でもOK

先にハイライトしたいテキストを選択したあと［蛍光ペンの色］を選択すると、選択した部分がハイライトされます。

Column 好きな色を使ってハイライトしたい

デフォルトで表示される蛍光ペンの色は15色ありますが、濃い色が多いため、テキストをハイライトすると文字が読みにくくなってしまうものもあります。デフォルトの色が資料に合わない、読みにくいというときは以下の手順でフォントの色を選択して、蛍光ペンの色の選択肢を増やします。

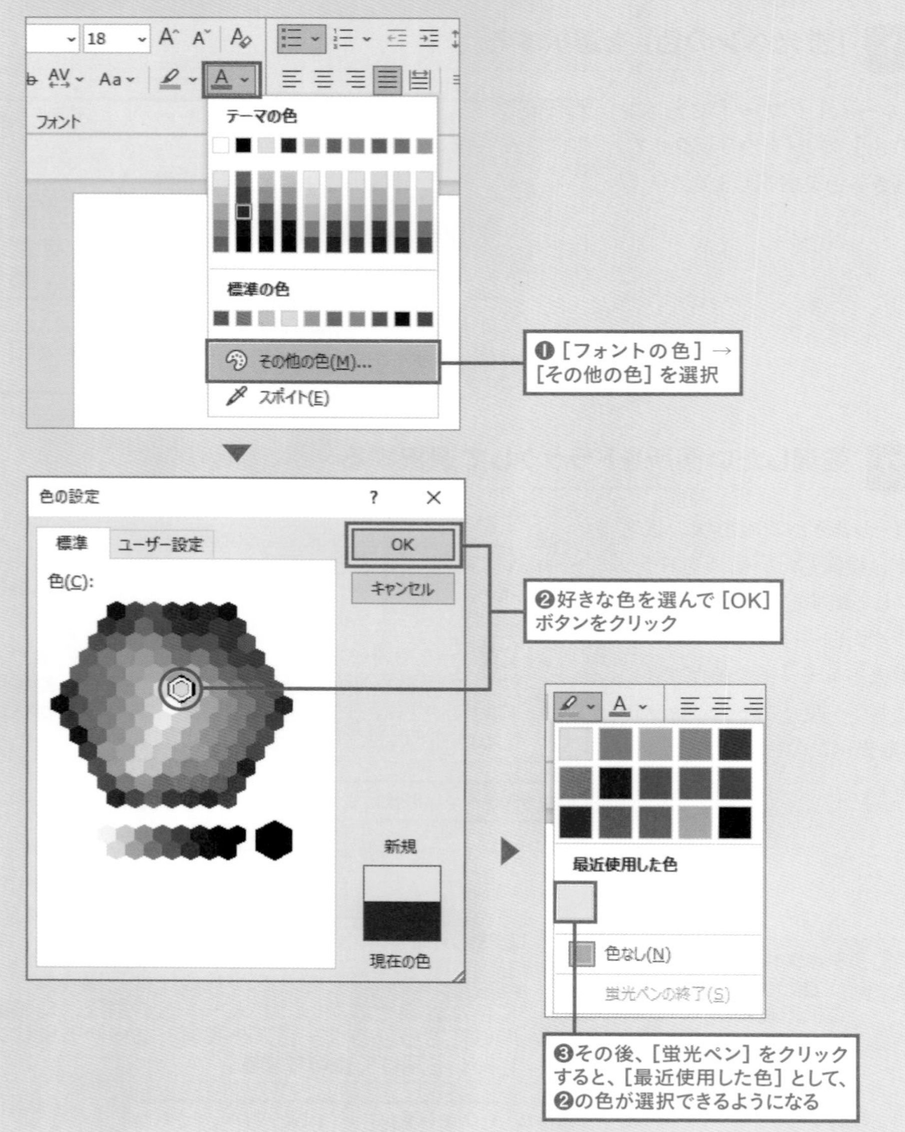

09 スライドの好きな位置に文字を入力したい

- プレースホルダー以外の場所にもテキスト入力できる
- [テキストボックス] を選択してドラッグすると、テキストボックスを任意の大きさで設定可能

プレースホルダー以外の部分にテキストを入力したい！ そんなときは [テキストボックス] を追加しましょう。

1 [テキストボックス] を選択・追加する

[挿入] タブ→ [テキストボックス] の上部を選択するとマウスのカーソルの形状が ↓ に変化します。その状態でテキストを追加したい場所をクリックすると、テキストボックスが追加されます。

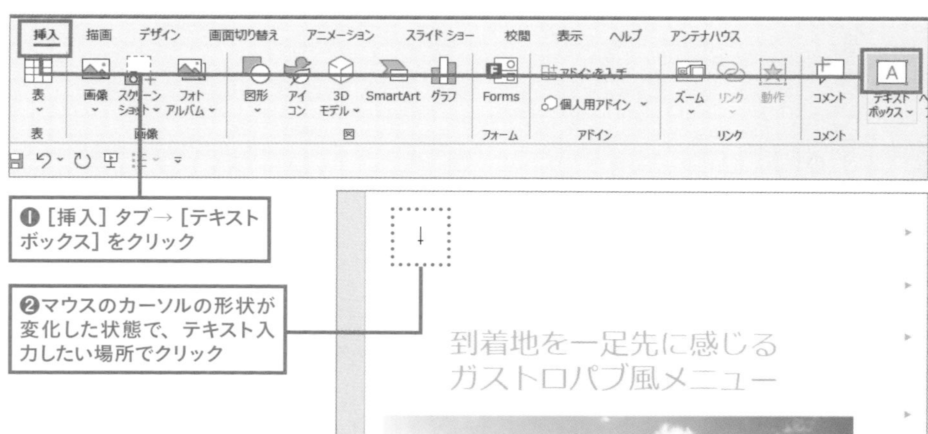

2 テキストを入力する

そのままテキストを入力し、[Enter] キーで確定後 [Esc] キーを押すとテキスト入力が完了します。**テキストボックスのサイズは、入力する文字量に合わせて自動的に調整されます。**

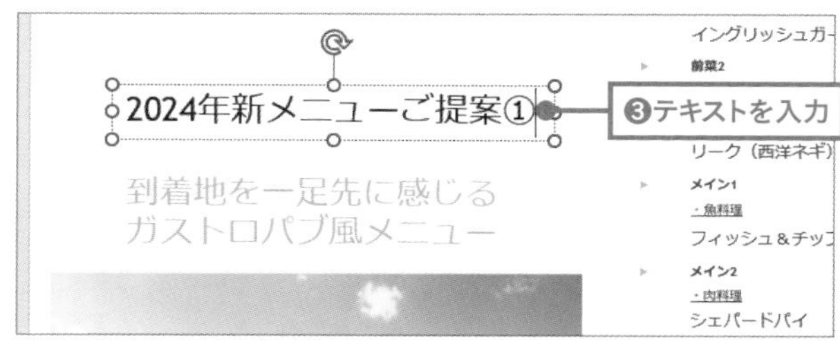

縦書きのテキストボックスを入力する

テキストは縦書きで入力することもできます。[挿入] タブ→ [テキストボックス] の下部を選択し、[縦書きテキストボックス] を選択した状態で、❶❷と同じようにマウスのカーソルの形状が ⟵ の状態でクリックしてテキストボックスを追加・入力できます。

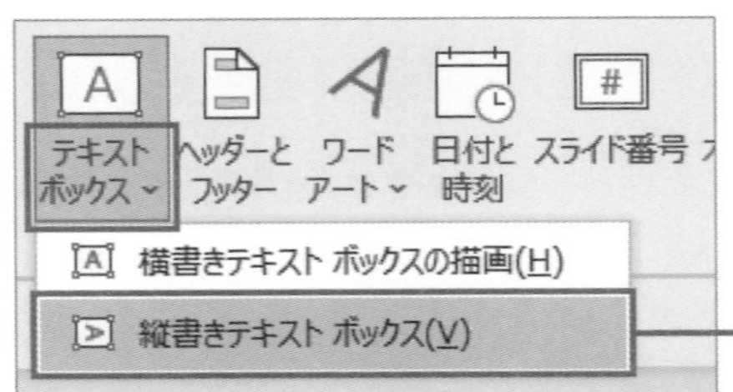

❶ [テキストボックス] の下部をクリックして [縦書きテキストボックス] を選択

❷任意の場所をクリックしてテキストを入力

新メニューご提案①

到着地を一足先に感じる
ガストロパブ風メニュー

前菜1
イングリッシュガーデン風サラダ
前菜2
イングリッシュソーセージ
スープ
リーク（西洋ネギ）のポタージュ
メイン1
・魚料理
フィッシュ＆チップス
メイン2
・肉料理
シェパードパイ
メイン3
・野菜料理
ジャケットポテト
デザート1
ルバーブのコンポート
デザート2
イートンメス

10 行途中の文字の開始位置を変更したい

- 文字の開始位置をきれいに揃えるには［ルーラー］機能が便利
- 揃えたいテキストの直前に［Tab］キーを挿入しておく

行の途中のテキスト位置を揃えたいとき、スペースを入力して途中の余白を調整してしまうと、テキスト修正のたびに余白の調整が発生し手間がかかります。行途中のテキストの開始位置を変更したいときは［タブ］と［ルーラー］を使います。

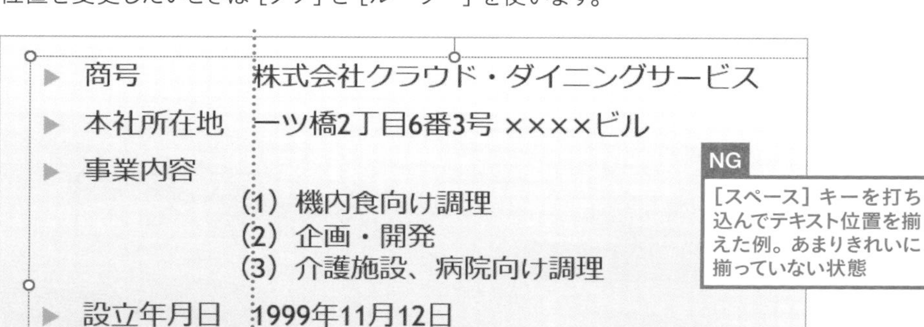

1 位置を揃えたいテキストの前に［Tab］キーを入力する

位置を揃えたい場所にカーソルを合わせてクリックし、［Tab］キーを押してタブを挿入しておきます（この時点で位置がバラバラなのは気にしなくてOKです）。

商号　株式会社クラウド・ダイニングサービス
本社所在地　一ツ橋2丁目6番3号 ××××ビル
事業内容
(1) 機内食向け調理
(2) 企画・開発
(3) 介護施設、病院向け調理
設立年月日　1999年11月12日

❶［Tab］キーを押してタブを挿入しておく

ここで押すのは必ず［Tab］キーです。［スペース］キーを押してしまうとこの先の工程がうまくいかないため、注意しましょう。

2 調整したい行を選択する

[表示] タブ→ [ルーラー] にチェックを入れたら、位置を調整したいテキストの行をドラッグしてすべて選択します。

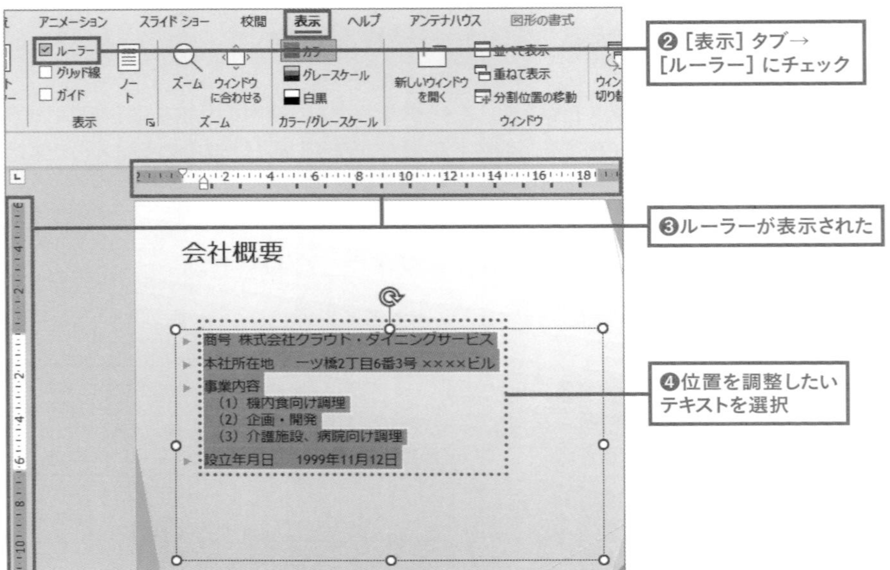

3 ルーラーの任意の位置をクリックしてタブの位置を決定する

タブが挿入された以降のテキスト開始位置をルーラー上でクリックすると、[左揃えタブ] が挿入され、文字の位置がクリックした位置で揃えられます。

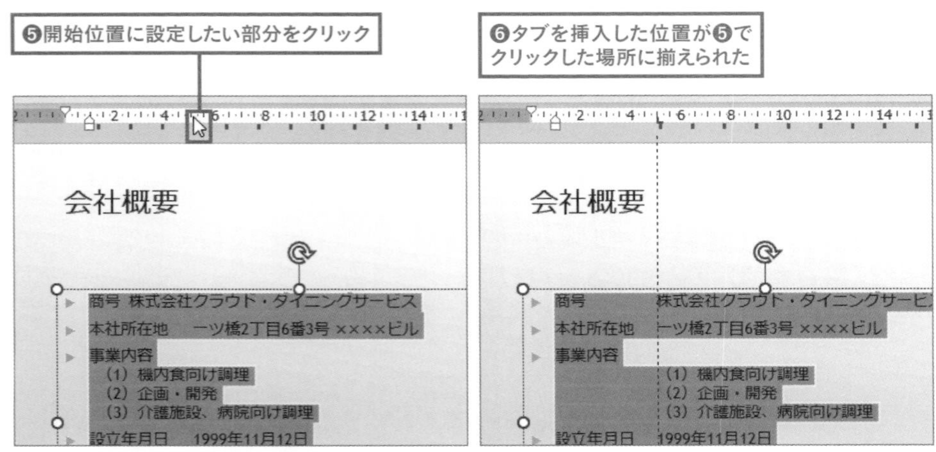

11 多くの行を1枚に収めるには段組みの変更が有効

- 1ページに複数の列をレイアウトできる段組み
- 段数や段の間隔は自由にカスタマイズ可能

「段組み」とは、1スライドに複数の列をレイアウトすることです。分けた一区切りを「段」といいます。説明テキストが多く、プレースホルダー内にどうしてもうまく収まらないというときには、段組みを設定するのも効果的です。

1 [段組みの詳細設定]を選択する

段組みを設定したいプレースホルダー内をクリックし、[ホーム]タブ→[段組み]→[段組みの詳細設定]を選択します。

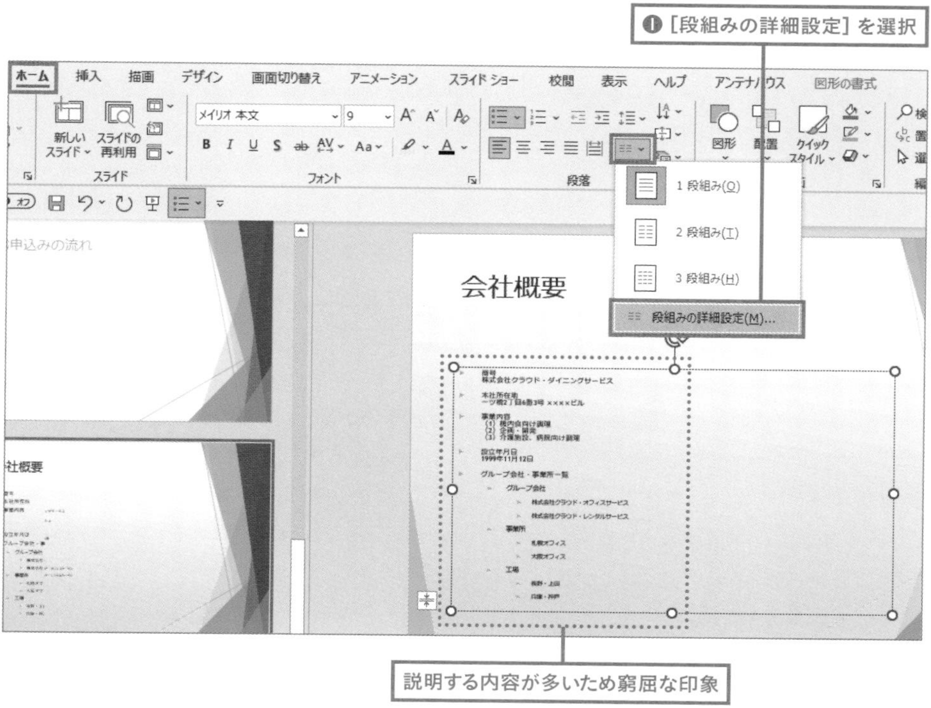

❶[段組みの詳細設定]を選択

説明する内容が多いため窮屈な印象

2 段組みを設定する

[段数] [間隔] に任意の数値を入力して [OK] ボタンをクリックすると、段組みが反映され、入力内容が見やすくなりました。

❷任意の数値を入力して [OK]

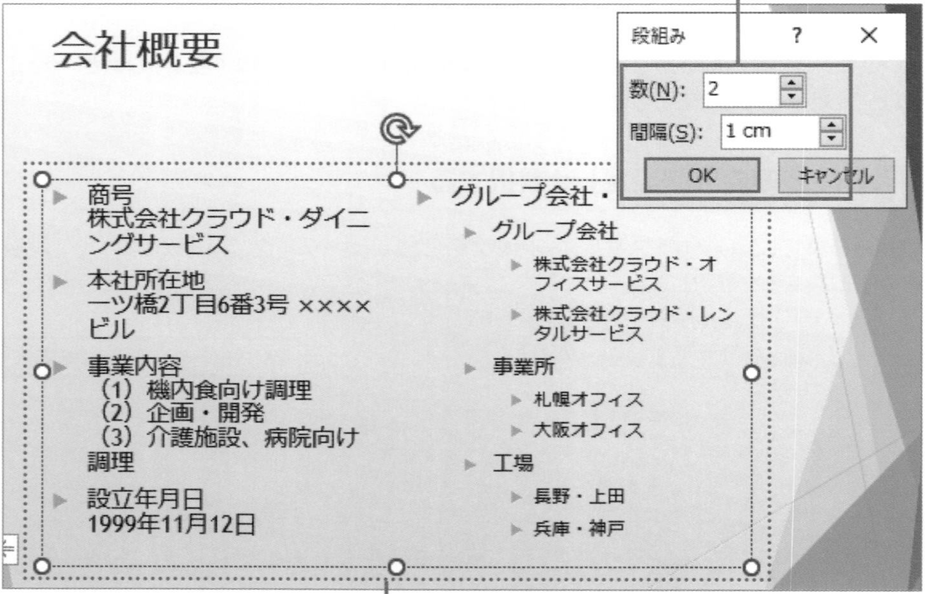

❸設定の通り、プレースホルダーが２段組みになった

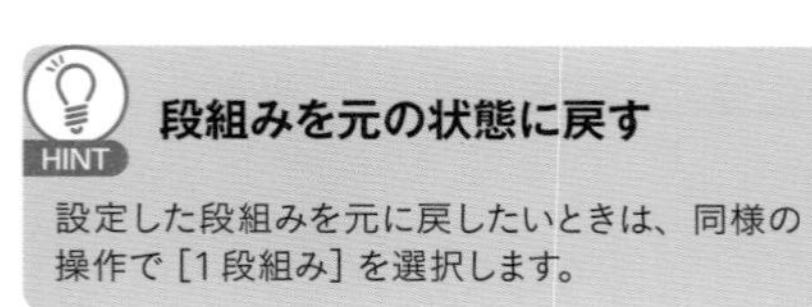

段組みを元の状態に戻す

設定した段組みを元に戻したいときは、同様の操作で [1 段組み] を選択します。

Chapter4

箇条書き&
スライド作成の
効率化

資料作りにおいて情報の整理は不可欠です。特に長々と文章が続くような読み込ませせることを前提とした資料はNG！　箇条書きにまとめることでぐっと読みやすく・理解しやすい内容になります。

01 箇条書きの階層を自由自在に操る

- 読みやすい資料に欠かせない箇条書き
- [Tab] キーで階層を動かす

資料作りにおいて欠かせない箇条書きですが、基本の操作を知らないと思い通りに階層を作れずイライラ……結局、文章で説明してしまうということもあるのでは？　箇条書きの操作をここでマスターしましょう。**[タイトルとコンテンツ] レイアウトの場合、本文のプレースホルダーにテキストを入力すると自動的に箇条書きとして入力されます**（箇条書きとして入力したくない場合は、[BackSpace] キーを押して行頭マークを消して入力します）。

箇条書きの階層レベルを変更したい場合には、3階層を調整するを確認しましょう。

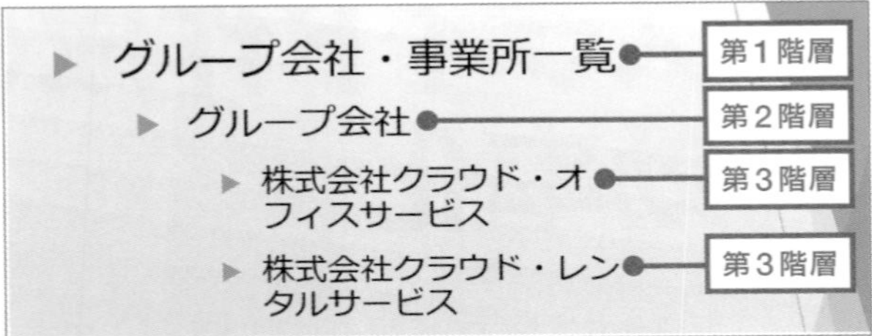

1 プレースホルダーを選択し [箇条書き] を選択する

入力済みのテキストを箇条書きにするには、まずテキストを入力したプレースホルダーの外枠を選択します。このとき外枠が実線になっていることを確認しましょう。点線になっている場合は、外枠の線を再度クリックしてください。この状態で [ホーム] タブ→ [箇条書き] をクリックします。

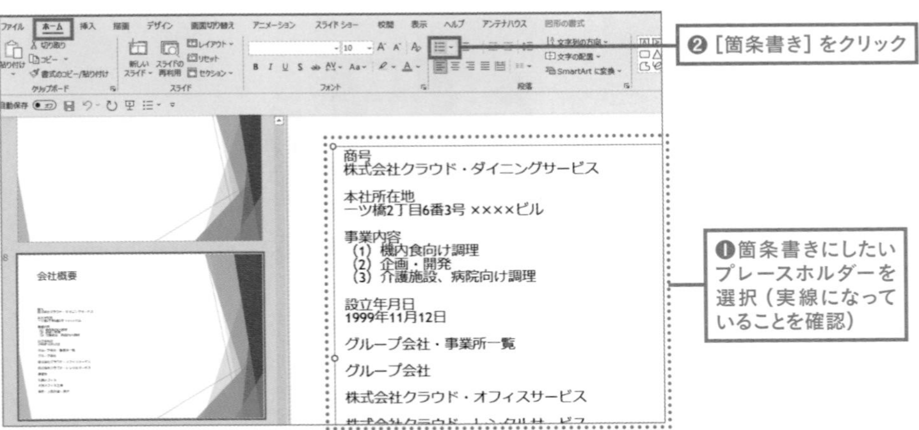

2 テキストが［箇条書き］に変更された

すべての行頭に箇条書きのマークが付きました。

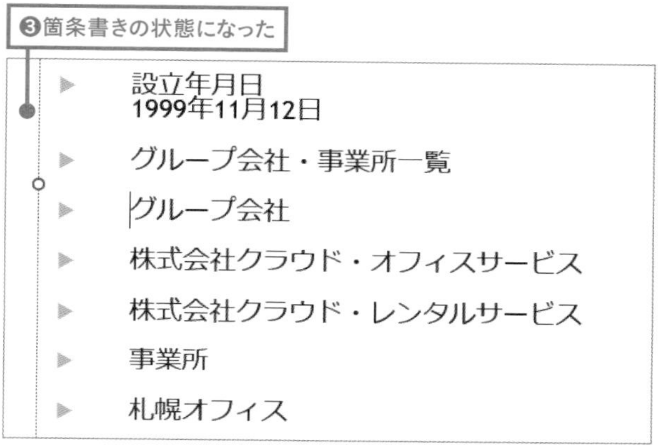

❸箇条書きの状態になった

▶ 設立年月日
1999年11月12日
▶ グループ会社・事業所一覧
▶ グループ会社
▶ 株式会社クラウド・オフィスサービス
▶ 株式会社クラウド・レンタルサービス
▶ 事業所
▶ 札幌オフィス

3 階層を調整する

このままだとすべての行が同じ階層（レベル）になってしまっているため、階層を変更したい行にカーソルを合わせてクリックしたら、［Tab］キーを入力してタブを挿入し、階層を調整します。

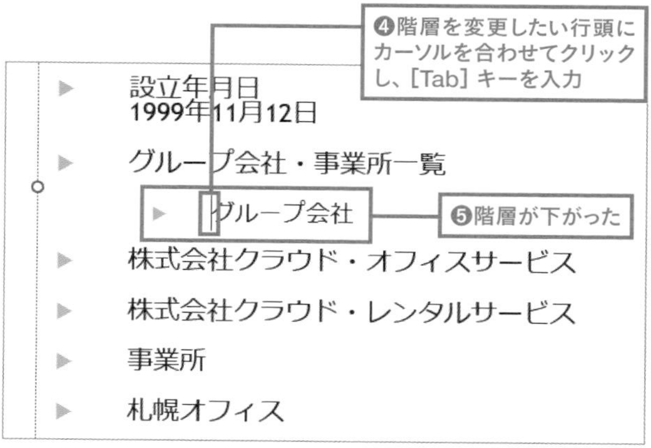

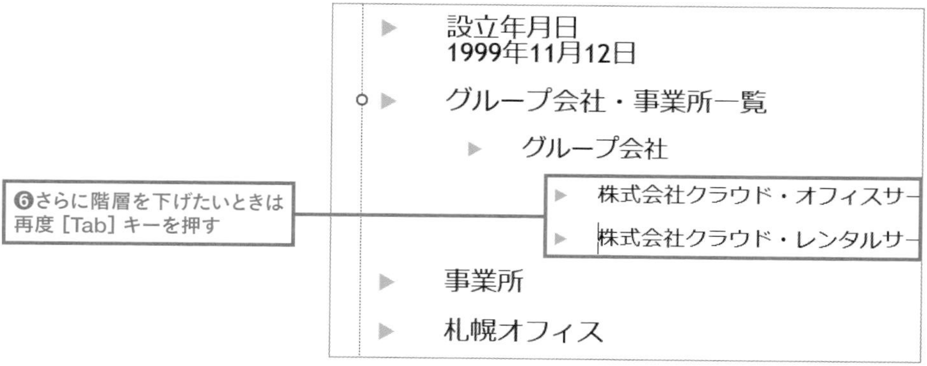

❹階層を変更したい行頭にカーソルを合わせてクリックし、［Tab］キーを入力

▶ 設立年月日
1999年11月12日
▶ グループ会社・事業所一覧
▶ グループ会社
▶ 株式会社クラウド・オフィスサービス
▶ 株式会社クラウド・レンタルサービス
▶ 事業所
▶ 札幌オフィス

❺階層が下がった

▶ 設立年月日
1999年11月12日
▶ グループ会社・事業所一覧
▶ グループ会社
▶ 株式会社クラウド・オフィスサー
▶ 株式会社クラウド・レンタルサー
▶ 事業所
▶ 札幌オフィス

❻さらに階層を下げたいときは再度［Tab］キーを押す

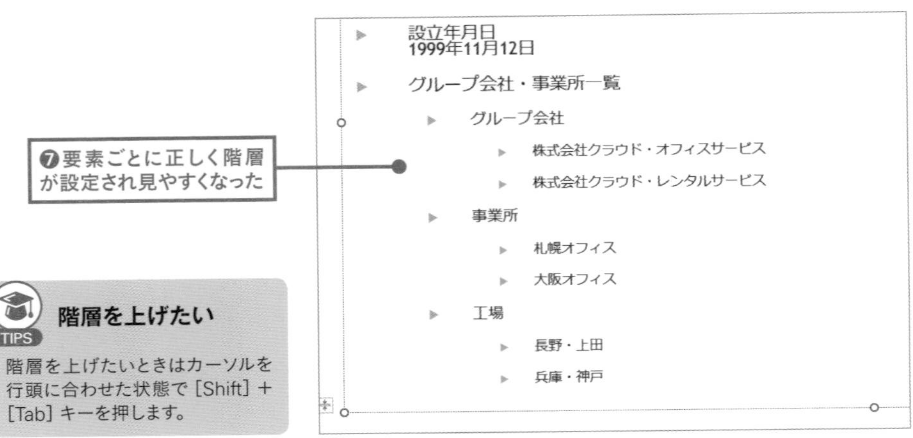

TIPS 階層を上げたい

階層を上げたいときはカーソルを行頭に合わせた状態で［Shift］＋［Tab］キーを押します。

Column 「読みこませる資料」はNO！ひと目でわかる資料を目指す

スライドはテキストで長々と説明するのではなく、いかに視覚化できるかがポイントとなります。視覚化に重点をおいたスライドには以下のようなメリットがあります。

視覚化のメリット

① 資料を読む時間を短縮できる
② 強調したいポイントが明確になる
③ 情報に齟齬がなく理解度を高められる

情報を視覚化する手法はさまざまです。本書では「箇条書き」のほか、PowerPointが得意とする「表」「グラフ」(Chapter5)「図」(Chapter6)の４つを主に紹介していきます。ここで取り上げている箇条書きは、主に文字情報を整理して理解を促進するものと考えましょう。

視覚化の表現は適材適所を意識して

①箇条書き	文章を階層ごとに整理して読みやすさを向上させる。階層ごとの情報のレベルは統一されていることがポイント
②表	データや文章を同じスタイルでまとめることで一覧性を向上させる
③グラフ	データを比較させたり、推移を見せたいときに使用。どの部分に変化があるかなどポイントがより明確になる
④図	構造や概念など、図解、画像、アイコンなど、読み手の理解の手助けとなるものを適切に使用することで文章ではイメージしにくい事柄の理解を促す。スケジュールや工程を表すのにも適している

02 箇条書きの行頭文字を変更して見やすさアップ!

- 行頭マークは個別に変更OK
- スライドマスターで階層ごとの行頭マークを登録しておくと便利

箇条書きの行頭マークは変更できます。2つ目、3つ目の階層の行頭マークを変更して階層の違いを明確にしましょう。

1 行頭マークを選択する

箇条書きのマークを変更するときは、変更したい階層にカーソルを合わせた状態で、[ホーム] タブ→ [箇条書き] の ⌄ をクリックして、変更したい行頭マークを選択します。

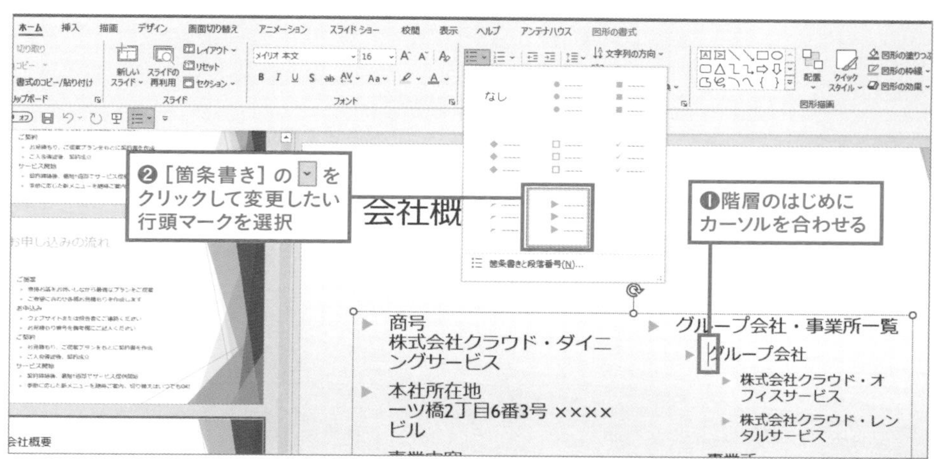

すべての行頭マークを変更したいときは、プレースホルダー全体を選択しましょう。

2 行頭マークが変更された

行頭マークが❷で選択したものに変更されました。

❸行頭マークが変更された

グループ会社・事業所一覧
グループ会社
株式会社クラウド・オフィスサービス

HINT

箇条書きや行頭番号をオフにしたい

設定した箇条書きや段落番号を非表示にしたいときは、プレースホルダーを選択した状態で、再度[箇条書き]または[段落番号]をクリックするとオフにできます。

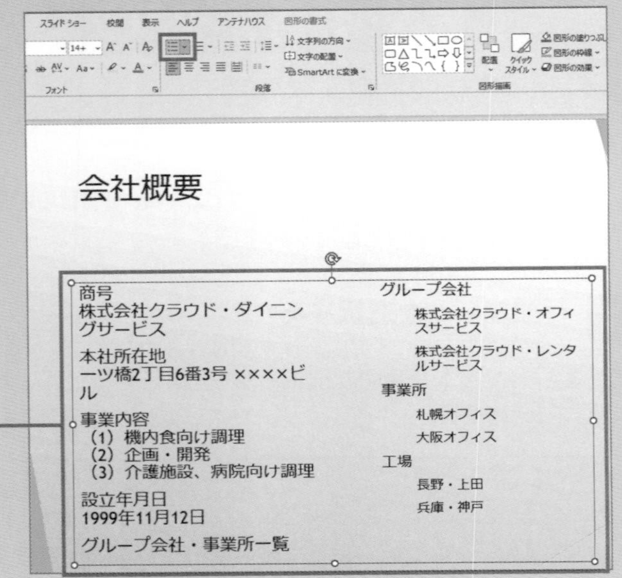

Column

スライドマスターで階層ごとの行頭マークを設定する

40ページのようにあらかじめスライドマスターで行頭マークを設定しておけば、一つひとつの箇条書きにおいて1の工程を実行する必要はありません。

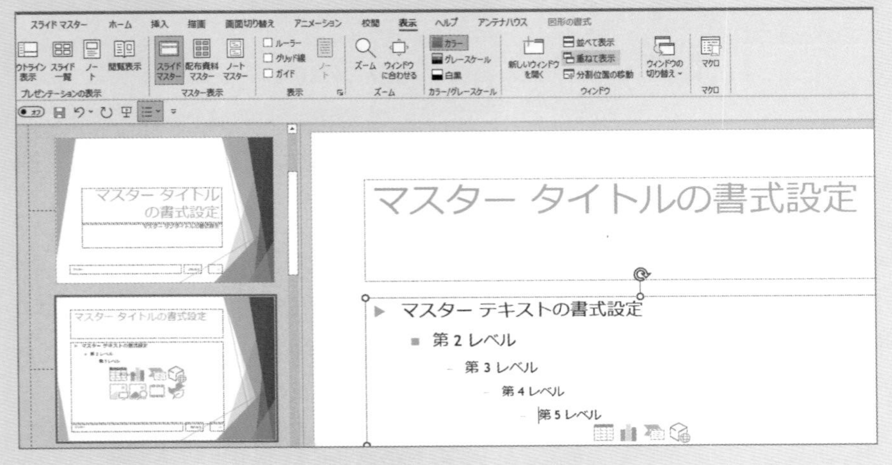

03 行頭文字の形やサイズ、色を変更するワザ

- 行頭にポイントとなる記号を設定して目立たせる
- ゴチャゴチャして見づらくなってしまうため多用はNG

行頭マークには記号を設定することもできます。多用すると見づらくなってしまうため、強調したい箇所など限定的に使うとよいでしょう。

1 ［箇条書きと段落番号］ダイアログを表示する

83ページの通り、箇条書きにしたい行にカーソルを合わせた状態で［ホーム］タブ→［箇条書き］→［箇条書きと段落番号］をクリックします。
ダイアログを表示したら右下の［ユーザー設定］ボタンをクリックします。

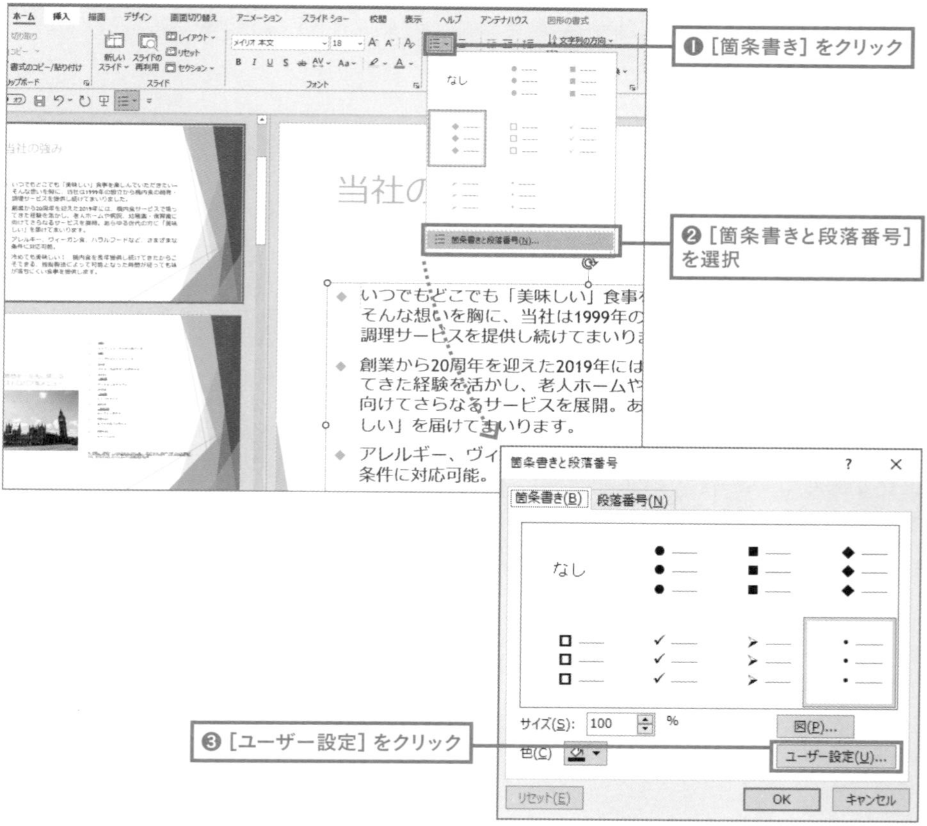

❶［箇条書き］をクリック

❷［箇条書きと段落番号］を選択

❸［ユーザー設定］をクリック

2 任意のフォントと記号を選択する

[記号と特殊文字] ダイアログが表示されます。ここではフォントを選んでフォントに収録されている記号や特殊文字を行頭マークに設定できます。[フォント] で任意のフォントを選び(ここでは記号が多く登録されている [Wingdings] を選択)、表示される記号の中から好きな記号を選択して [OK] ボタンでダイアログを閉じます。[箇条書きと段落番号] ダイアログも [OK] ボタンで閉じましょう。

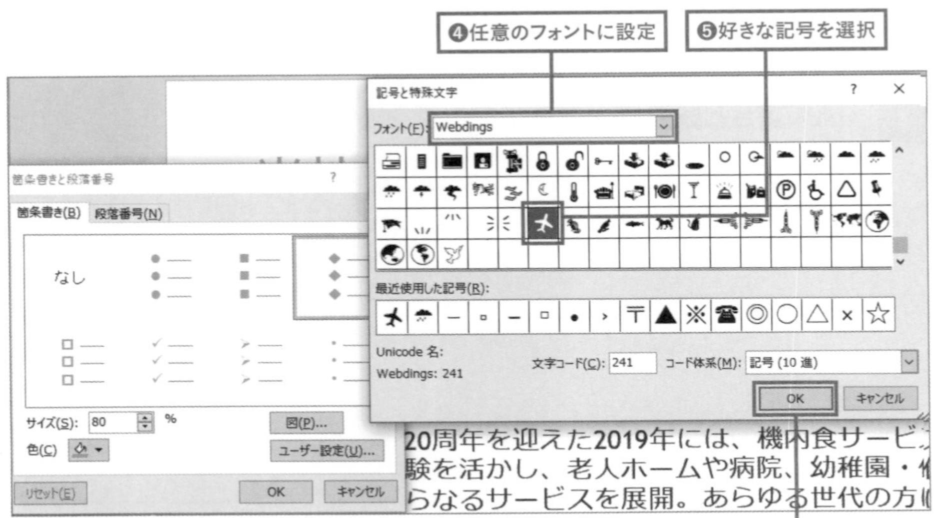

3 行頭マークが記号に変更された

スライドを確認すると、行頭文字が記号に変更されています。

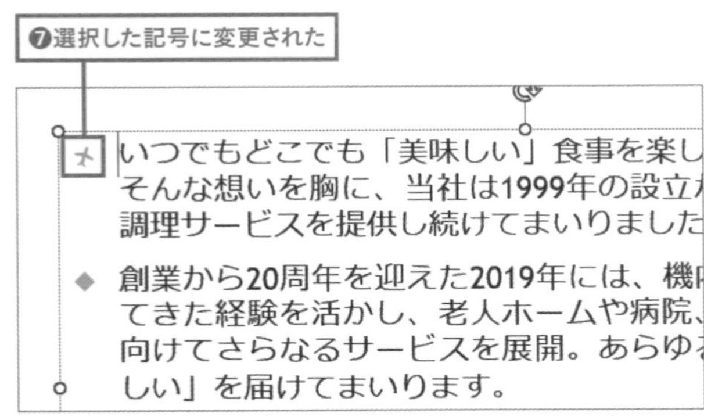

行頭マークのサイズと色を変更する

小見出しと同じ色にしたり、行頭マークをあえて大きく表示して目立たせたりすることも可能です。箇条書きの大きさを変更したいプレースホルダーを選択し、先程と同じように、[ホーム] タブ→ [箇条書き] → [箇条書きと段落番号] を選択します。

[サイズ] [色] をそれぞれ設定し [OK] ボタンをクリックすると、箇条書きの行頭マークの大きさと色が変更されました。

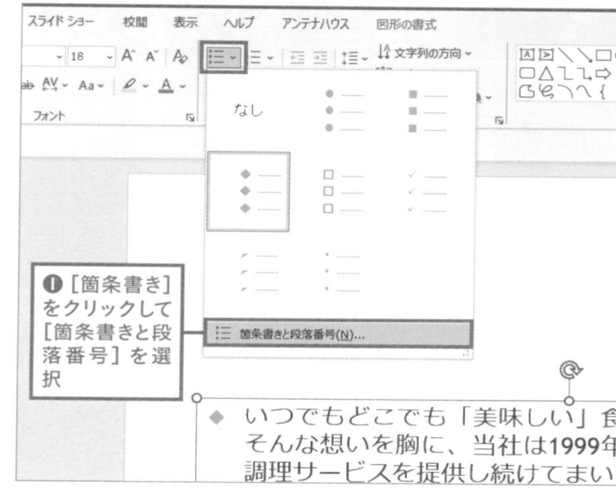

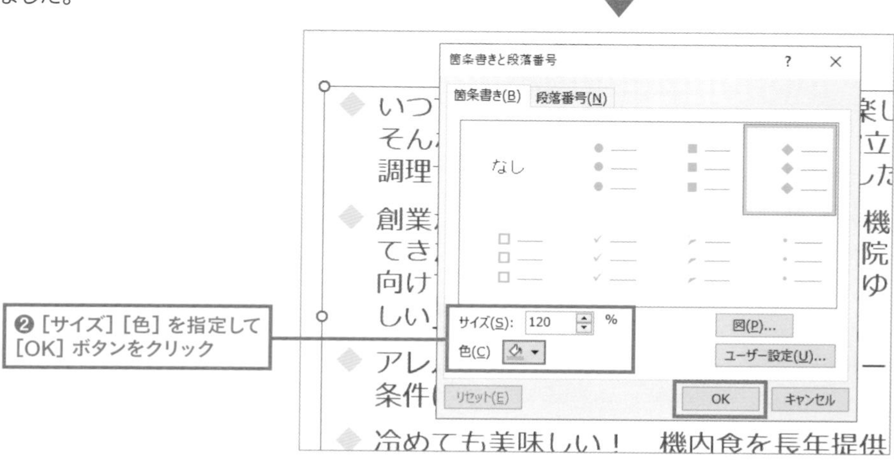

❸行頭マークのサイズと色が変更された

- いつでもどこでも「美味しい」食事を楽しんでいただきたい そんな想いを胸に、当社は1999年の設立から機内食の開発・調理サービスを提供し続けてまいりました。
- 創業から20周年を迎えた2019年には、機内食サービスで培ってきた経験を活かし、老人ホームや病院、幼稚園・保育園に向けてさらなるサービスを展開。あらゆる世代の方に「美味しい」を届けてまいります。
- アレルギー、ヴィーガン食、ハラルフードなど、さまざまな条件に対応可能。
- 冷めても美味しい！　機内食を長年提供し続けてきたからこそできる、独自製法によって可能となった時間が経っても味が落ちにくい食事を提供します。

04 通し番号は行頭マークで設定すると行の入れ替えも自在

- 順番は手書きせず段落番号を使用して編集に強いスライド作成を!
- スライドの内容に合った種類を選ぶ

ワークフローを作成する際など、順番を示す必要があるときに入れる通し番号は、入力せず段落番号を挿入しましょう。行を入れ替えたり削除したりするたび、自動で数字が振り直されるため自分で修正する必要がありません。「1」「①」「一、」「a」「i」など種類も豊富です。

1 [段落番号]を選択する

80ページの箇条書きと同様、テキストを入力したプレースホルダーの外枠を選択し[ホーム]タブ→[段落番号]右側の ⌄ をクリックします。

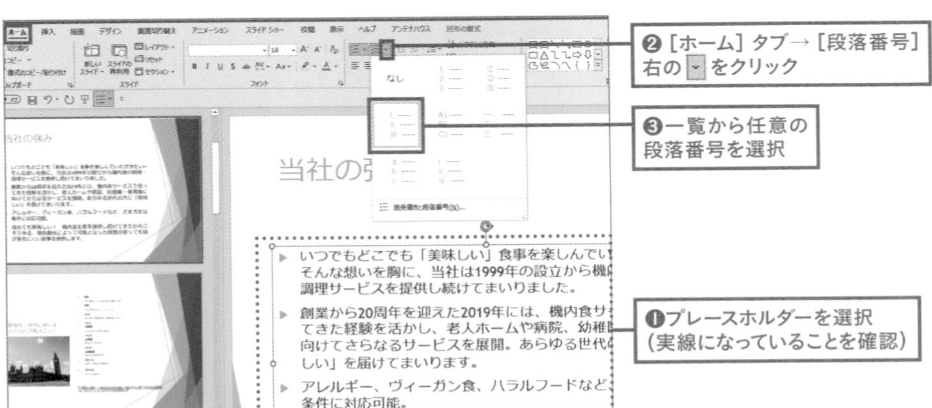

2 段落番号が表示された

段落番号の一覧表示から任意の種類を選択すると、すべての行頭に段落番号が付きます。

❹行頭に段落番号が表示された

I. いつでもどこでも「美味しい」食事
そんな想いを胸に、当社は1999年の
調理サービスを提供し続けてまいりました。

II. 創業から20周年を迎えた2019年には、機内食サービ
てきた経験を活かし、老人ホームや病院、幼稚園・
向けてさらなるサービスを展開。あらゆる世代の方
しい」を届けてまいります。

III. アレルギー、ヴィーガン食、ハラルフードなど、さま
条件に対応可能。

IV. 冷めても美味しい！　機内食を長年提供し続けてき
そできる、独自製法によって可能となった時間が経

設定済みの段落番号の種類を変更したい

設定した段落番号の種類を変更するには、1の手順通り、変更したい[段落番号]の種類を再度選択しましょう。

05 箇条書きを SmartArtに変換してみる

- SmartArtで箇条書きを表現する
- 内容に合ったグラフィックを選ぶのがポイント

スライド作成の基本は「情報の視覚化」。箇条書きをさらに視覚化するためにSmartArtを活用してみましょう。SmartArtには箇条書きに適したグラフィックも用意されています。

1 プレースホルダーを選択し［SmartArtに変換］を選択する

箇条書きで入力したプレースホルダーを選択し、［ホーム］タブの［SmartArtに変換］をクリックします。

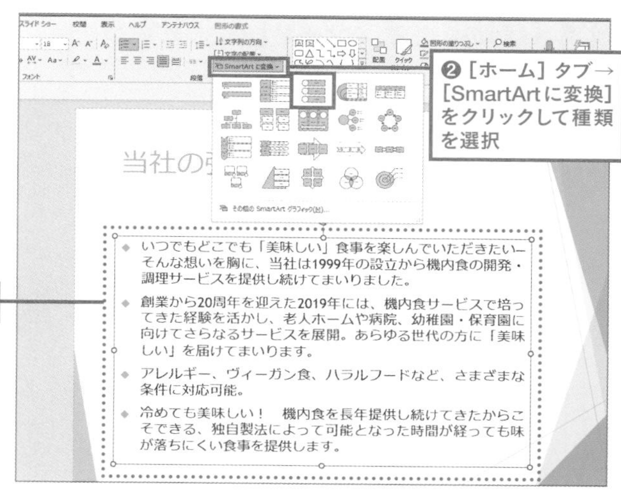

2 SmartArtに変換された

箇条書きが選択したSmartArtグラフィックに変換されました。

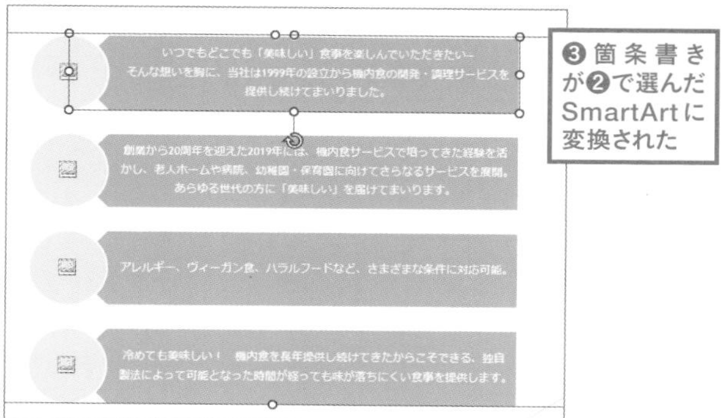

SmartArtって？

「リスト」「手順」「循環」など、あらかじめ複数の図形を組み合わせた図表のことをSmartArtといいます。本書の149ページで詳しく解説しています。

06 段落が増えると勝手にフォントが小さくなってしまう

- 段落が増えると自動的に文字が縮小されて表示される
- [自動調整オプション] で機能をオフにする

PowerPointは、**段落（行数）が増えるとプレースホルダー内にテキストが収まるよう、自動的に文字が小さくなるようになっています。**便利な機能ですが、あまりに段落が増えすぎると文字が小さくなりすぎて読みにくくなってしまうことも……。[自動調整オプション] ボタンで機能をオフにすることができます。

1 [自動調整オプション] を変更する

以下の図は段落が増え自動的に文字が縮小されている状態です。プレースホルダー内を選択した状態で枠の左下部を確認すると [自動調整オプション] が表示されています。[自動調整オプション] をクリックして [このプレースホルダーの自動調整をしない] を選択します。

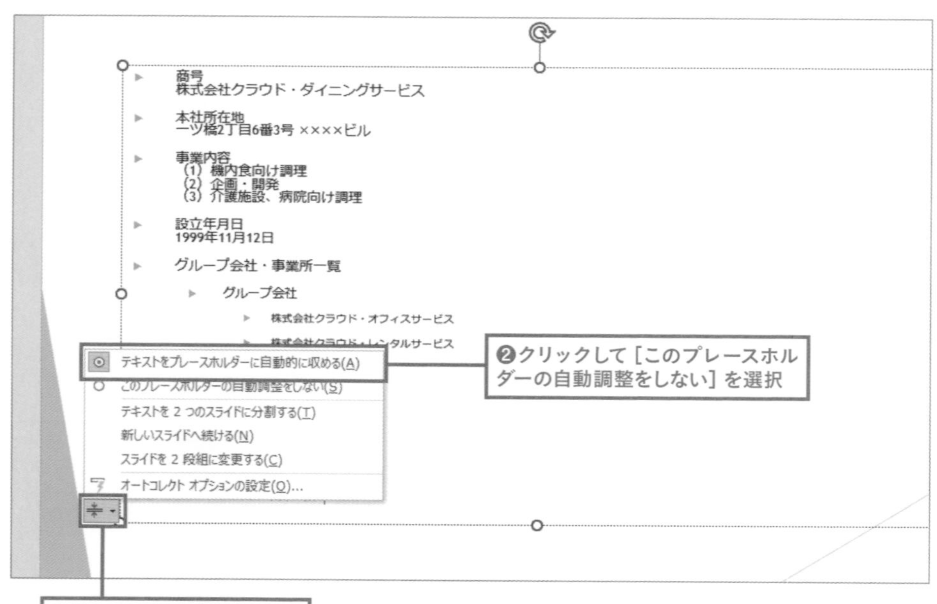

2 既定のフォントサイズに変更された

プレースホルダー内のテキストが既定のフォントサイズに戻りました。

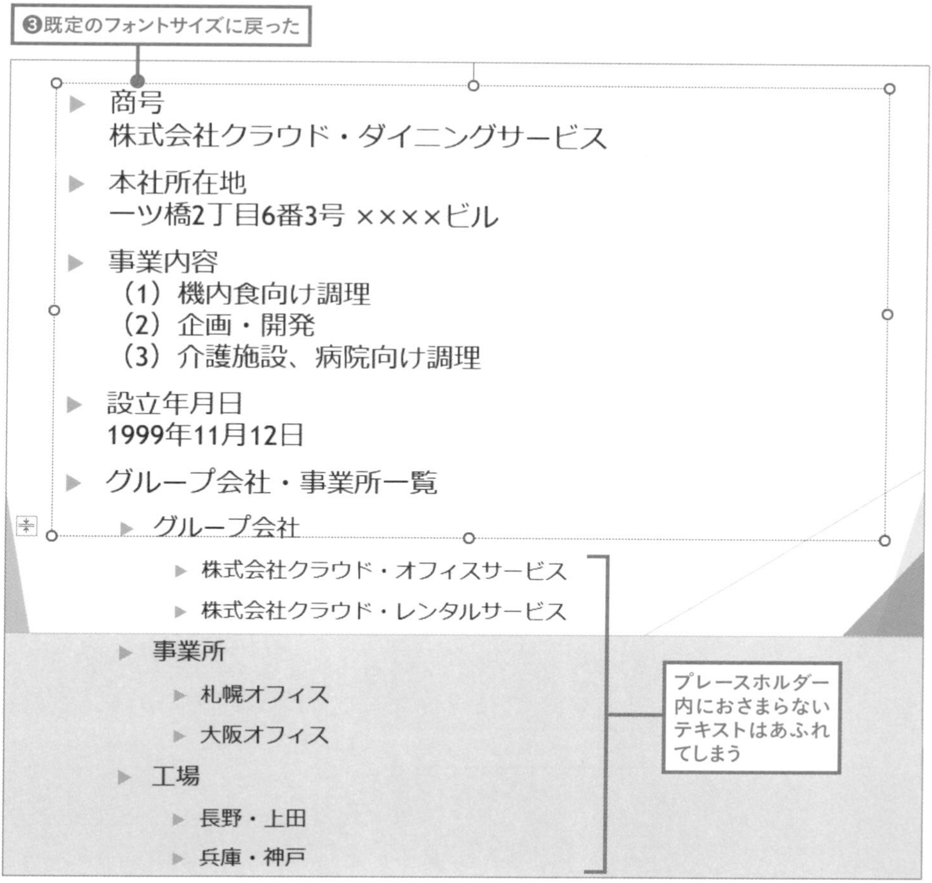

❸既定のフォントサイズに戻った

- 商号
  株式会社クラウド・ダイニングサービス
- 本社所在地
  一ツ橋2丁目6番3号 ××××ビル
- 事業内容
  （1）機内食向け調理
  （2）企画・開発
  （3）介護施設、病院向け調理
- 設立年月日
  1999年11月12日
- グループ会社・事業所一覧
  - グループ会社
    - 株式会社クラウド・オフィスサービス
    - 株式会社クラウド・レンタルサービス
  - 事業所
    - 札幌オフィス
    - 大阪オフィス
  - 工場
    - 長野・上田
    - 兵庫・神戸

プレースホルダー内におさまらないテキストはあふれてしまう

読みやすさを考えた画面作りを心がける

自動調整をオフにすると、プレースホルダーからテキストがあふれてしまいます。行数を減らしたり、77ページを参考に2段組みにしたりするなどして、1枚に収まるよう工夫しましょう。

07 2つのプレースホルダーの中身を段落番号で連番にする

- 段落番号の開始番号は自由に設定できる
- テキスト修正した際には開始番号がずれていないかチェック

1つのスライドに2つのプレースホルダーがある状態で段落番号を設定すると、段落番号はプレースホルダーごとに「1」からはじまります。**2つのプレースホルダーの段落番号を連番にしたいときは、2つ目のプレースホルダーの開始番号を指定します。**

1 プレースホルダーを選択し［箇条書きと段落番号］を表示する

プレースホルダーを選択し、［ホーム］タブの［段落番号］の右側の をクリックして［箇条書きと段落番号］を選択します。

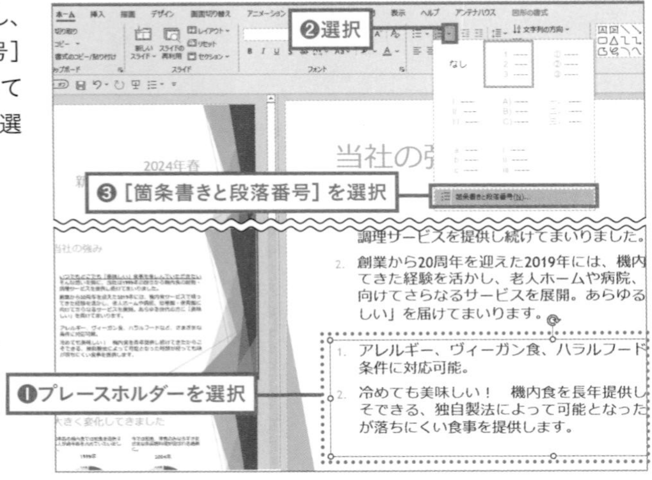

2 開始の数値を設定する

［箇条書きと段落番号］ダイアログを表示し、［段落番号］タブを選択したら［開始］の数値に、2つ目のプレースホルダーの開始番号を入力して［OK］ボタンをクリックします。選択したプレースホルダーの段落番号が❺で入力した数値に変更されました。

08 似たようなスライドを作るときはスライドのコピーを活用する

- スライドはコピーで有効活用
- 別のファイルからもスライドは複製できる

似たようなスライドを何枚も作成する際は、[新しいスライド] で追加せず、既に作ったスライドをコピーすると効率がぐんとアップします。

1 スライドを複製する

コピーしたいスライドを選択した状態で [ホーム] タブ→ [新しいスライド] の下側の ⌄ をクリックし、[選択したスライドの複製] を選択します。

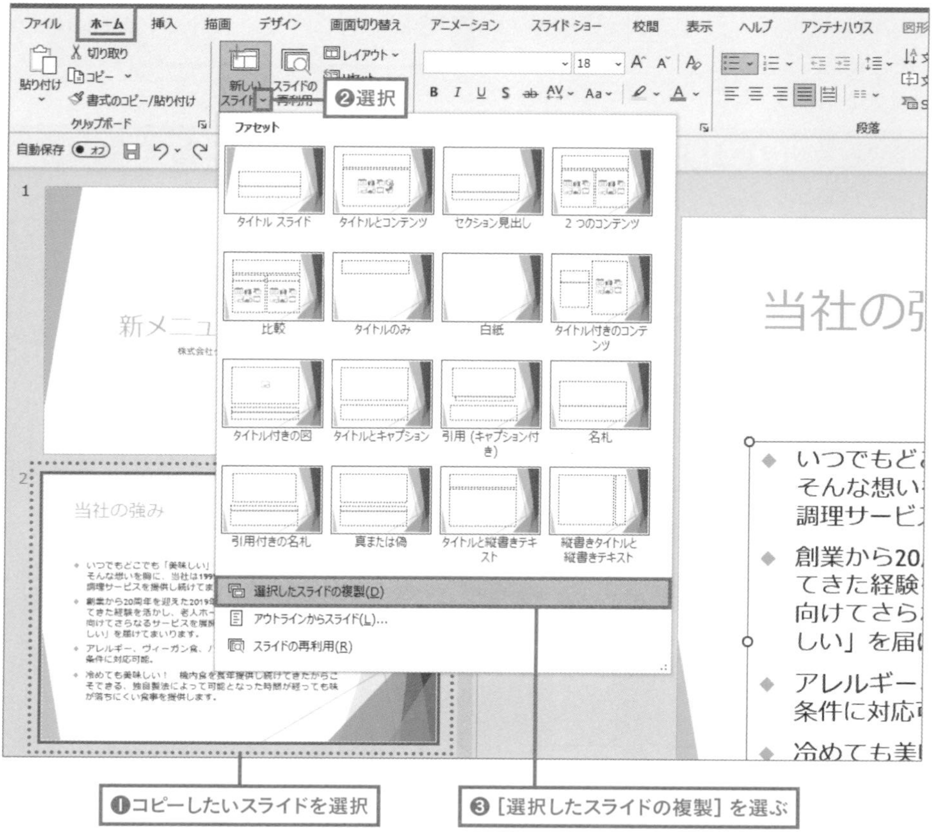

ファイル ホーム 挿入 描画 デザイン 画面切り替え アニメーション スライド ショー 校閲 表示 ヘルプ アンテナハウス

新しいスライド
❷選択

ファセット

タイトル スライド　タイトルとコンテンツ　セクション見出し　2 つのコンテンツ

比較　タイトルのみ　白紙　タイトル付きのコンテンツ

タイトル付きの図　タイトルとキャプション　引用 (キャプション付き)　名札

引用付きの名札　真または偽　タイトルと縦書きテキスト　縦書きタイトルと縦書きテキスト

選択したスライドの複製(D)

アウトラインからスライド(L)...

スライドの再利用(R)

❶コピーしたいスライドを選択

❸ [選択したスライドの複製] を選ぶ

2 スライドが複製された

選択したスライドが複製されました。

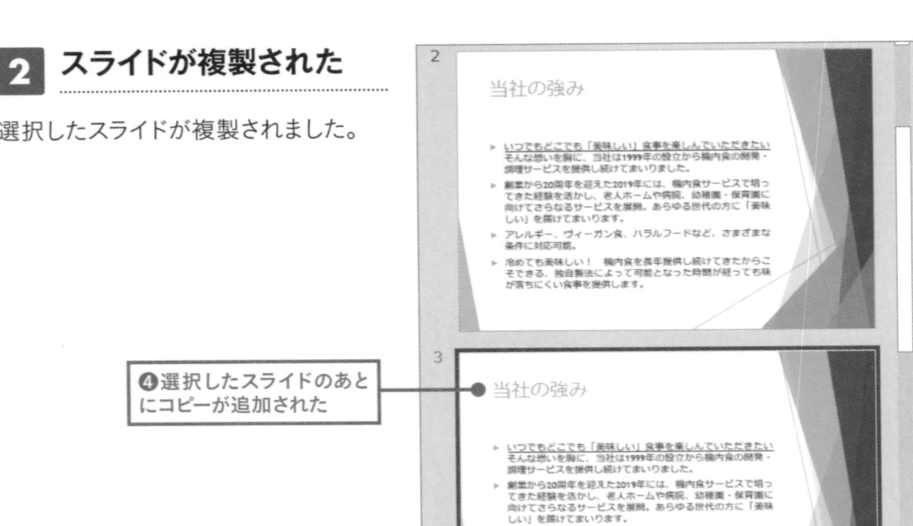

別のプレゼンからスライドを追加（コピー）する

同じファイルだけでなく、別のプレゼンファイルからスライドをコピーするには［スライドの再利用］を使います。似たような提案を別の企業へ行うときなど、利用できるものはどんどん使って効率アップをはかりましょう。

1 ［スライドの再利用］を選択する

スライドを追加したい位置の前のスライドを選択します。［ホーム］タブ→［スライドの再利用］を選択します。

2 追加したいスライドを選択する

スライドペインの右側に［スライドの再利用］作業ウィンドウが表示されます。複製したいスライドがあるファイルを選択すると、スライドの一覧が表示されます。

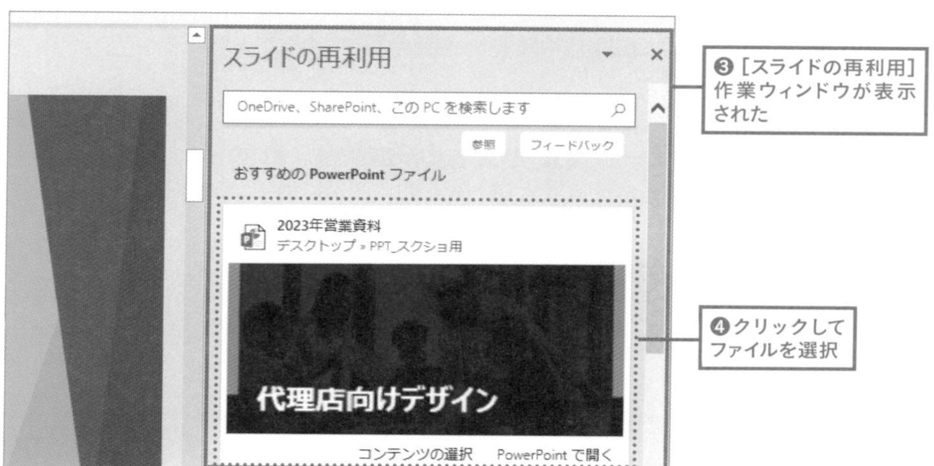

ファイルからコピーしたいスライドを選び、クリックすると作成中のスライドに追加されました。

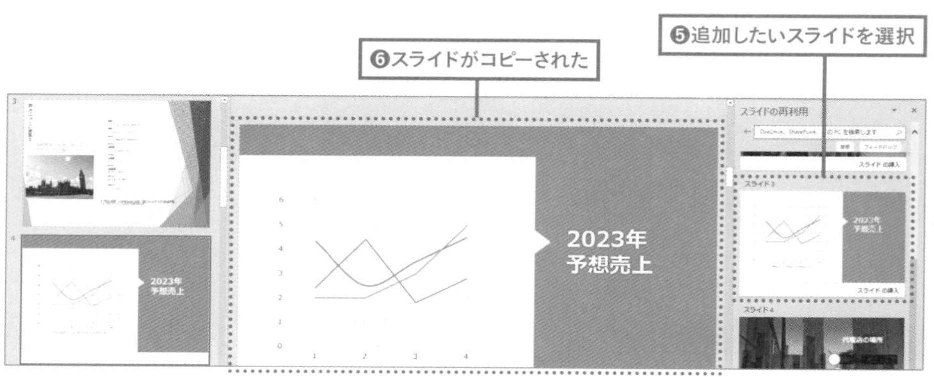

HINT 複製元の資料が表示されないときは?

右側の［スライドの再利用］作業ウィンドウに複製したいスライドが自動で表示されないときは、検索ウィンドウにファイル名を入力して［参照］ボタンを押してフォルダから探しましょう。

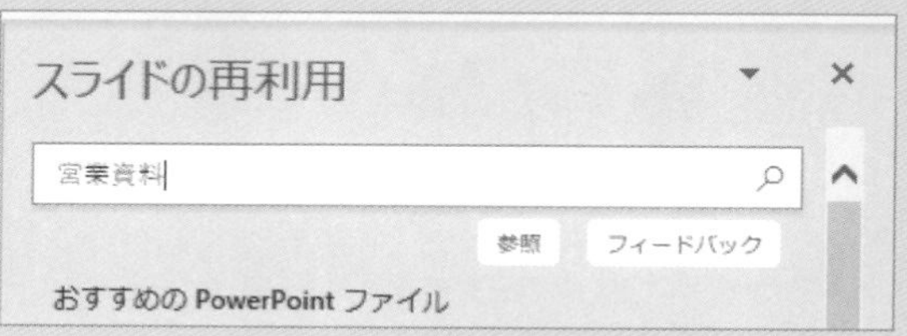

09 スライドをグループ分けして管理したい

- 枚数が多いスライドはグループ分けして見やすくする
- 複数セクションの設定は手順❶～❸を繰り返す

スライドは「セクション」でグループ分けできます。本の章分けのようなもので、**枚数が多いスライドなどはグループでまとめて管理できるため便利**です。セクション名を付けたり、セクションを一時的に折りたたんだりして整理できます。

1 ［セクションの追加］を選択する

セクションの区切りを入れたい位置をクリックすると区切り線が表示されます。その状態で［ホーム］タブ→［セクション］→［セクションの追加］を選択します。

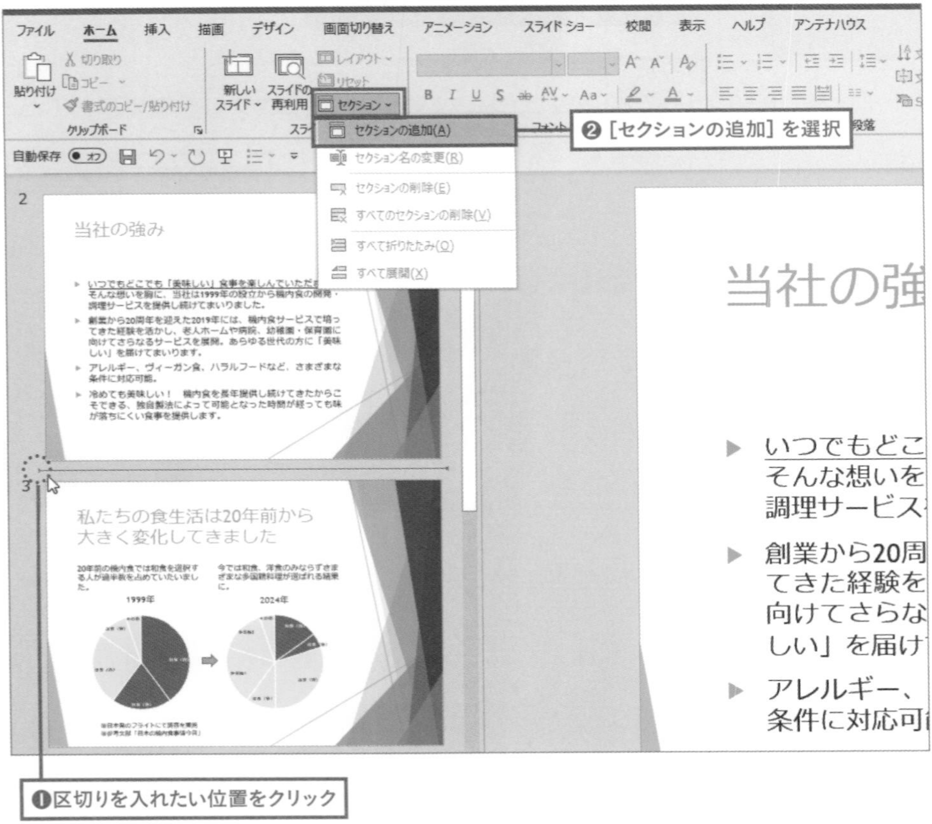

❷［セクションの追加］を選択

❶区切りを入れたい位置をクリック

2 セクションが追加された

セクション名を入力するダイアログが表示されるので、任意の名前を入力し［名前の変更］ボタンをクリックします。選択したスライド以降がすべて1セクションにまとめられました。

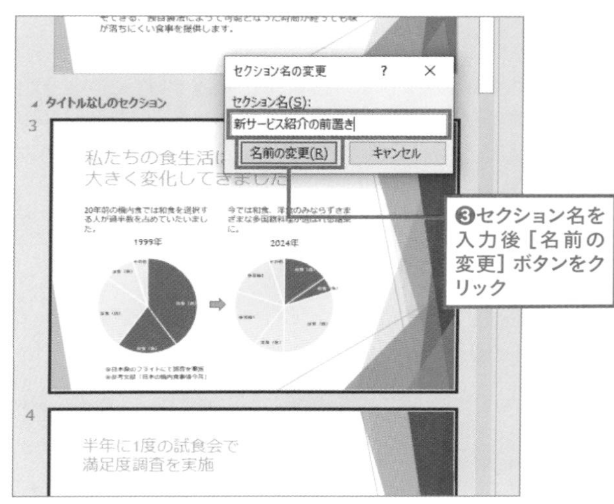

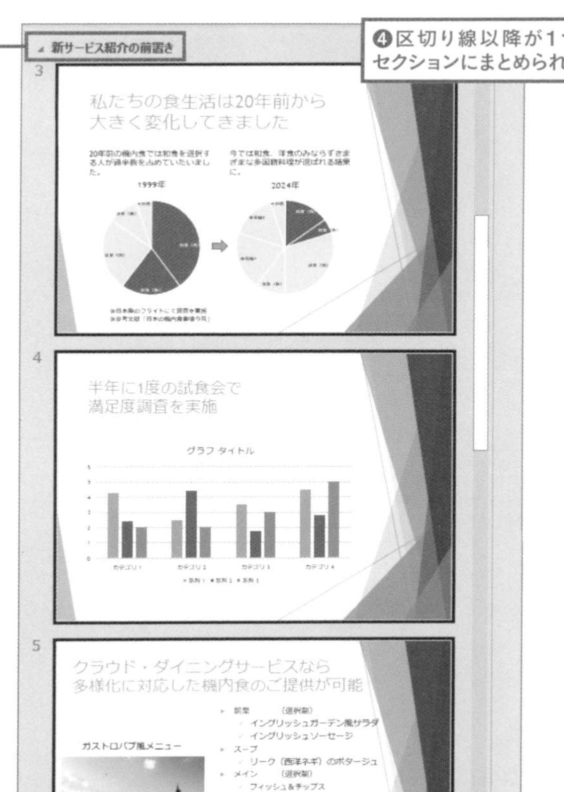

HINT 複数のセクションを設定したい

❹では❶でクリックした以降すべてのスライドが1つのセクションにまとめられています。1セクション目を2〜4スライドまで、2セクション目を5〜6スライドまで……というように複数設定したいときは、5枚目のスライドの前で再度❶〜❸の手順を繰り返しましょう。

Column 伝えたいメッセージは明確に表現する

資料作成において重要なことは「何を伝えたいか」を明確に表すことです。熱量にまかせて長々と文章を書き連ねてしまうと、読み手はその内容を読みこんで理解しなくてはならないため、本当に伝えたいことが伝わらない恐れがあります。

そのため、1枚のスライドに書くのは1つのメッセージのみと決め、できるだけシンプルに情報を伝えましょう。また相手に伝えたい情報は、スライドメッセージとして、ダイレクトに書くことも重要です。

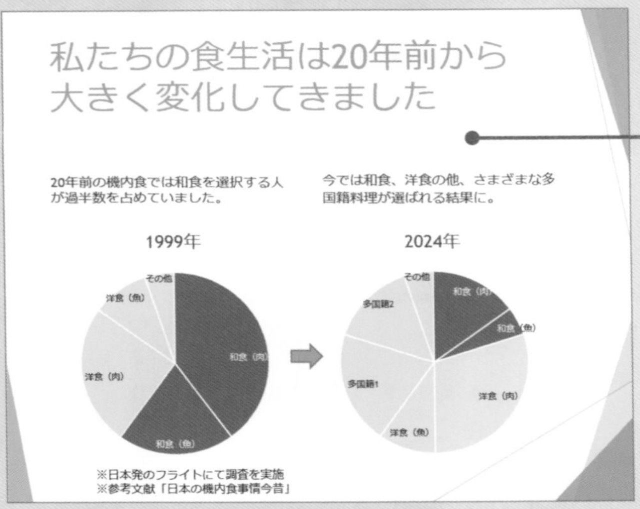

スライドメッセージを載せていない例
「何を本当に伝えたいか」がわかりにくい

私たちの食生活は20年前から
大きく変化してきました

➡ 食の多様化に対応するべく
さまざまなメニューを開発・提供！

20年前の機内食では和食を選択する人が過半数を占めていました。

今では和食、洋食の他、さまざまな多国籍料理が選ばれる結果に。

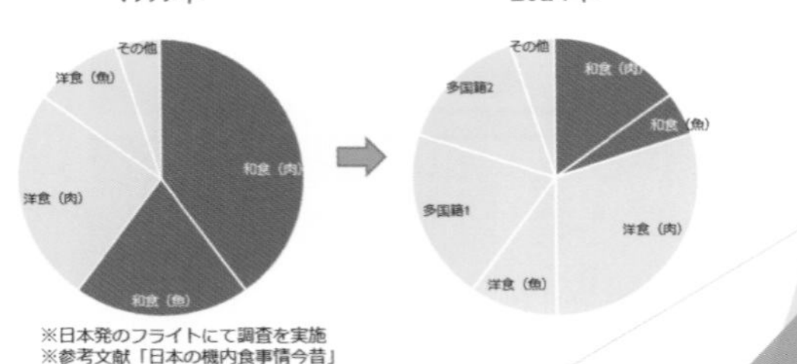

ヘッダー領域にメッセージを載せた例
内容から「何を伝えたいのか」が明確

Chapter5

文字より重要?
表とグラフの活用

情報をいかに視覚化できるかがポイントとなるスライド資料作りにおいて、表とグラフは視覚化の強い味方です。使いこなせるようになれば、資料の伝わりやすさが格段にレベルアップします。

01 視覚化のスタンダード「表」をカンタン作成

- 比較や数値情報は表にすることで理解度アップ
- わかりやすい表を作成するには情報の整理が不可欠!

箇条書きでは伝わりにくい内容や数値情報などは「表」にすることでカンタンに視覚化できます。項目を整列して見やすく配置しましょう。

情報を表にするメリットとは

■ 表にせず、新サービスと既存サービスを箇条書きで表した例

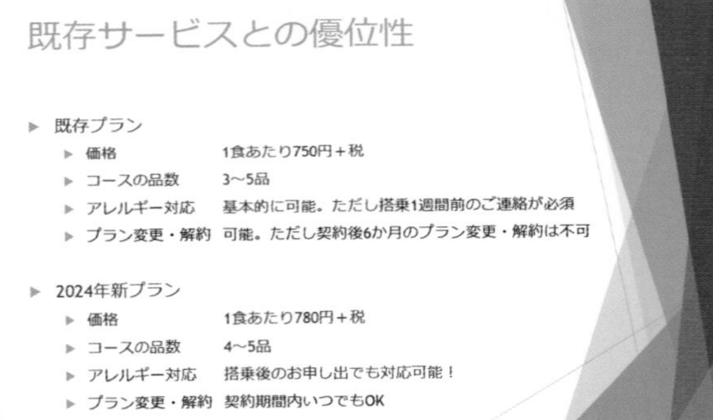

情報を羅列しただけになってしまい「比較」効果が弱い

■ 情報を項目ごとにまとめて表にした例

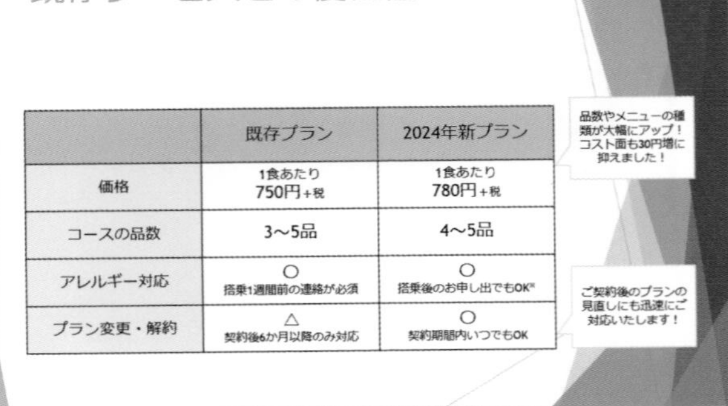

	既存プラン	2024年新プラン
価格	1食あたり 750円+税	1食あたり 780円+税
コースの品数	3〜5品	4〜5品
アレルギー対応	○ 搭乗1週間前の連絡が必須	○ 搭乗後のお申し出でもOK※
プラン変更・解約	△ 契約後6か月以降のみ対応	○ 契約期間内いつでもOK

3つの商品の情報を比較することがカンタン。おすすめの商品も一目瞭然

1 ［表の挿入］を選択する

コンテンツ用のプレースホルダー内にある［表の挿入］を選択して、表示される［表の挿入］ダイアログに列と行の数を入力したら［OK］ボタンをクリックします。

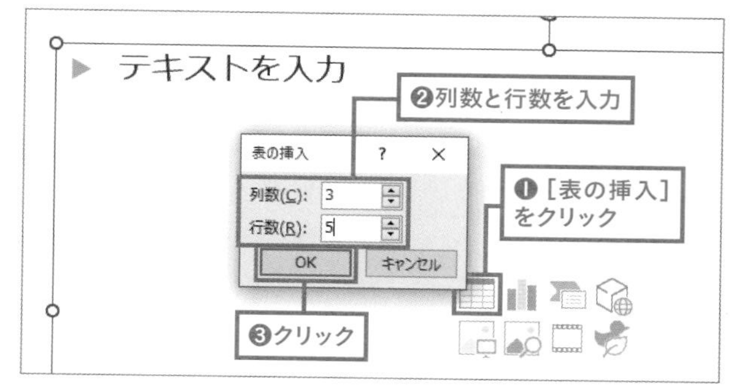

2 表が作成された

プレースホルダー内に指定した通りの表が作成されます。

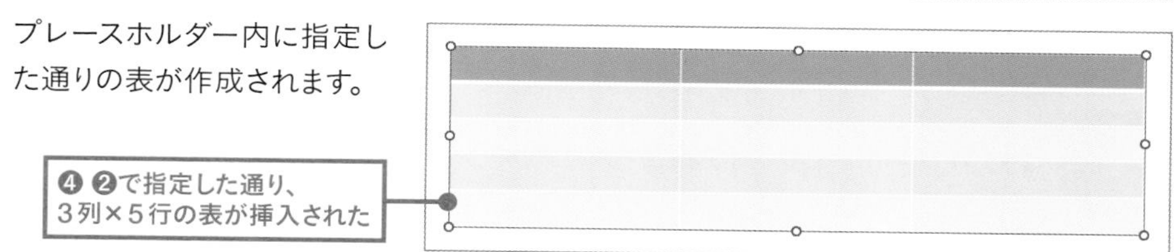

TIPS プレースホルダーがない場所に表を挿入する

上記の方法以外でも、❶［挿入］タブにある［表］をクリックして新規作成できます。2のように❷［表の挿入］でダイアログを表示し、列数と行数を入力するほか、❸必要な行列のマス目にカーソルを合わせてクリックするだけで、かんたんに表を作成できます。

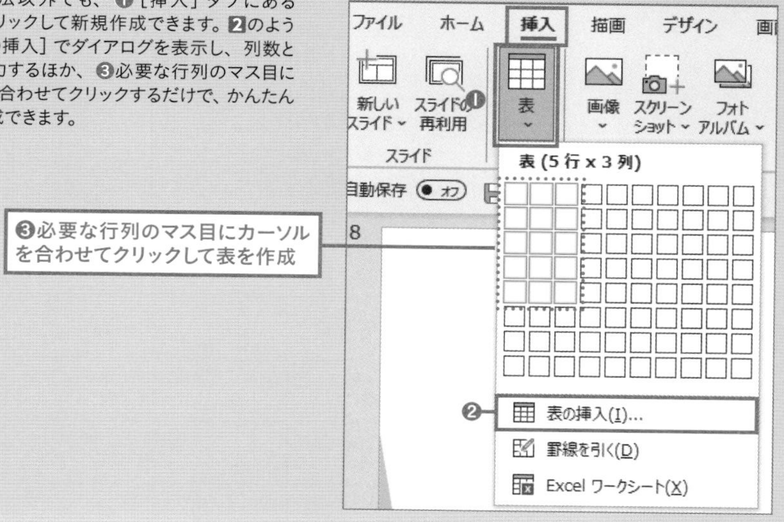

❸必要な行列のマス目にカーソルを合わせてクリックして表を作成

HINT 作った表を削除する

作成した表を削除するときは、表の外枠をクリックして全体を選択した状態で［BackSpace］キー、または［Delete］キーを押すか、［レイアウト］タブ→［削除］→［表の削除］を選択します。

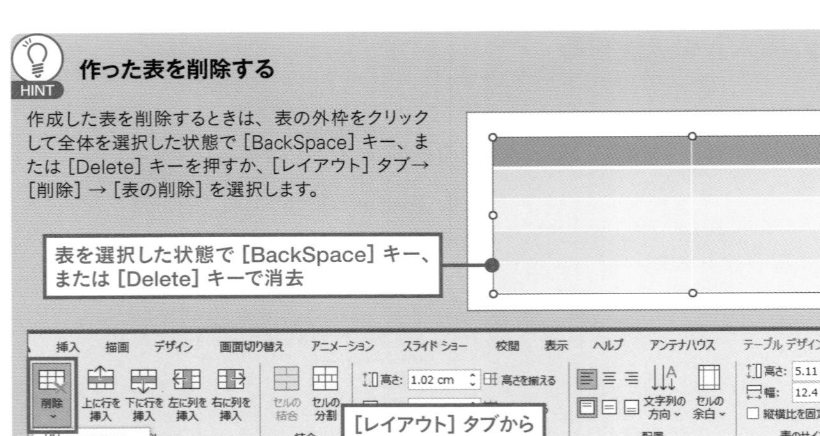

Column わかりやすい表を作る3つのポイント

わかりやすい表を作るためには、まず情報を整理することが必要となります。

ポイント1　表のテキストはなるべく簡潔に記述する

表の中に長々とテキストを入れてしまうと、かえって見やすさが半減してしまうため、表のメリットをうまく活かせません。体言止めを使うなど、なるべく要点を短く伝える工夫をしましょう。

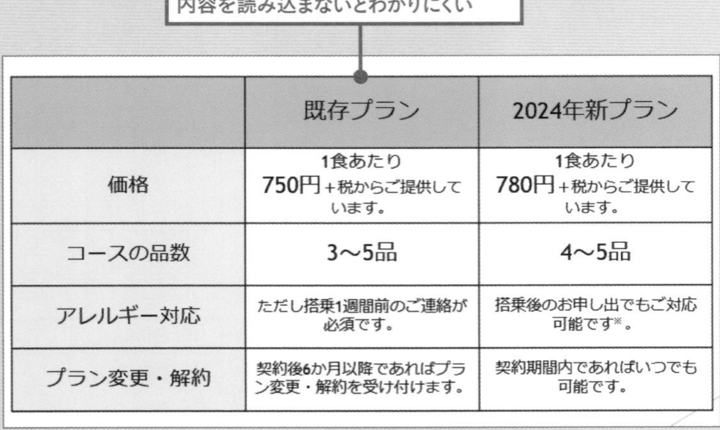

	既存プラン	2024年新プラン
価格	1食あたり 750円＋税からご提供しています。	1食あたり 780円＋税からご提供しています。
コースの品数	3～5品	4～5品
アレルギー対応	ただし搭乗1週間前のご連絡が必須です。	搭乗後のお申し出でもご対応可能です※。
プラン変更・解約	契約後6か月以降であればプラン変更・解約を受け付けます。	契約期間内であればいつでも可能です。

ポイント2　掲載順位に気を付ける

比較対象が複数あるときは、目立たせたい情報は１番はじめ、もしくは最後にもってきましょう。商品の発売日順などに並べてしまうと、注目してほしい内容が真ん中などに配置されてしまい、どの内容に着目すべきかわかりにくくなってしまいます。

注目して欲しい商品が真ん中にあるため、目立たなくなってしまった例　NG

ENGLISH LANGUAGE COURSES

	プランA	プランB	プランC
利用料金（月額）	8,000円	12,000円	30,000円
授業数	8コマ	16コマ	30コマ
修了証書発行	△	○	○
オンラインレッスン対応	×	○	○

ポイント3　目立たせたい部分にのみ着色する

表のタイトル行などを除き、項目部分は基本的に白地で統一しましょう。さらに目立たせたい内容のみ、背景を薄く着色したり枠線を追加したりすると、一目で情報の優先順位がわかる優れた表になります。

内容部分が着色され、どの内容に着目すべきかがわかりにくくなってしまっている例　NG

	既存プラン	2024年新プラン
価格	1食あたり 750円+税	1食あたり 780円+税
コースの品数	3〜5品	4〜5品
アレルギー対応	◯ 搭乗1週間前の連絡が必須	◯ 搭乗後のお申し出でもOK※
プラン変更・解約	△ 契約後6か月以降のみ対応	◯ 契約期間内いつでもOK

02 表のデザインはスタイルから選んでカンタン作成

- 各テーマには表スタイルがあらかじめ設定されている
- ［表のクリア］でまっさらな表が作成できる

テーマを使用している場合、作成した表にはあらかじめテーマに基づいたデザインが設定されています。変更したい場合は［表のスタイル］から選びます。

1 ［表のスタイル］を表示して選択する

スタイルを変更したい表を選択した状態で［テーブルデザイン］タブを選択し（表を選択したときにのみ表示されるタブです）、［表のスタイル］の ▽ をクリックします。

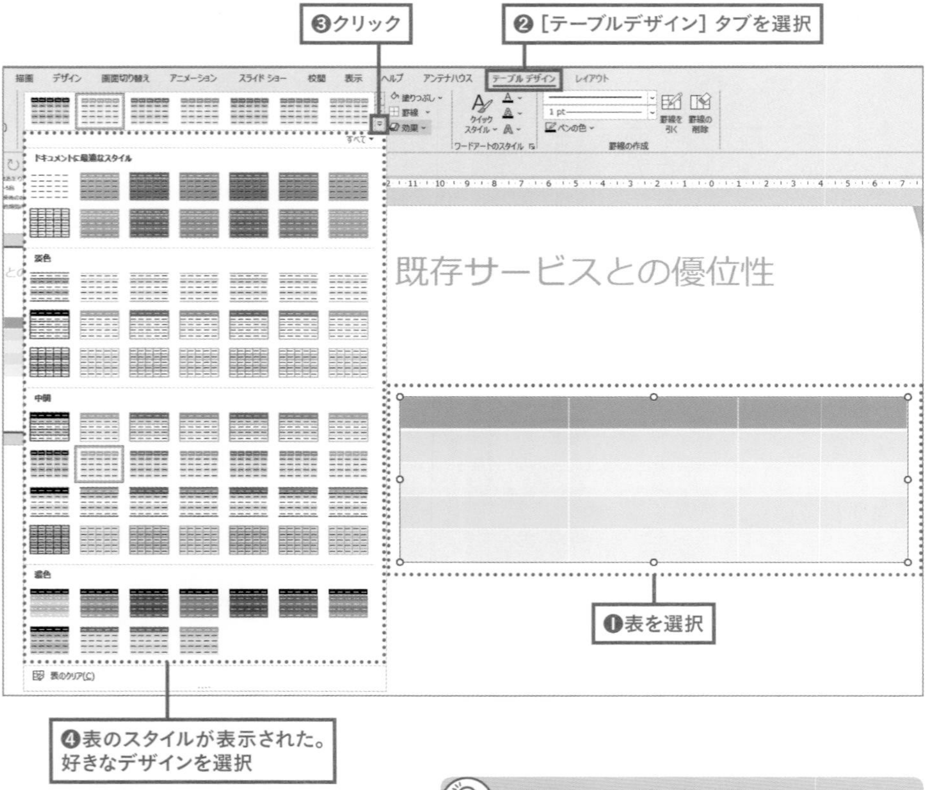

❸クリック

❷［テーブルデザイン］タブを選択

既存サービスとの優位性

❶表を選択

❹表のスタイルが表示された。好きなデザインを選択

「表のスタイル」とは、セルや罫線の色・太さなどの設定を組み合わせたデザインパターンです。

2 ［表のスタイル］が反映された

表示されるスタイル一覧から任意のスタイルを選択すると、表のスタイルが変更されます。

❺表のスタイルが変更された

タイトル行にのみ色を設定してシンプルな表作りを

表のスタイルで設定されているデザインは資料の統一感が演出できるという点では優れものですが、必要な情報が読みづらかったりすることがあります。**［表のスタイル］で一度色をすべてリセットして、タイトル行と列のみに色を設定（106ページ）すると、シンプルで見やすい表を作ることができます。**

1 表のスタイルをリセットする

作成した表を選択した状態で［テーブルデザイン］タブ→［表のスタイル］の をクリックしたら、ドロップダウンリストの１番下にある［表のクリア］を選択します。すると、表のスタイルがすべてリセットされ、真っ白な状態になります。106ページを参考にタイトル行と列に色を設定して使用しましょう。

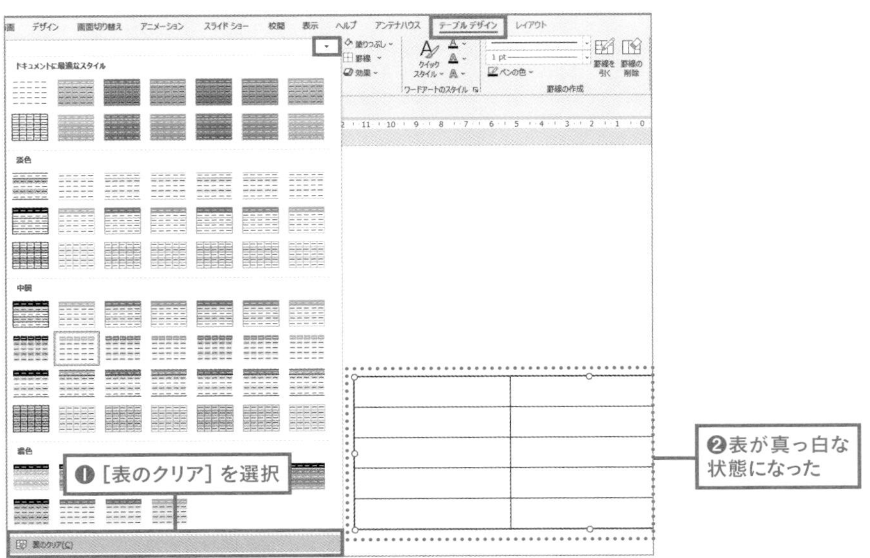

03 タイトル行や最初の列は強調が鉄則

- タイトル行とタイトル列は同系色&濃淡で差別化すると見やすい
- 強調部分が目立つように表のスタイルをカスタマイズすると◎

「表のスタイル」に用意されたデザインをそのまま使うのではなく、**見出し列や集計列の色替えをして必ず他の列と差別化して強調**しておきましょう。ここでは105ページで表のスタイルをすべてリセットした白地の表を使って色替えしていきます。

1 タイトル行の色を設定する

作成した表のタイトル行（1行目）をドラッグして選択し、[テーブルデザイン] タブ→ [塗りつぶし] 横の ⌄ を選択して、任意の色を選びます。タイトル行は少し濃い色を設定するのがよいでしょう。

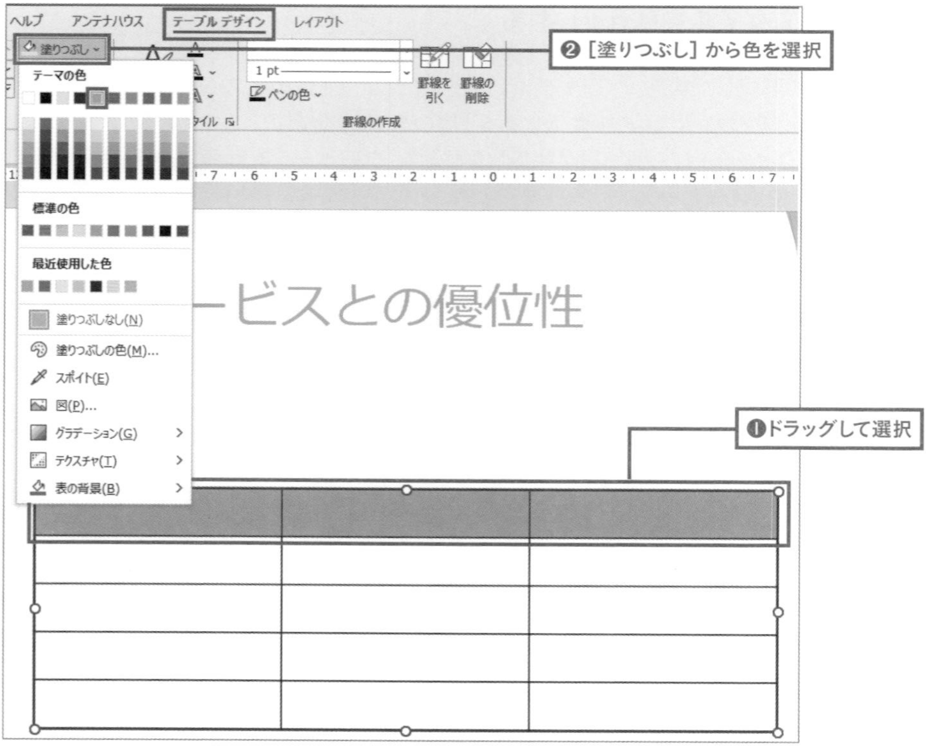

❷ [塗りつぶし] から色を選択

❶ドラッグして選択

▼

2 タイトル列の色を設定する

同じようにに今度はタイトル列（2列目以降）を選択し、[テーブルデザイン] タブ→ [塗りつぶし] 横の ⌄ を選択して、任意の色を選びます。タイトル列はタイトル行に比べて少し薄い色を選びましょう。

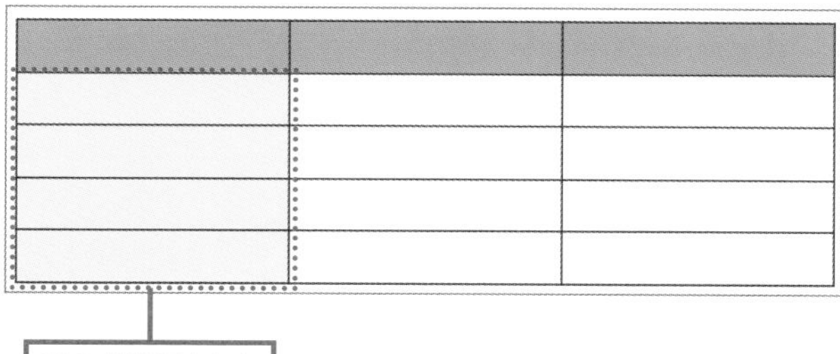

見出しの色は行と列で変えたほうがベター

ここではタイトル行とタイトル列に異なる色を設定しました。[表のスタイル] で設定されているデザインによっては、同じ色が設定されていることがありますが、メリハリがなく見づらい表になりがちです。[表のスタイル] のデザインを使う際も必ずタイトル行とタイトル列は違う色を設定するようにしましょう。

	プランA	プランB	プランC
利用料金（月額）	8,000円	12,000円	30,000円
授業数	8コマ	16コマ	30コマ
修了証書発行	△	○	○
オンラインレッスン対応	×	○	○

04 セルの斜線ってどうやって引くの?

- 表のセルには格子状、上罫線、斜め罫線など任意の線を引ける
- 罫線を削除するにはセルを選択した状態で［罫線の削除］を選択

行と列の重なり合う部分は基本的に使うことがないセルです。こういった必要のない部分に斜めの線を引く方法を紹介します。

1 罫線を設定する

斜線を引きたい表のセルを選択した状態で、［テーブルデザイン］タブ→［罫線］右横の⌄をクリックします。罫線の設定が一覧で表示されるので任意の線（ここでは［斜め罫線（右上がり）］）を選択します。

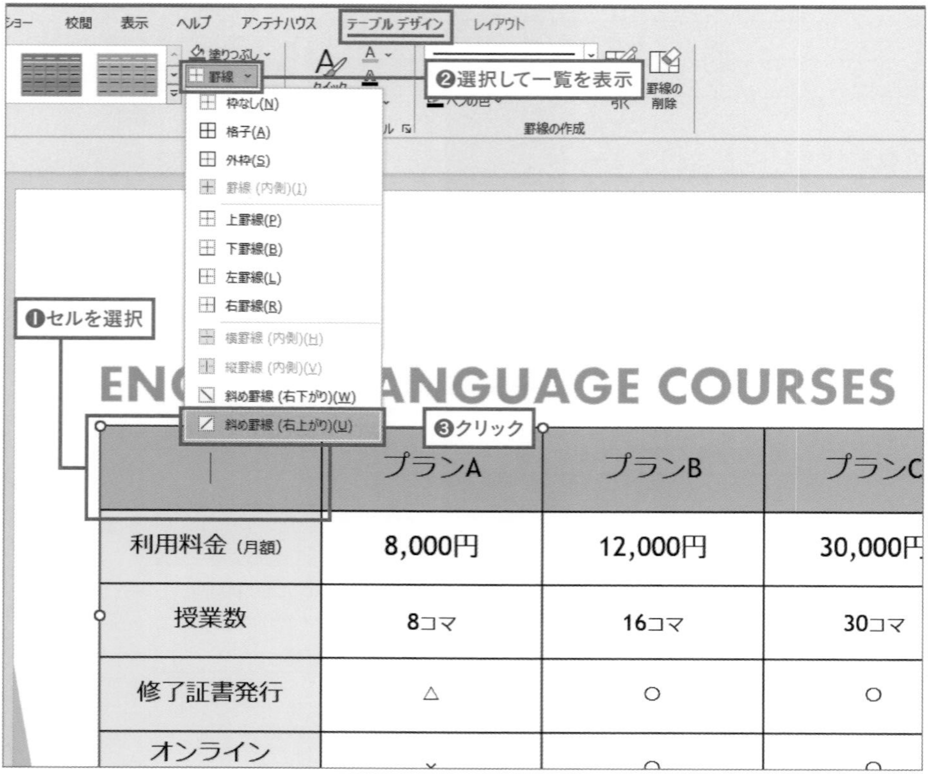

❶セルを選択
❷選択して一覧を表示
❸クリック

2 罫線が引かれた

設定した罫線が選択したセルに反映されました。削除するときは表のセルを選択した状態で［テーブルデザイン］タブ→［罫線の削除］をクリックします。

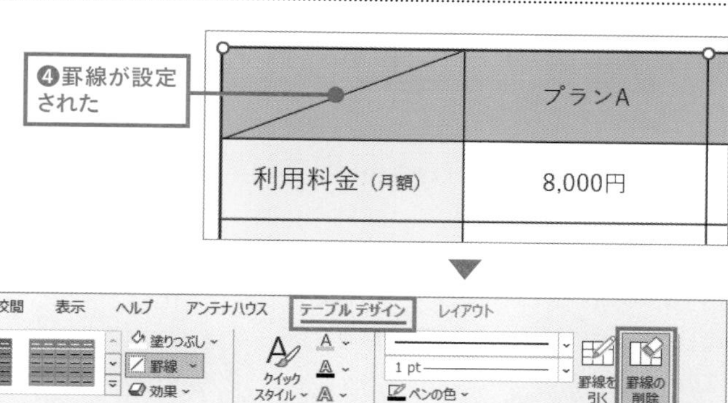

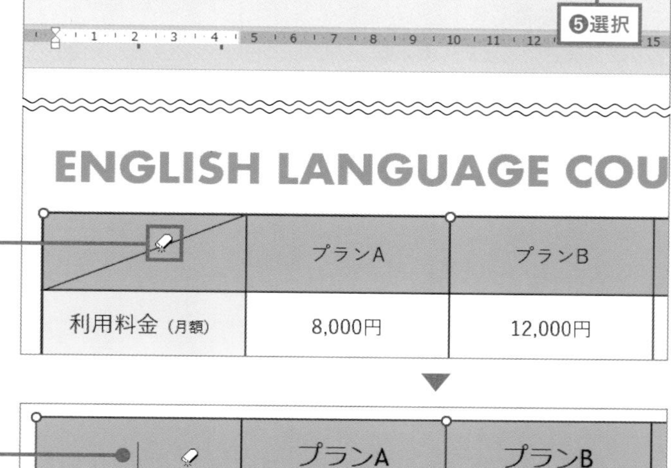

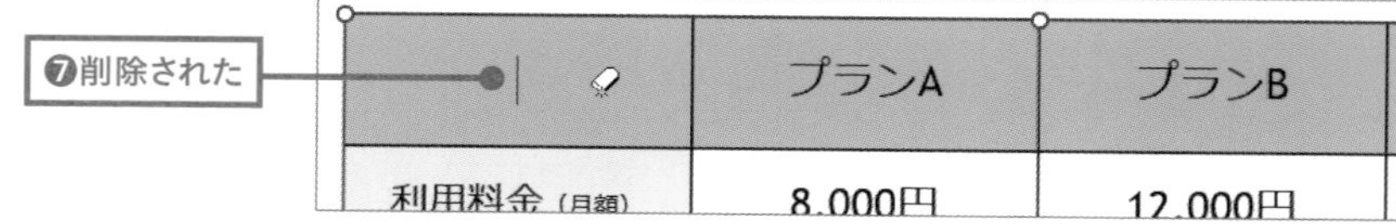

［罫線を引く］を選択して線を引く

TIPS

［テーブルデザイン］タブにある［罫線の作成］から線のスタイルを選択して［罫線を引く］をクリックするとカーソルがペンの形状に変化します。その状態でドラッグすれば、2と同じように斜線を引くことができます。

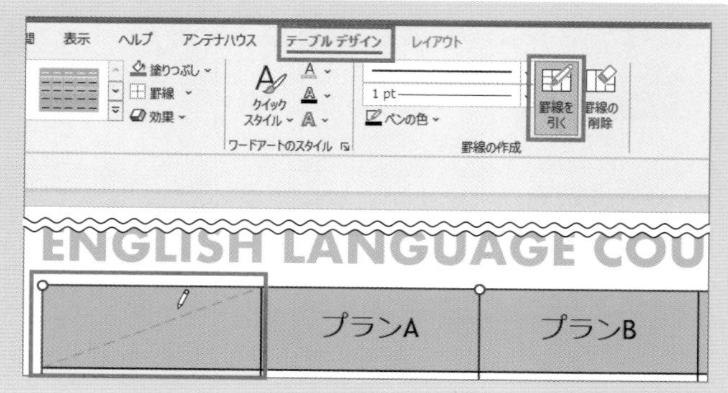

05 列幅や行高の調整はExcelと同じ操作でOK

- 表の列幅は項目に合わせて調節する
- 内容と表の間にある程度余白があると読みやすい

PowerPointで挿入した表の列幅や行の高さは内容に合わせて調節しましょう。変更したい表の罫線にポインターを合わせ、カーソルの形状が変わったら左右にドラッグして列の幅を調整します。内容ギリギリの幅（高さ）にせず、**セルに余裕をもたせると読みやすくなります。**

ENGLISH LANGUAGE C

	プランA	プラン
利用料金（月額）	8,000円	12,000
授業数	8コマ	16コ
修了証書発行	△	○
オンライン レッスン対応	×	○

❶罫線にカーソルを合わせてドラッグして幅を変更

Column 列の幅を均等に揃えるには

複数の列を同じ幅に揃えるには、❶列を選択して、❷［レイアウト］タブにある［幅を揃える］をクリックします。

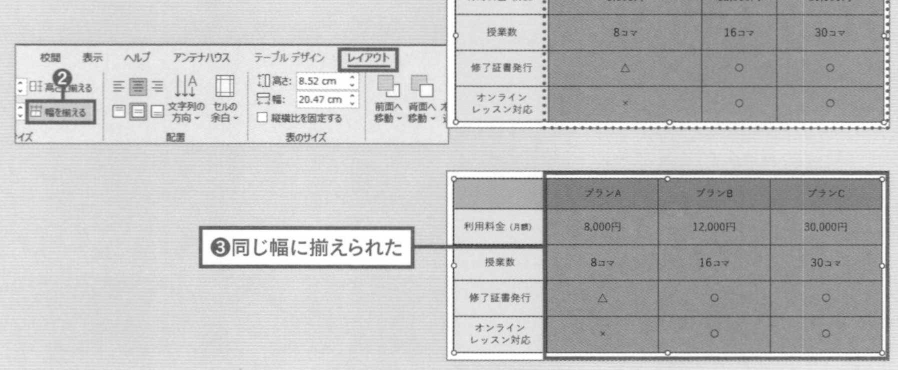

	プランA	プランB	プランC
利用料金（月額）	8,000円	12,000円	30,000円
授業数	8コマ	16コマ	30コマ
修了証書発行	△	○	○
オンライン レッスン対応	×	○	○

06 表全体の大きさはドラッグでパパッと変更

- ドラッグのほか、数値で指定して変更することも可
- ［Shift］キーを押しながらドラッグで縦横比を保ちながら拡大・縮小

表をドラッグして大きさを変更する

表全体を選択した状態でドラッグすると表の大きさを自由に変更できます。縦横比を保った状態で大きさを変更するには［Shift］キーを押しながらドラッグしましょう。

ENGLISH LANGUAGE COURSES

	プランA	プランB	プランC
利用料金（月額）	8,000円	12,000円	30,000円
授業数	8コマ	16コマ	30コマ
修了証書発行	△	○	○
オンラインレッスン対応	×	○	○

表全体を選択した状態で○にカーソルを合わせて↘に変化したらドラッグ

サイズを数値で指定する

セルの大きさを特定の数値で指定して変更することも可能です。

■特定の行（または列）のみ高さを変更する

表を選択して［レイアウト］タブを選択し、［高さ］と［幅］に数値を入力します。ここでは高さを「1.5センチ」に変更しました。このとき特定のセルを選択した状態だとその行（または列）の高さ（または幅）のみ変更されます。

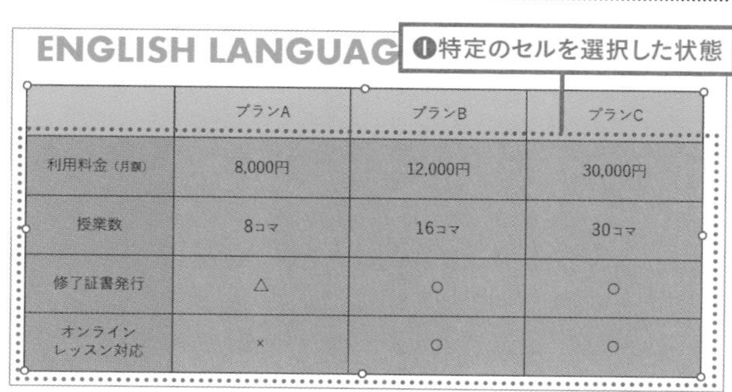

ENGLISH LANGUAG

	プランA	プランB	プランC
利用料金（月額）	8,000円	12,000円	30,000円
授業数	8コマ	16コマ	30コマ
修了証書発行	△	○	○
オンラインレッスン対応	×	○	○

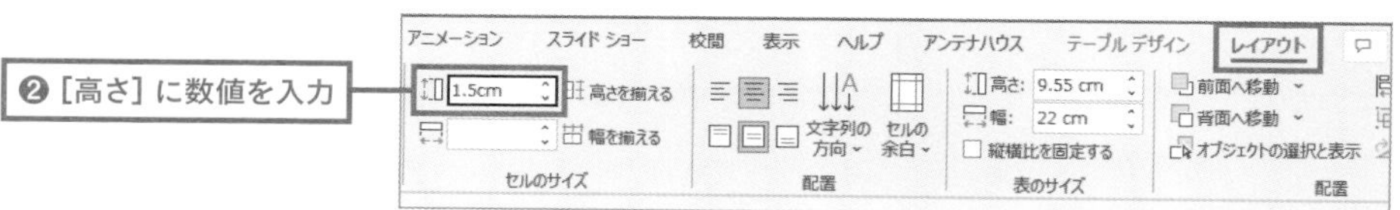

	プランA	プランB	プランC
利用料金（月額）	8,000円	12,000円	30,000円
授業数	8コマ	16コマ	30コマ
修了証書発行	△	○	○
オンライン レッスン対応	×	○	○

❸選択したセルの列のみ高さが変更された

■ 表全体の高さを変更する

全体の高さや幅を変更したいときは、表全体を選択した状態で行います。

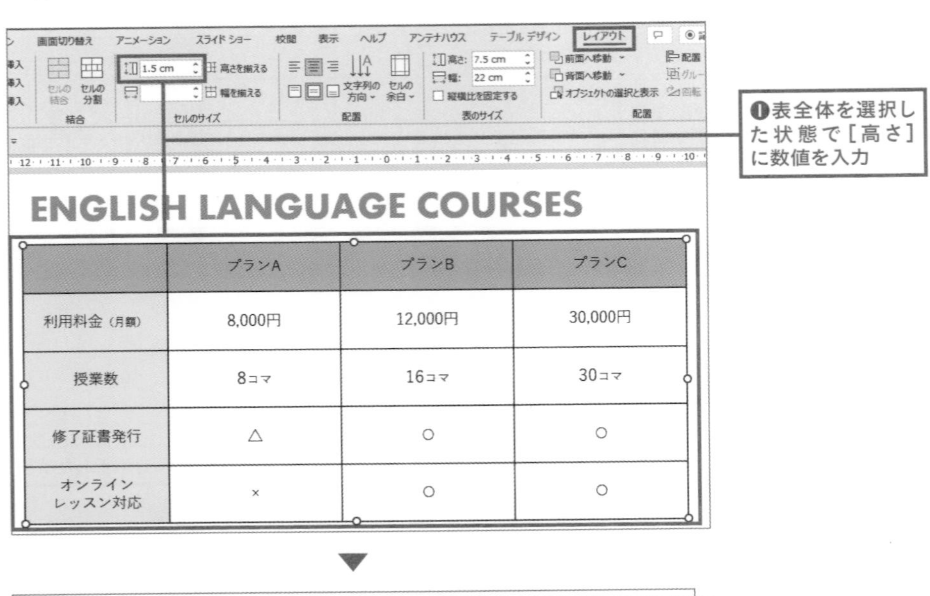

▼

	プランA	プランB	プランC
利用料金（月額）	8,000円	12,000円	30,000円
授業数	8コマ	16コマ	30コマ
修了証書発行	△	○	○
オンライン レッスン対応	×	○	○

❷表全体の高さが変更された

複数セルの見出しは結合する

複数のセルにまたがって入力された見出しは結合してテキストを中央配置にしておきましょう。❶結合したいセルを選択した状態で、❷［レイアウト］タブ→［セルの結合］を選択します。このときテキスト配置は自動的に［中央配置］に変更されます。

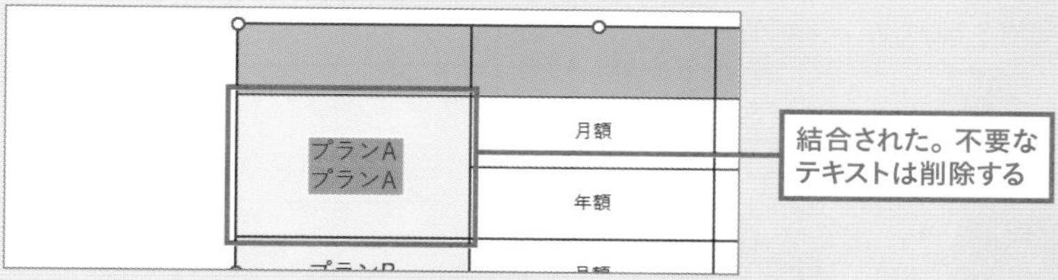

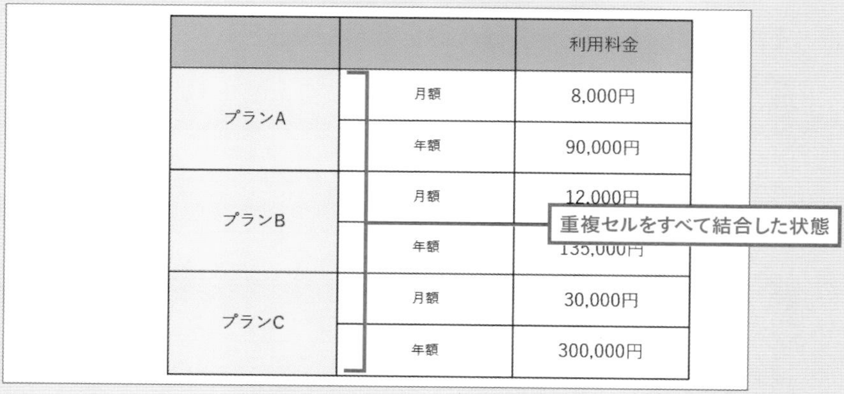

		利用料金
プランA	月額	8,000円
	年額	90,000円
プランB	月額	12,000円
	年額	135,000円
プランC	月額	30,000円
	年額	300,000円

07 作成した表に行や列を挿入する

- 行と列の追加・削除はカンタン!
- 行と列はそのとき選択しているセルを基準に追加・削除される

作成した表の行や列が足りない……そんなときはあとから追加することができます。

増やしたい場所に隣接したセルを選択して、[表ツール] の [レイアウト] タブを選択します。[行と列] カテゴリーから、選択したセルの「上」「下」「左」「右」のどこに挿入するかを選びます。ここでは [上に行を挿入] を選択しました。

ENGLISH LANGUAGE COURSES

	プランA	プランB	プランC
利用料金 (月額)	8,000円	12,000円	30,000円
授業数	8コマ	16コマ	30コマ
修了証書発行	△	○	○
オンライン レッスン対応	×	○	○

ENGLISH LANGUAGE COURSES

	プランA	プランB	プランC
利用料金 (月額)	8,000円	12,000円	30,000円
授業数	8コマ	16コマ	30コマ
修了証書発行	△	○	○
オンライン レッスン対応	×	○	○

TIPS

行と列を削除するには

行または列を削除したいときも同じように［表ツール］の［レイアウト］タブから［削除］をクリックします。表示されたメニューから、［行の削除］または［列の削除］を選択します。

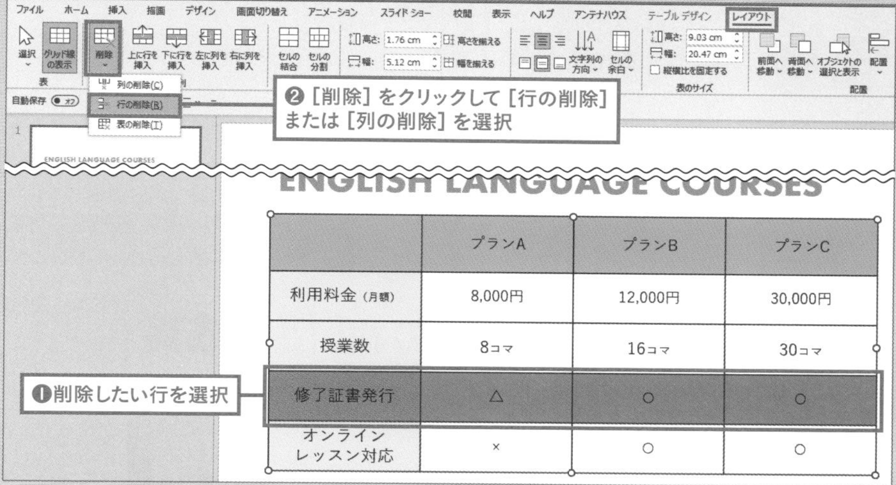

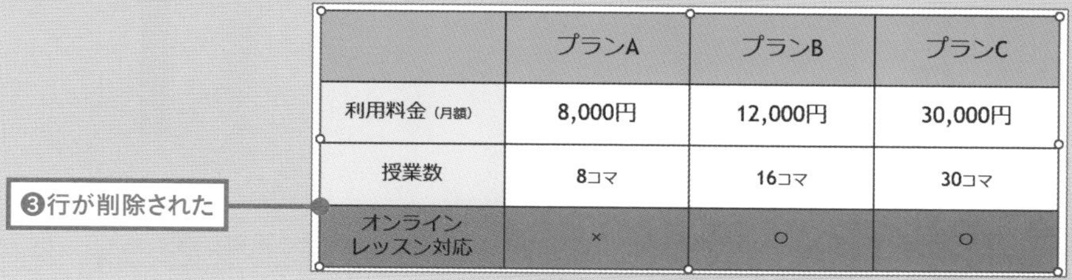

❷［削除］をクリックして［行の削除］または［列の削除］を選択
列の削除(C)
行の削除(R)
表の削除(T)
❶削除したい行を選択
プランA
プランB
プランC
利用料金（月額）
8,000円
12,000円
30,000円
授業数
8コマ
16コマ
30コマ
修了証書発行
△
○
○
オンラインレッスン対応
×
○
○

❸行が削除された
プランA
プランB
プランC
利用料金（月額）
8,000円
12,000円
30,000円
授業数
8コマ
16コマ
30コマ
オンラインレッスン対応
×
○
○

HINT

右クリックからメニューを選んでもOK

❶セルを選択した状態で右クリックし、❷表示されるダイアログから［上に行を挿入］などを選んで追加することもできます。削除も同様にここで行えます。

授業数
8コマ
16コマ
30コマ
修了証書発行
オンラインレッスン対応
挿入
削除
新しいコメント
下に行を挿入
列の削除
上に行を挿入
左に列を挿入(L)
右に列を挿入(R)
上に行を挿入(A)
下に行を挿入(B)

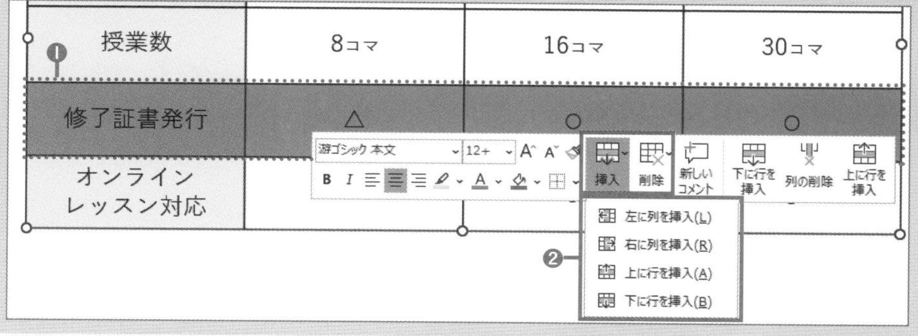

08 数値を表すにはグラフが最適

- 表したいデータの内容によって適切なグラフは変わる
- グラフ作成後もデータは編集できる

数値を表す場合は表を使うより、数値の比較や傾向のアピールなどの目的に合わせて、グラフの種類（棒、折れ線、円グラフなど）を選んで使い分けます。

棒グラフ

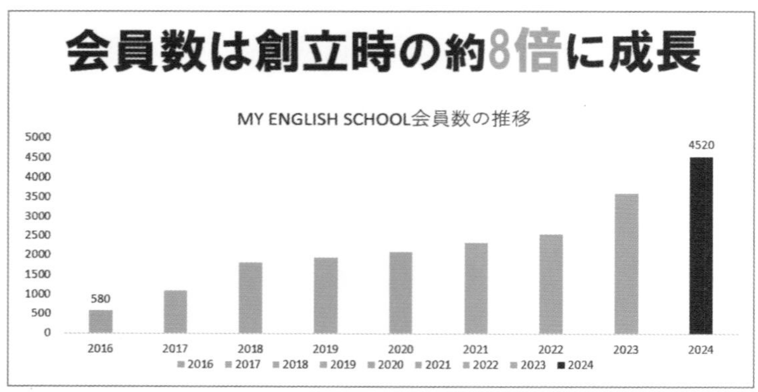

数値の変化やデータの大きさを見せたいとき、比較したいときに適切な棒グラフ

折れ線グラフ

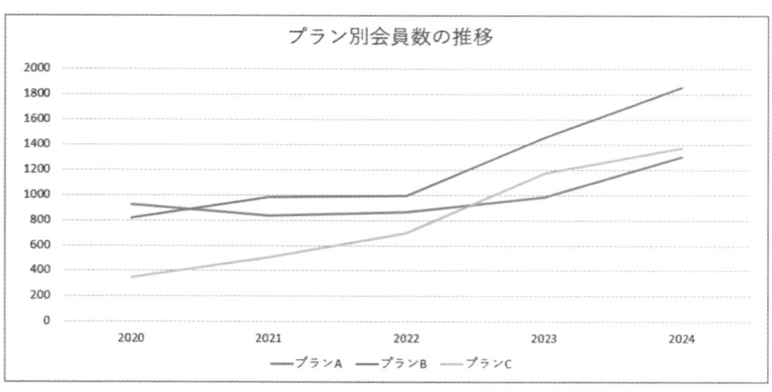

時系列による数値の変化や推移を特に見せたいときに適切な折れ線グラフ

円グラフ

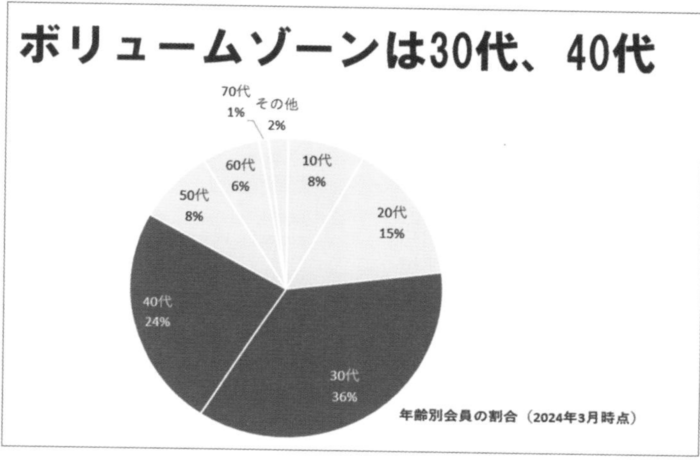

全体の割合を見せたいときに適している円グラフ

1 グラフを作成する

コンテンツ用のプレースホルダー内にある［グラフの挿入］アイコンを選択して、表示される［グラフの挿入］ダイアログで追加したいグラフの種類を選んだら、［OK］ボタンをクリックします。ここでは円グラフを選びました。

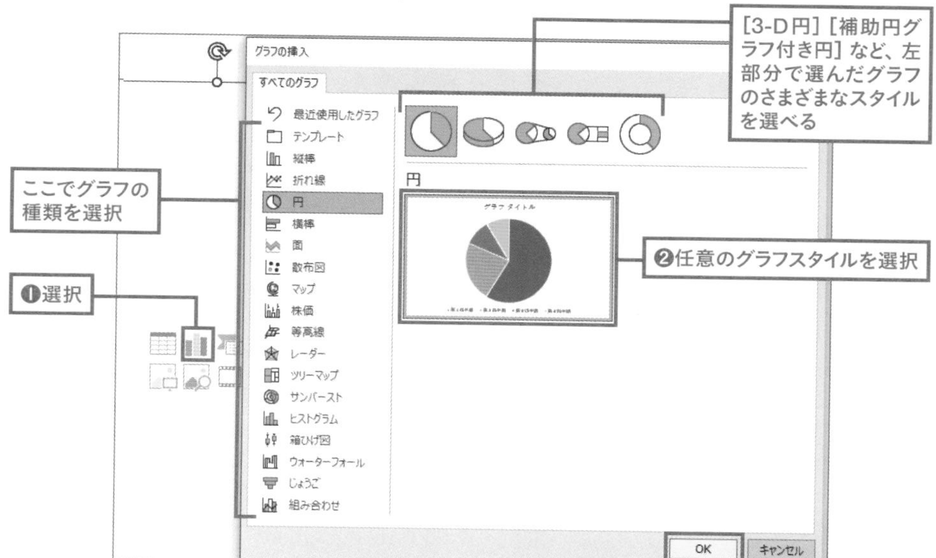

2 データを入力する

プレースホルダー内には❷で選んだグラフが表示され、グラフのデータを入力する表が表示されます。サンプルのデータがあらかじめ記入してあるので、入力したいグラフのデータに書き換えます。
今回は飛行機に搭乗した人の機内食選択を円グラフで表示したいので、「第1四半期」「第2四半期」「第3四半期」「第4四半期」を「和食（肉）」「和食（魚）」「洋食（肉）」「洋食（魚）」と入力し、横のセルにはそれぞれの割合を入力します。

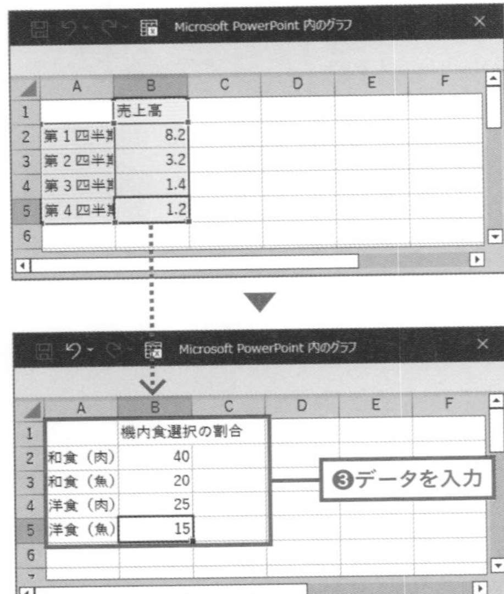

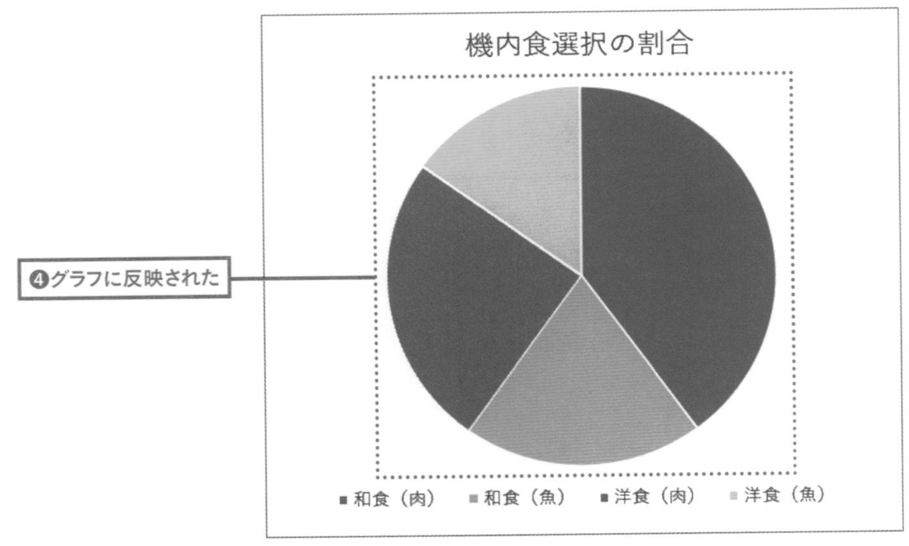

項目がサンプルデータより増減するとき

グラフに入力するデータ数がサンプルデータより多いときなど、セルの右下に表示されている ■ にカーソルを合わせて必要なデータ数までドラッグすると、グラフの対象データを増やせます。基本的にはデータ入力時、自動で対象範囲が変更されますが、うまく範囲指定できていない場合などはこのように変更しましょう。データを減らすときも同じように ■ をドラッグします。

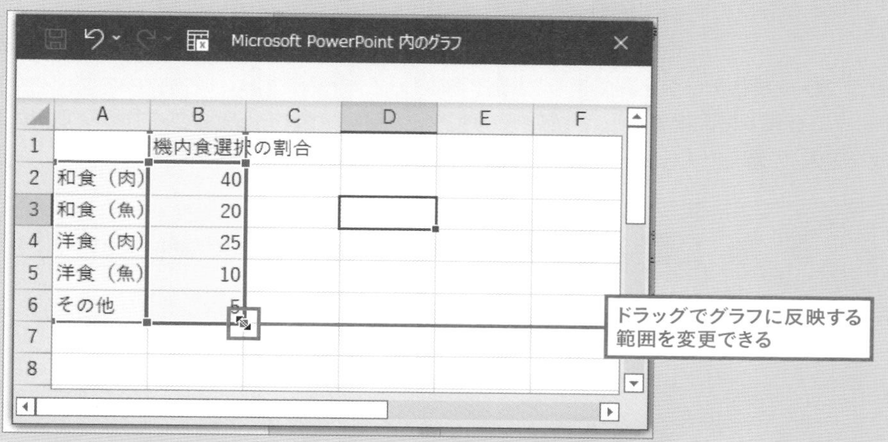

棒グラフの入力方法

棒グラフのデータを入力するときは、「カテゴリ1」「カテゴリ2」と入力されているＡ列のセルが横軸、「系列1」「系列2」と表示されている1行目のセルが棒グラフで表す対象となります。

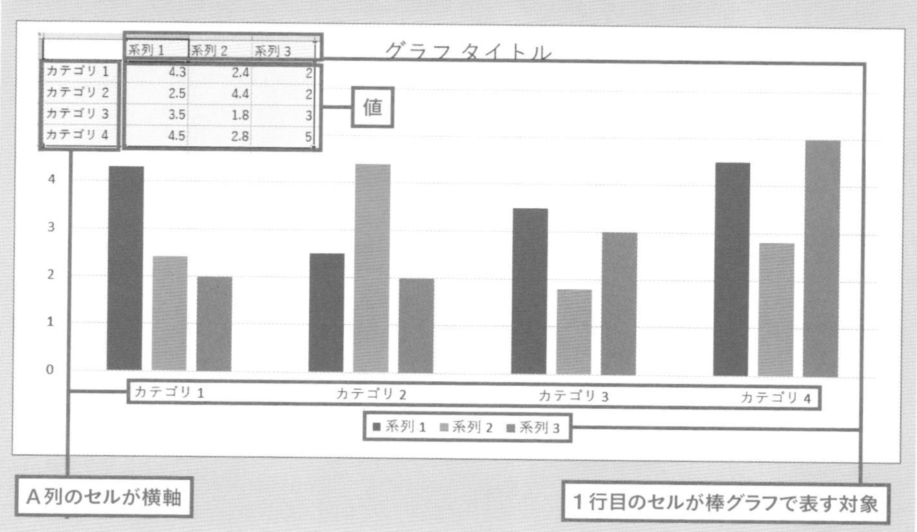

09 グラフ作成後にデータを編集するには

- [データの編集] でグラフ作成後に編集できる
- グラフの範囲はドラッグで変更 (119ページ) できる

グラフ作成後にデータを編集することもできます。グラフを選択し、[グラフのデザイン] → [データの編集] を選択すると、PowerPoint内でスプレッドシートが表示されるので、セルをクリックして修正しましょう。

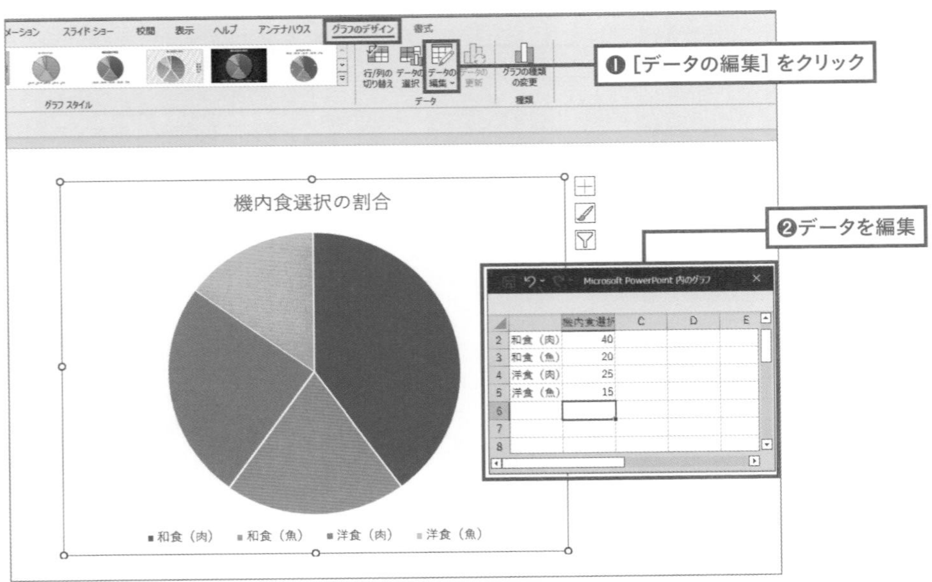

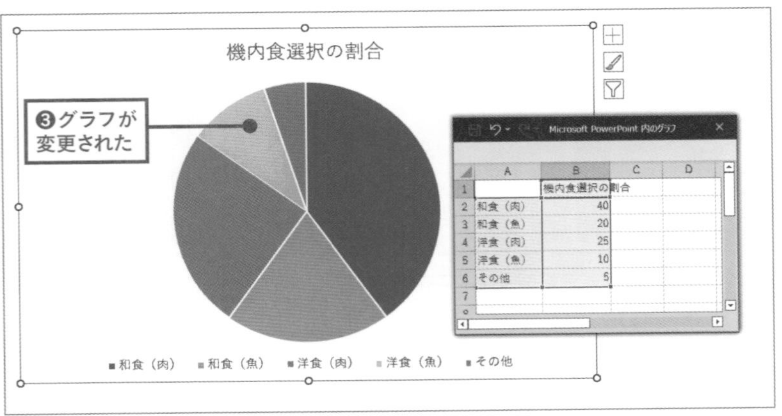

10 グラフデザインはスタイル&レイアウトで無数に選べる

- 見やすいグラフのデザインを知る
- 「スタイル」と「レイアウト」を使いながらシンプルにまとめると◎

グラフのデザインは、「スタイル」と「レイアウト」の掛け合わせで無数に選ぶことができます。 スタイルは色や図形の効果、書式設定の組み合わせなどの見せ方を変更し、レイアウトは凡例やデータラベルの表示・非表示や位置を変更します。

1 グラフのスタイルを変更する

作成したグラフを選択し、[グラフのデザイン] タブの [グラフ スタイル] の ▼ を選択すると、スタイルの一覧が表示されます。任意のスタイルを選択します。

❶グラフを選択して ▼ をクリックして一覧表示

イン　画面切り替え　アニメーション　スライド ショー　校閲　表示　ヘルプ　アンテナハウス　グラフのデザイン　書式

行/列の切り替え　データの選択　データの編集　データ

❷スタイルを選択

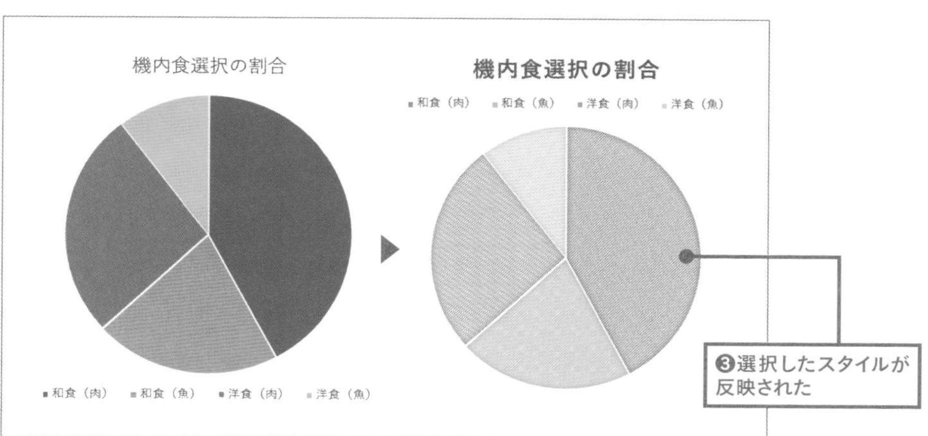

2 グラフのレイアウトを変更する

選択したスタイルが反映されたのを確認したら、次に［グラフのデザイン］タブの［グラフのレイアウト］から［クイックレイアウト］をクリックしてレイアウトの一覧を表示します。任意のレイアウトを選択します。

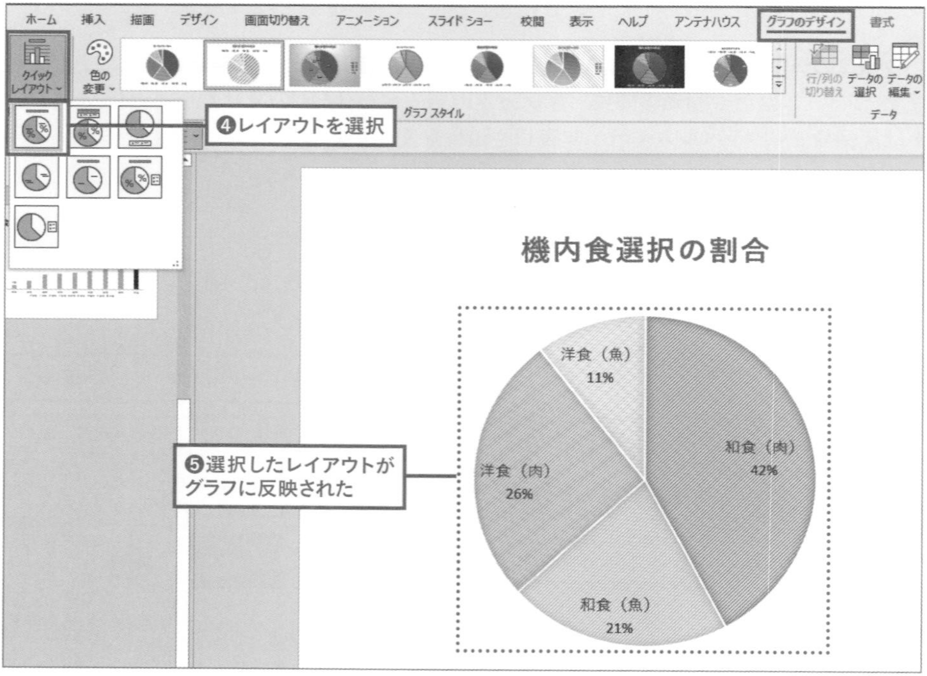

❹レイアウトを選択

❺選択したレイアウトがグラフに反映された

グラフの構成要素

HINT

グラフは通常、数値を表すグラフ以外にタイトルや凡例など、グラフを読むために必要な情報が一緒に表示されています。以下は縦軸、横軸、凡例、データラベルなどで構成された表示された標準的な棒グラフです。

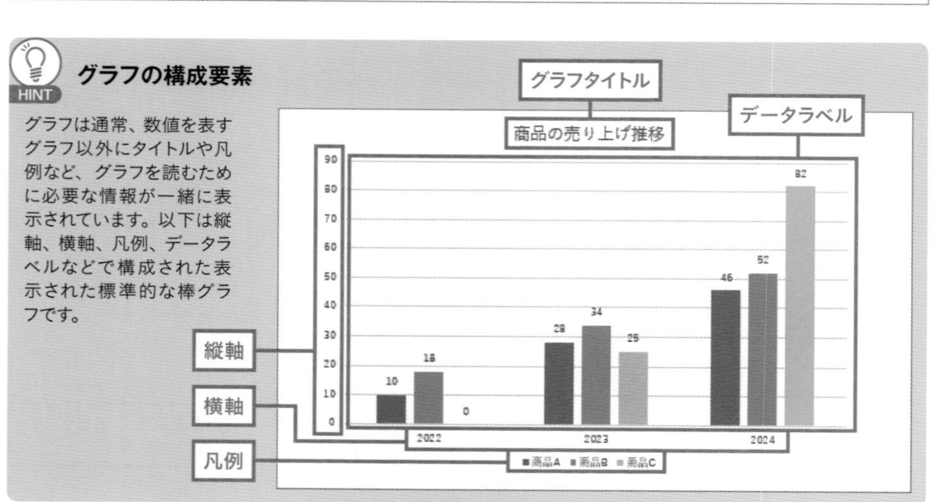

HINT

スタイルとレイアウトの違い

グラフのスタイルはデザイン（見た目）の選択肢を提示してくれるもの、レイアウトはグラフの各要素をどのように表示するかの違いです。以下はレイアウトとスタイルをそれぞれ変更した円グラフです。

同じレイアウトでグラフスタイルを変更した場合。受ける印象が異なる

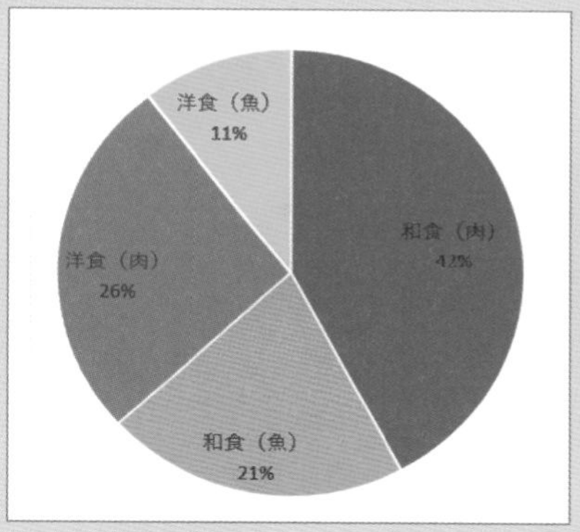

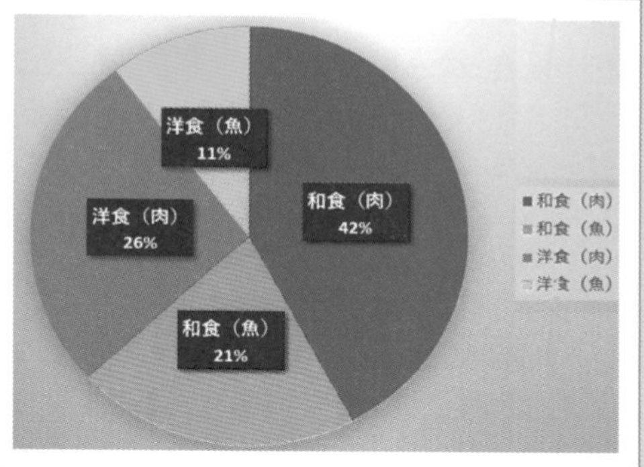

同じスタイルでグラフのレイアウトを変更した場合。数値や凡例の見せ方が異なる

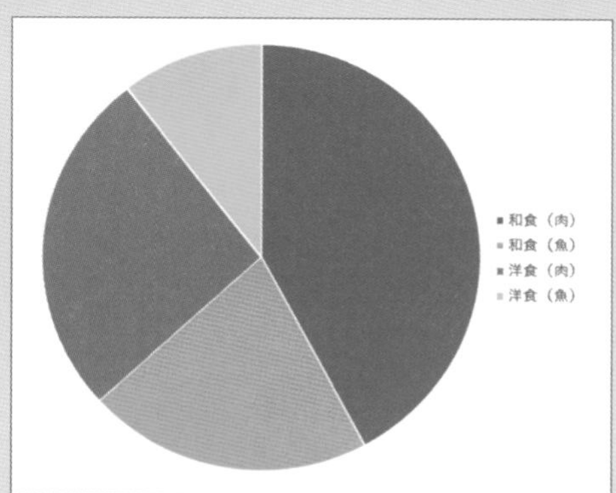

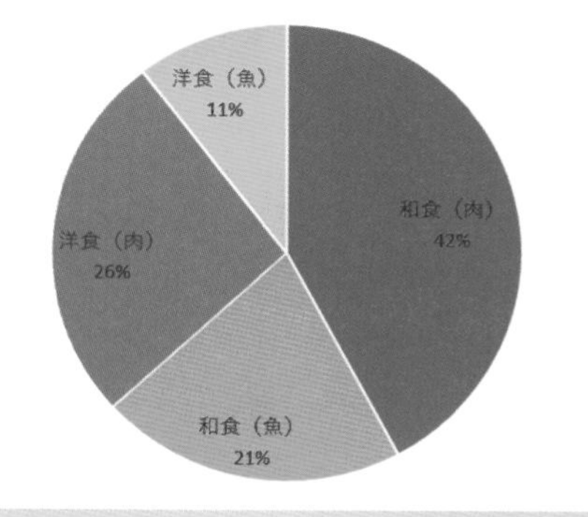

11 グラフには必ずタイトルを付ける

- 何を表したグラフか簡潔に説明する
- スライドタイトルをグラフタイトルとして代用するのはNG

グラフを作ったら必ずタイトルを付けましょう。スライドタイトルで代用する例もよく見かけますが、スライドタイトルはそもそもそのスライドで主張したい内容を入れるもの。グラフタイトルは別途入力します。

基本的にはグラフを作成すると標準でグラフタイトルがセットになっています。グラフタイトルが表示されていない［クイックレイアウト］を選んだ場合などは、グラフを選択した状態で［グラフデザイン］タブを選択し、［グラフ要素を追加］をクリックします。［グラフタイトル］を選択して位置を選ぶとその通りにグラフタイトルが追加されました。

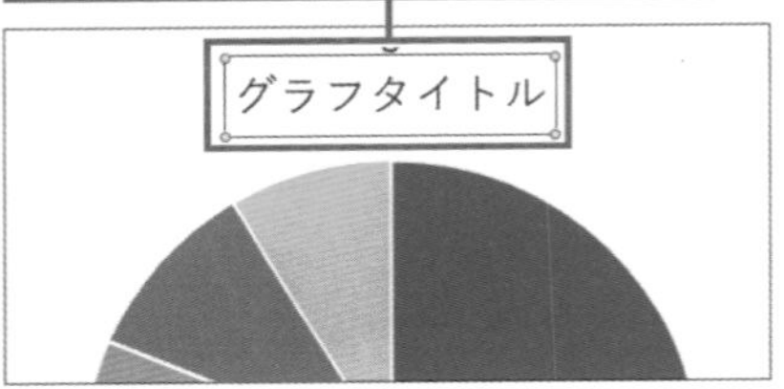

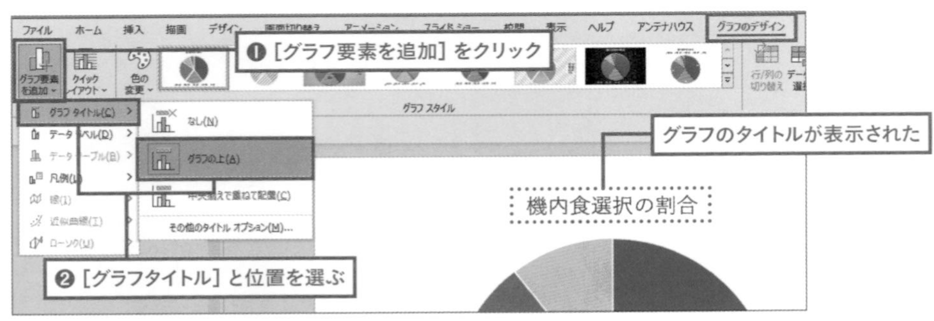

TIPS グラフタイトル以外にも、［データラベル］［凡例］などを追加することもできます。［クイックレイアウト］で選んだレイアウトに設定されていない要素はここで追加しましょう。

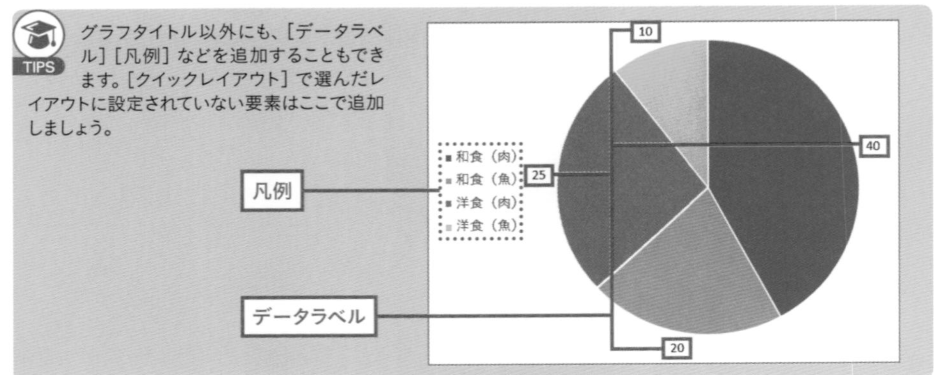

12 グラフの目立たせたい部分は必ず書式変更する

- 系列データの全選択はクリック、特定のデータの選択はダブルクリック
- カラフルなグラフはときに見づらいことも。色を変更して見やすさアップ

グラフの目立たせたい部分は必ず書式変更で色変えをしましょう。棒グラフの場合、**系列全体を選択するときはデータをクリック、特定の系列のみを選択するときはダブルクリックで選択します。**

系列全体を選択する

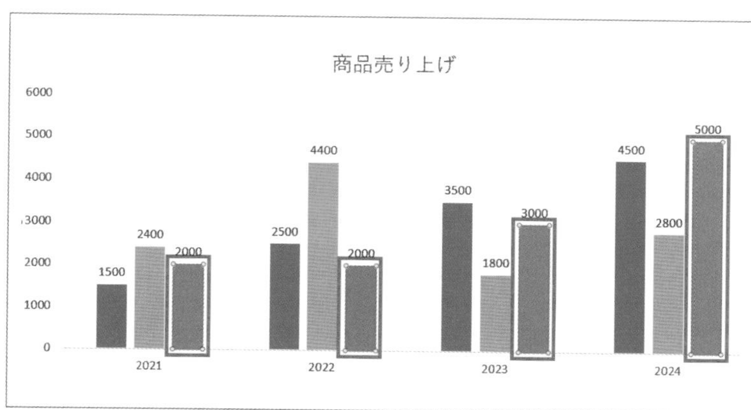

グラフのデータをクリック。系列すべてのデータが選択される

系列の特定データのみを選択する

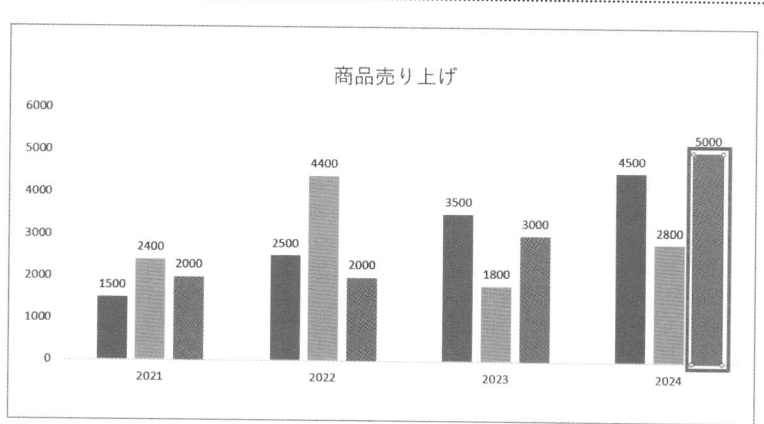

選択したいデータのみダブルクリック。そのデータのみが選択された

グラフの特定要素の色を変更する

ここでは目立たせたい2024年の「商品C」の色を変更するため、2024年の「商品C」のデータをダブルクリックして選択します。グラフの［書式］タブを選択して、［図形の塗りつぶし］から任意の色を選ぶと、選択したデータのみが変更されました。

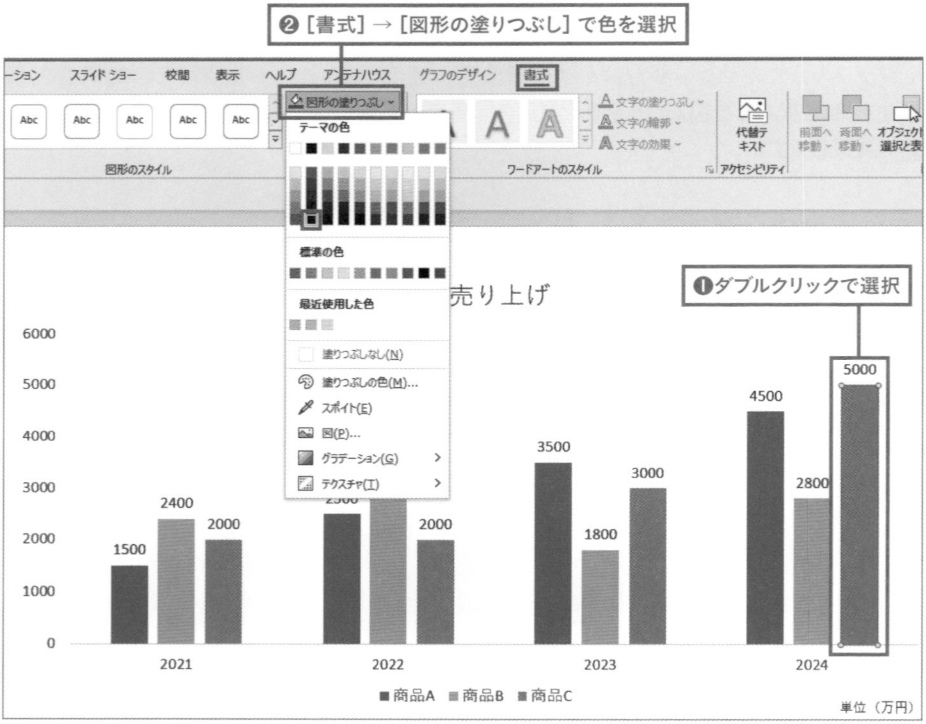

❷［書式］→［図形の塗りつぶし］で色を選択

❶ダブルクリックで選択

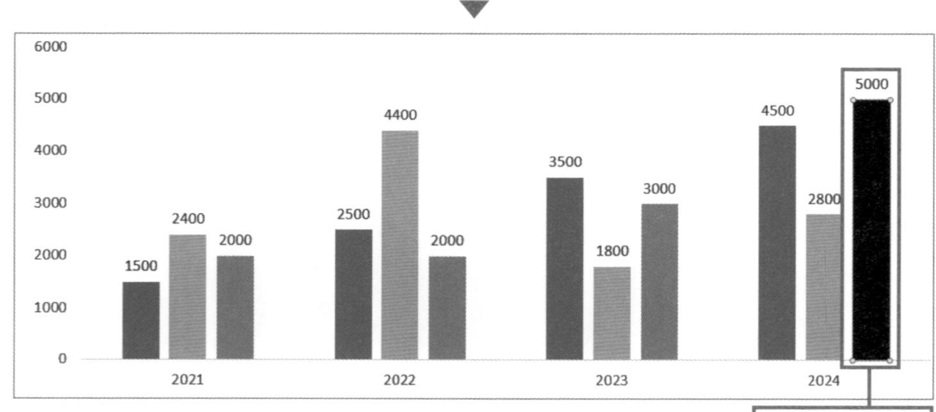

グラフの色はなるべくシンプルにまとめる

項目が多いグラフを扱うとき、すべての項目が異なる色で表示されていると、画面がちかちかしてしまい、どのデータに注目すべきかわかりづらくなってしまいます。

着目してほしい重要なデータのみ異なる色で表現し、そのほかのデータは同系色にすると一目でわかりやすいグラフができあがります。 グラフ全体を選択した状態で、[グラフのデザイン] タブを選択し、[色の変更] をクリックします。[モノクロ] の中からテーマに合う色を選びましょう。シンプルで見やすいグラフが出来上がります。

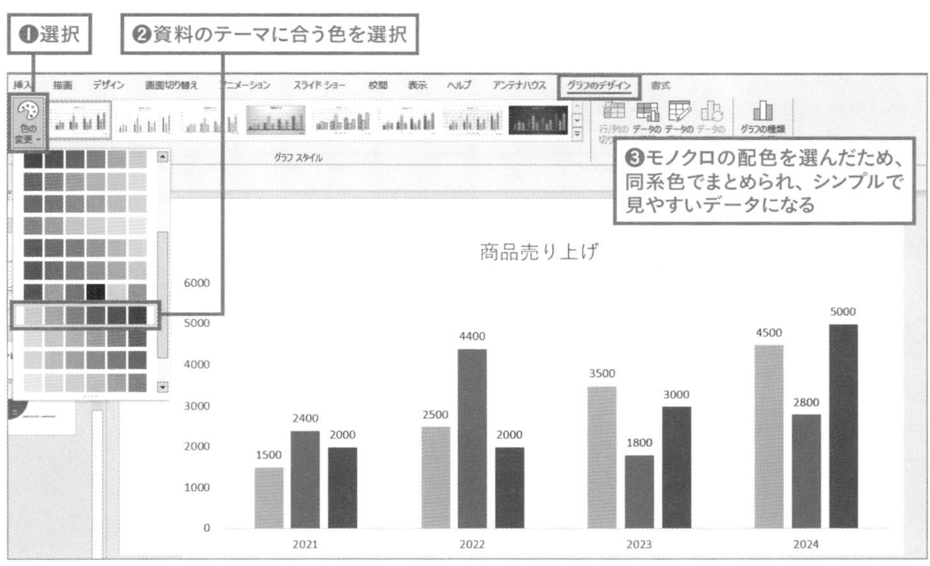

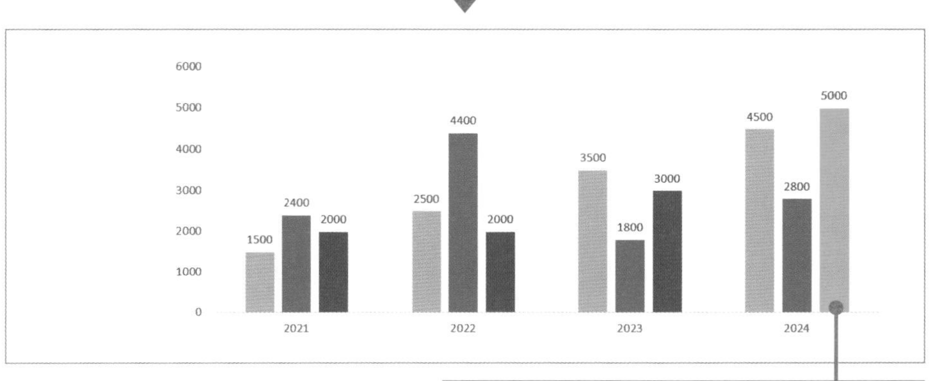

13 円グラフの凡例はできるだけデータラベルで表す

- 円グラフの凡例は非表示にする
- [データラベル] を使うとグラフの見やすさがアップ

グラフを作成すると自動的に凡例（データの説明）が表示されますが、円グラフの場合は凡例は非表示にして [データラベル] で説明しましょう。見やすさが格段にアップします。

グラフを選択した状態で [グラフのデザイン] → [グラフ要素] を選び、[凡例] → [なし] を選択すると凡例が非表示になります。その後、再度 [グラフ要素] から [データラベル] → [データ吹き出し]（凡例とデータがセットになっているもの）を選択します。

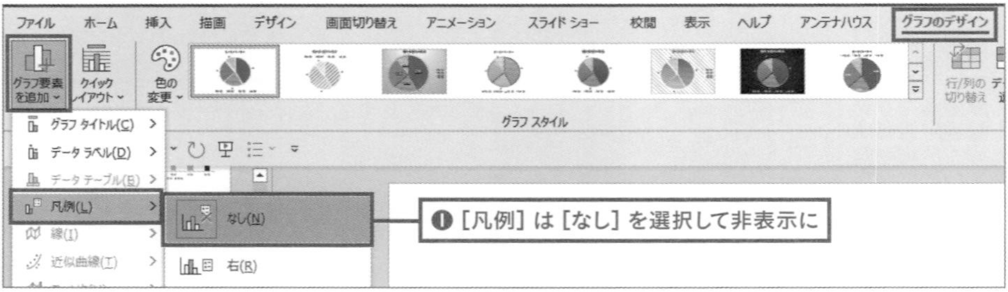

❶ [凡例] は [なし] を選択して非表示に

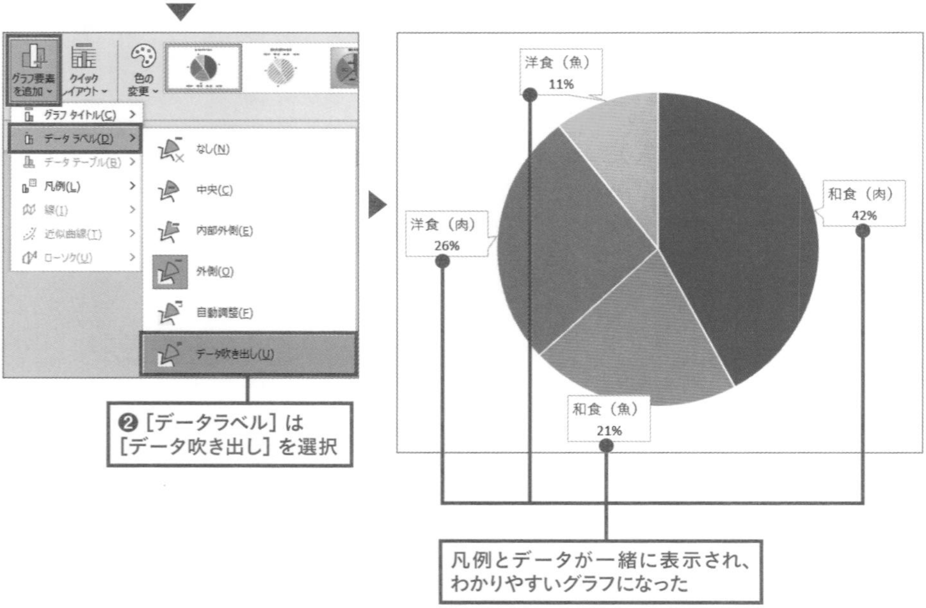

❷ [データラベル] は [データ吹き出し] を選択

凡例とデータが一緒に表示され、わかりやすいグラフになった

14 円グラフの目立たせたい部分は切り離してアピール！

- 見せたいデータは切り離す
- 3D円グラフなど見た目重視のデザインはなるべく避けるのが吉

円グラフは初期設定だとデータごとに色が異なり、どの部分に注目すべきかわかりにくいことがあります。127ページのようにグラフの色を２色に統一する、または目立たせたい要素を切り離して見せたいデータを表現しましょう。

1 切り離したいデータを選択する

円グラフの中で切り離したいデータ系列の要素をダブルクリックして選択すると、選択した要素の周囲にハンドルが表示されます。

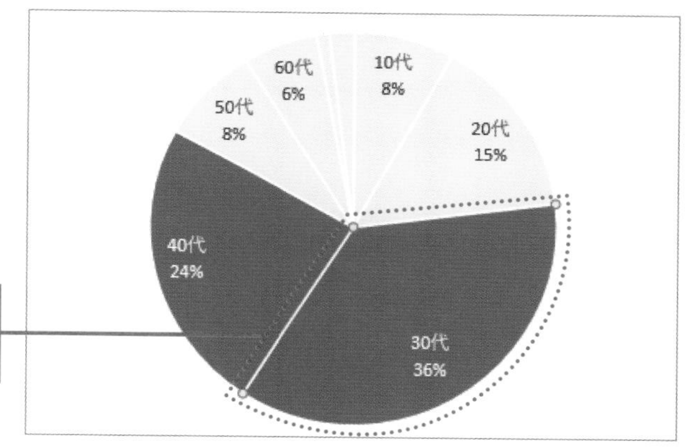

2 データを切り離す

この状態で選択した要素を外方向にドラッグして離しましょう。データ系列の要素が1つだけ切り離されました。

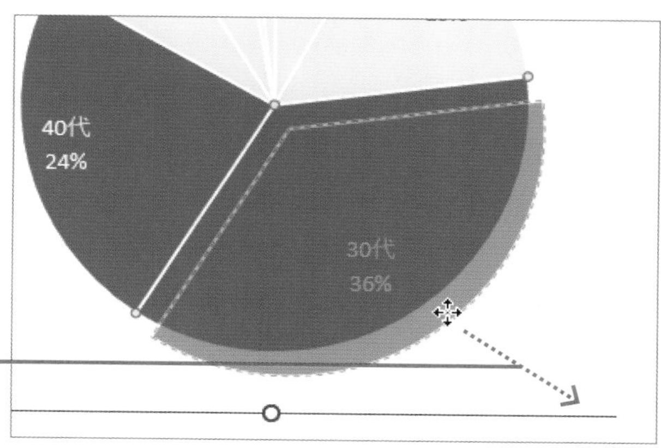

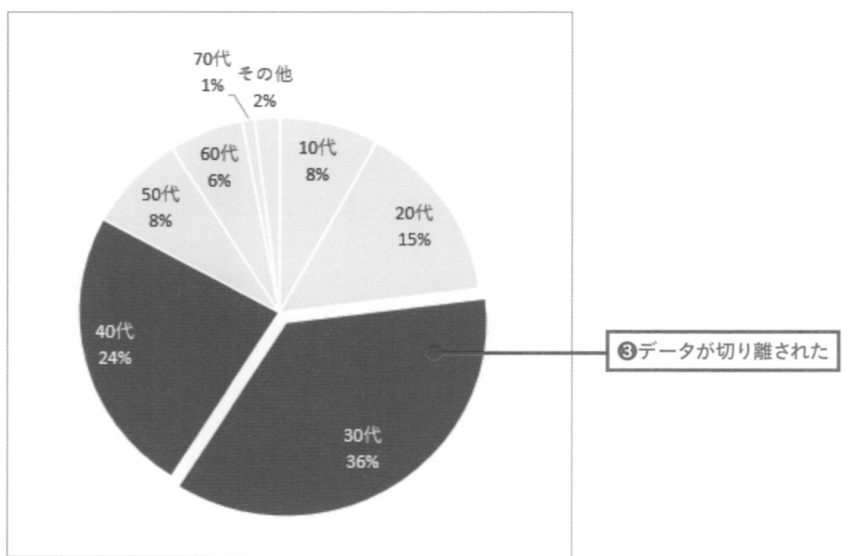

むやみに3D円グラフは使わない

グラフのデザインにはさまざまなデザインが用意されています。3Dなどは一見格好良く見えるため、選んでしまいがちですが、データの見やすさを重視するのであれば通常の円グラフで十分です。

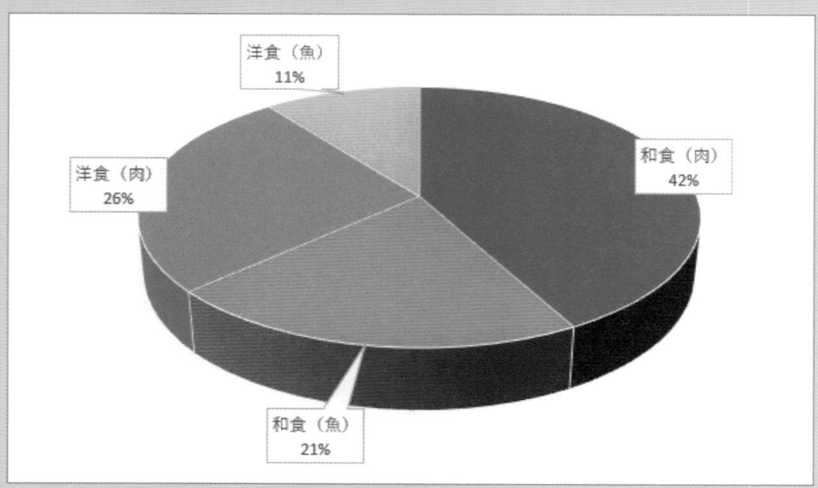

3D円グラフ。データが斜めに表示され肝心の割合が見づらいうえ、奥行の都合により、左奥にある26%のデータより、手前に表示されている21%のほうが大きく見えてしまう。

15 Excelグラフはそのまま貼り付けしてOK

- Excelで作ったグラフや表はそのまま挿入できる
- データの編集はExcelで行う

Excelで作成したグラフをスライドに挿入することもできます。挿入したグラフは、自動的にPowerPointのテーマに基づいたスタイルに変更されます。挿入したグラフのデータを編集するには［デザイン］タブにある［データの編集］をクリックしてリンクされているExcelを起動します。

1 Excelでグラフをコピーする

Excel上でグラフをクリックして選択し、[Ctrl] + [C] キーを押してコピーします。

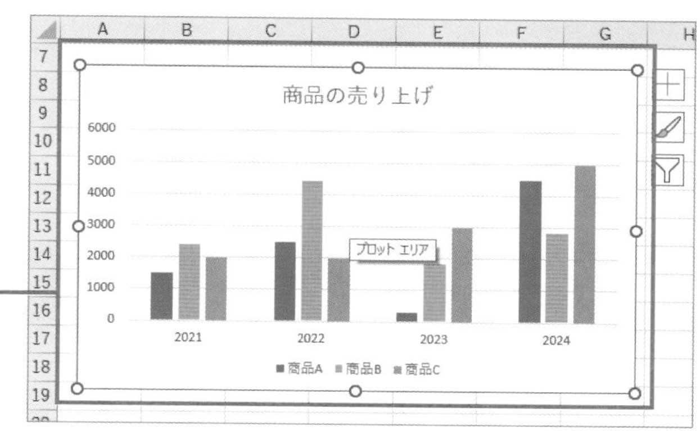

2 PowerPoint上でグラフを貼り付けする

PowerPointでグラフを挿入したいスライドを表示し、プレースホルダーを選択してから[Ctrl] + [V] キーを押して貼り付けします。スライドにExcelで作成したグラフが貼り付けられました。

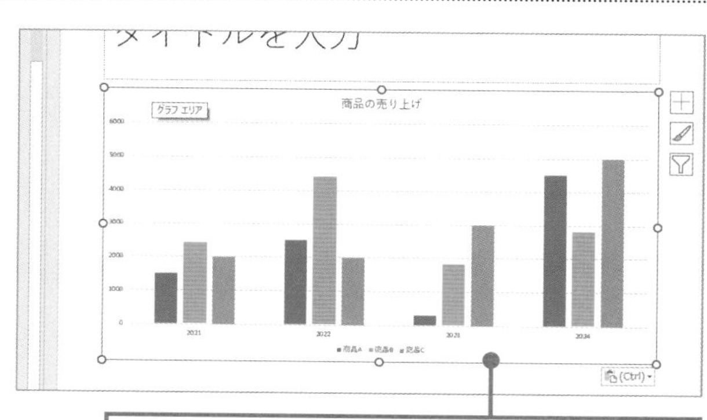

TIPS

Excelの内容をリンクせずにグラフを埋め込む

Excelのグラフを貼り付けした状態で、元ファイルのExcelデータを修正・変更すると、PowerPointに貼り付けしたグラフにも修正した数値が反映されます。
貼り付け元のExcelを更新したあと、PowerPointのグラフにデータが反映されない場合は［グラフのデザイン］→［データの更新］を選択します。

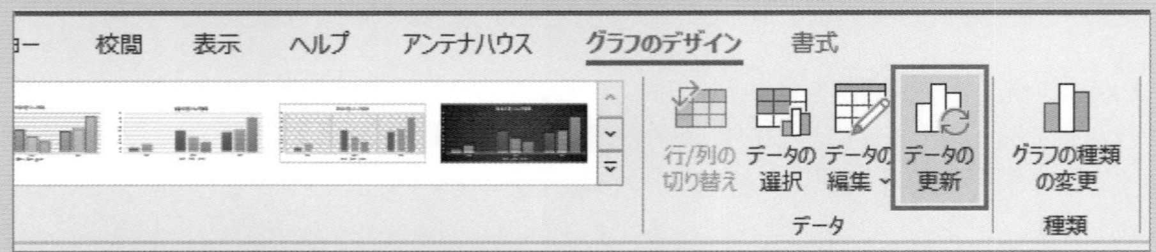

この設定を変更するためには、グラフ貼り付け時に右下に表示される［貼り付けのオプション］を選択します。クリックして［貼り付け先のテーマを使用しブックを埋め込む］を選択すると、埋め込みデータとしてグラフを貼り付けることができます。この場合は、元のExcelの表やグラフとは切り離されたExcelオブジェクトとして貼り付けられます。

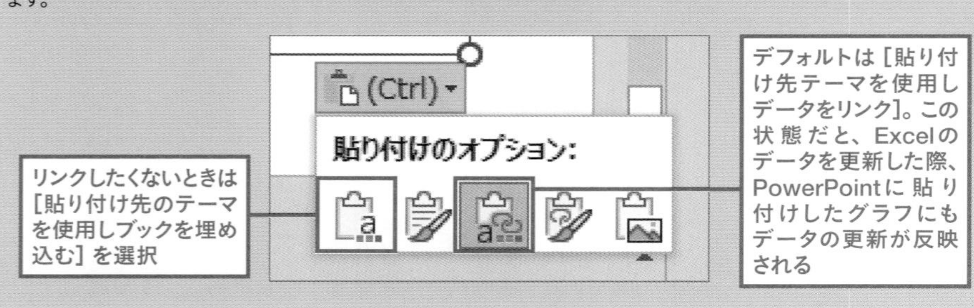

Chapter6

図形とSmartArtでカンタン視覚化

スライドで重要な「情報の視覚化」のためには、図形は大切な要素の1つ。PowerPointにはさまざまな形の図形描画が用意されています。もっと手軽に図解を表現したいときはSmartArtも便利です。

01 基本の図形を描く

Point
- 複雑な図形は基本図形を組み合わせて作る
- [Shift] キーを押しながら作成で正方形や正円、水平・垂直線が描ける

四角形、丸、線などの基本的な図形は［挿入］タブの［図形］一覧に用意されているため、欲しい図形を選択してスライド上でドラッグするだけで描くことができます。少し複雑な図は基本図形を組み合わせて描くようにしましょう。

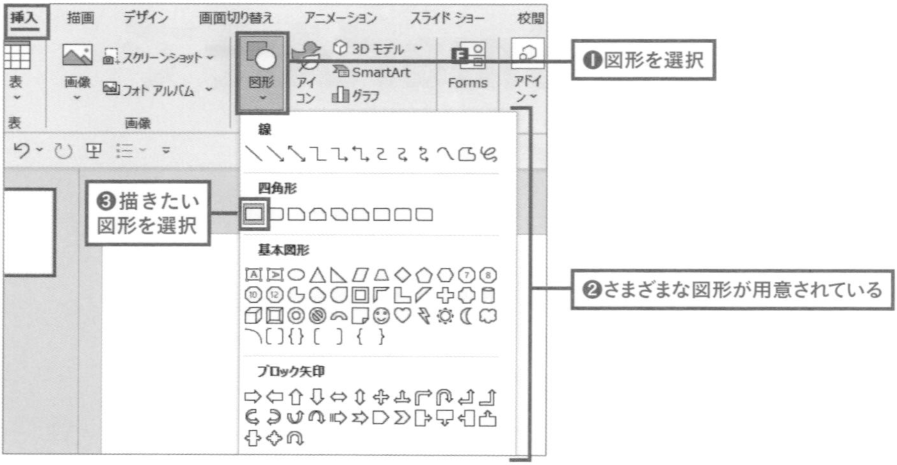

❶図形を選択

❷さまざまな図形が用意されている

❸描きたい図形を選択

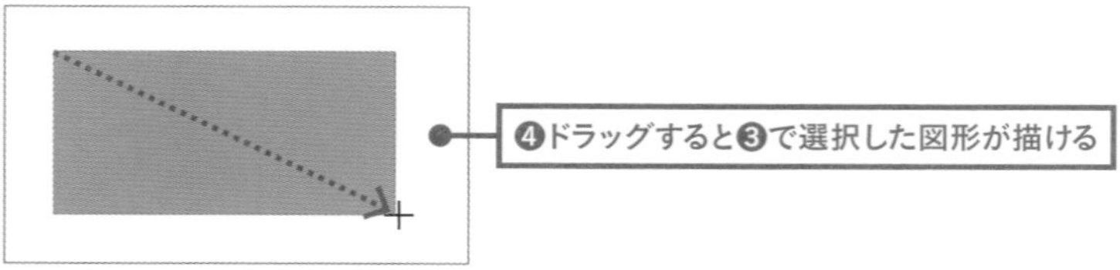

❹ドラッグすると❸で選択した図形が描ける

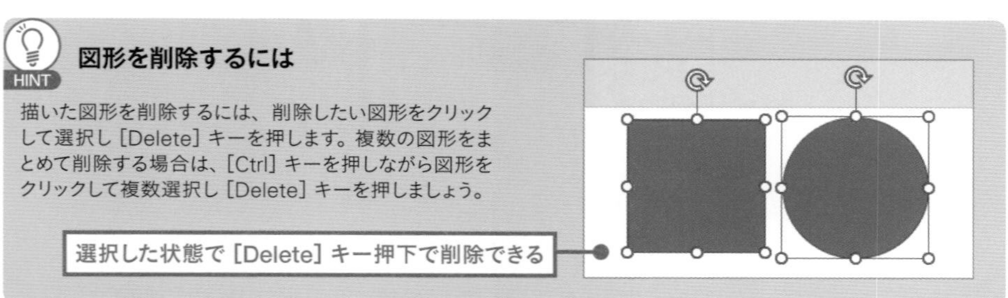

HINT

図形を削除するには

描いた図形を削除するには、削除したい図形をクリックして選択し［Delete］キーを押します。複数の図形をまとめて削除する場合は、［Ctrl］キーを押しながら図形をクリックして複数選択し［Delete］キーを押しましょう。

水平線や垂直線を描く

［ホーム］タブにある［図形］をクリックして、［線］グループの中から［直線］（または［矢印］）を選択すると、線が引けます。水平線や垂直線をを引くには［Shift］キーを押しながら左右または上下にドラッグします。また、45度の斜線を描くには［Shift］キーを押しながら斜め方向にドラッグします。

また、［長方形］［楕円］を選んで［Shift］キーを押しながらドラッグで正方形や正円が描けます。

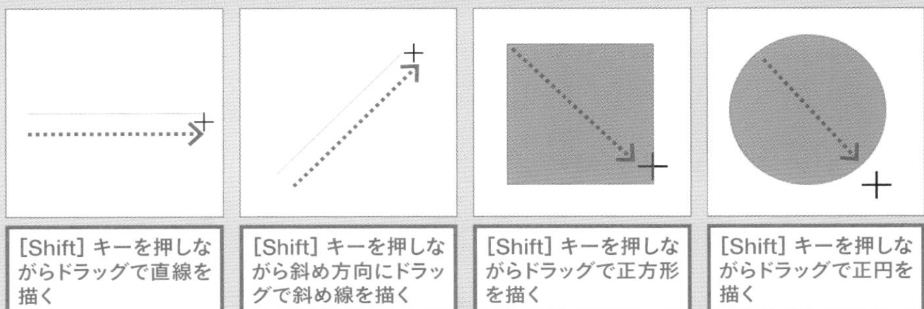

図形に影を付ける

作成した図形には、影を付けたりぼかしたりなど、さまざまな効果を加えられます。図形を選択した状態で［図形の書式］タブから［図形の効果］を選択しましょう。［標準スタイル］［影］［反射］などの種類から付け足したい効果を選びます。
効果を加えすぎるとかえって見づらくなってしまう場合があるため、目立たせたい図形など、限定的に使用するのがおすすめです。

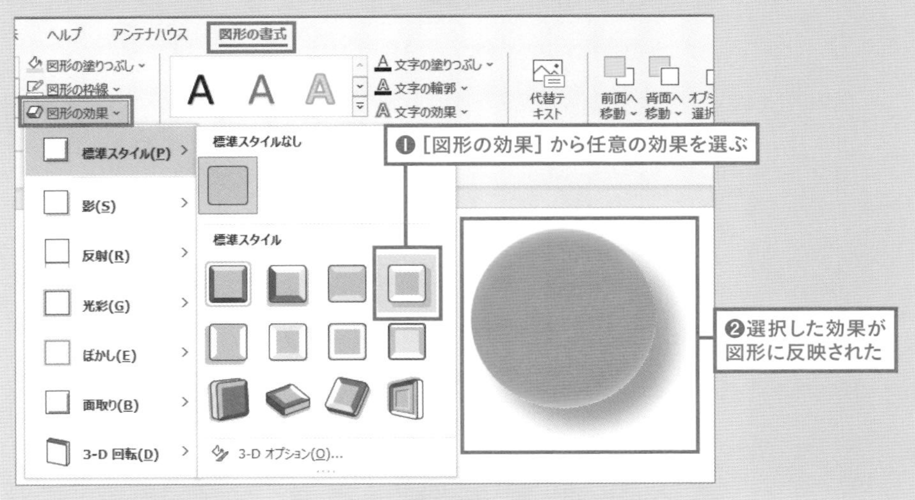

02 図形の印象は枠線の色や種類でガラリと変わる

- 枠線や図形の色を変更する方法をマスターする
- 枠線は色だけでなく太さや形状も設定できる

図形を描くときに重要なのが「枠線」と「塗りつぶしの色」の存在です。枠線のあるなし、色や種類で図形の与える印象が変わります。

1 図形の塗りつぶしの色を変更する

図形の色を変更するには、選択した状態で［図形の書式］タブ→［図形の塗りつぶし］をクリックして、好きな色を選択します。

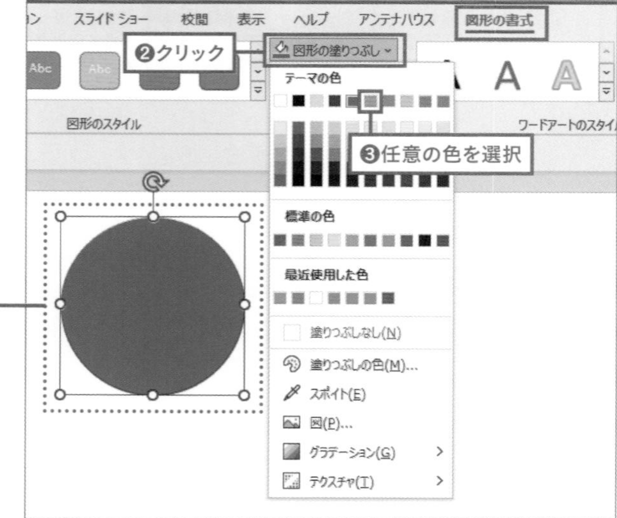

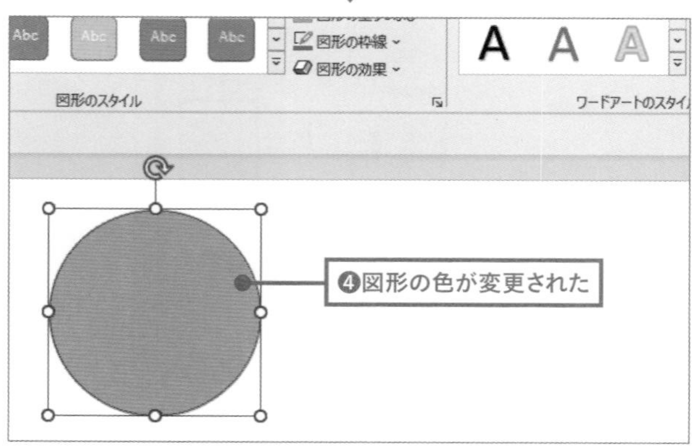

2 図形の線の色を変更する

図形の線の色を変更するには、図を選択して［図形の書式］タブ→［図形の枠線］をクリックして、好きな色を選択します。［Ctrl］キーを押しながら複数の図形を選択して一度に色を変更することもできます。

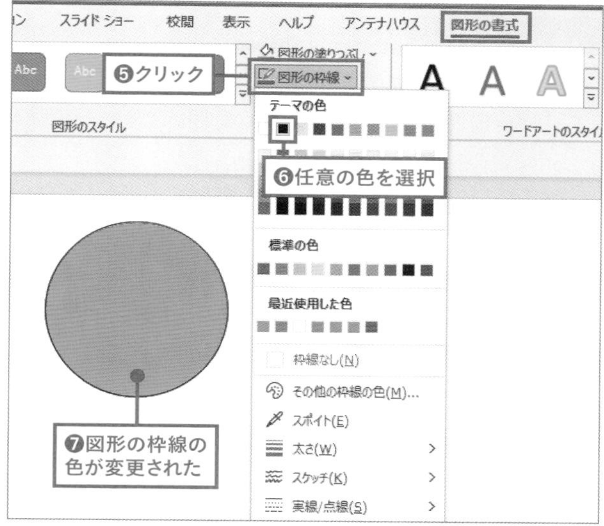

HINT

［枠線なし］を選択すると枠線が非表示になります。

TIPS 枠線の種類を点線に変更する

［実線/点線］を選択すると、一覧から任意の線種を選択して点線に変更することもできます。

枠線が変更された

太さを変更できる

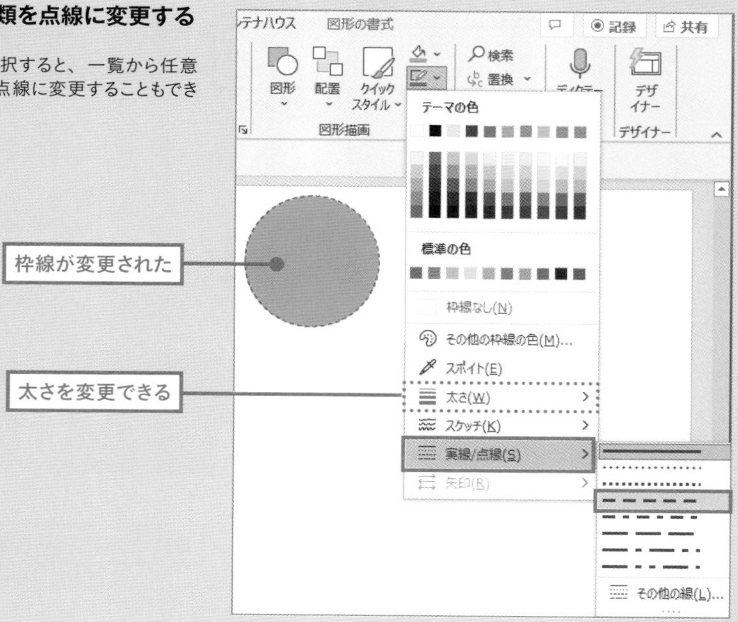

03 同じ図形を続けて何度も描くには

- [図形] から選んだ図形は1回描くとリセットされてしまう
- 描画モードのロックで何度も同じ図形が描ける

同じ図形を何度も描くために、その都度 [図形] ボタンから選択していては時間がかかります。そんなときは図形を右クリックして [描画モードのロック] を選択すれば、同じ図形を連続して描くことができるようになります。

1 [描画モードのロック] を選択する

[挿入] タブ→ [図形] から目的の図形の上にカーソルを合わせて右クリックして [描画モードのロック] を選択します。

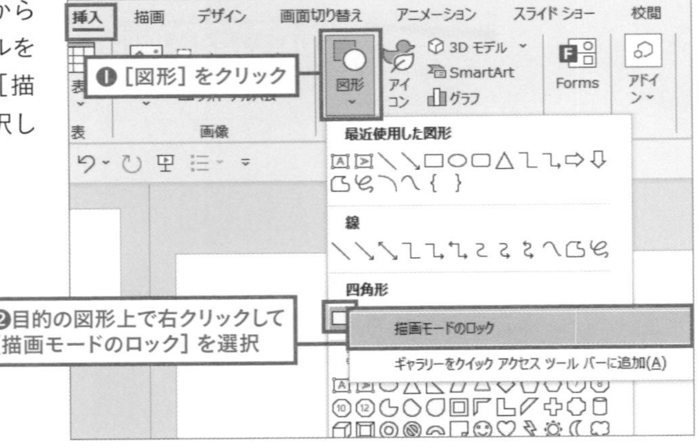

2 図形を描く

ドラッグすると❷で選んだ図形と同じ図形が何度も連続して描けるようになりました。

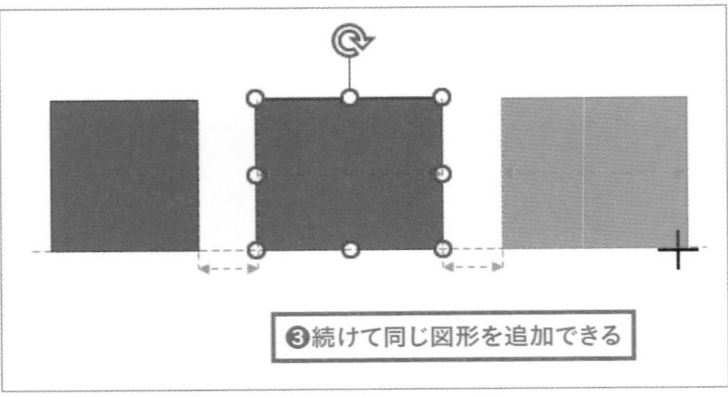

[描画モードのロック] を解除する

解除するには、[Esc] キーを押します。ポインターの形が ＋ から通常のカーソル形状に戻ります。

04 グリッド線を表示させて図形の位置や形を揃える

Point
- グリッド線は図やテキストの高さや大きさを揃えるのに便利
- スライド全体でタイトル位置や入力範囲を揃えるのにも使える

スライドに縦横の「グリッド線」を表示させることで、カンタンに縦横比が「2：1」の長方形を描いたり、図形の高さを揃えることができるようになります。

1 グリッド線を表示する

［表示］タブの［グリッド線］にチェックを付けます。縦横に等間隔のグリッド線が表示されました。

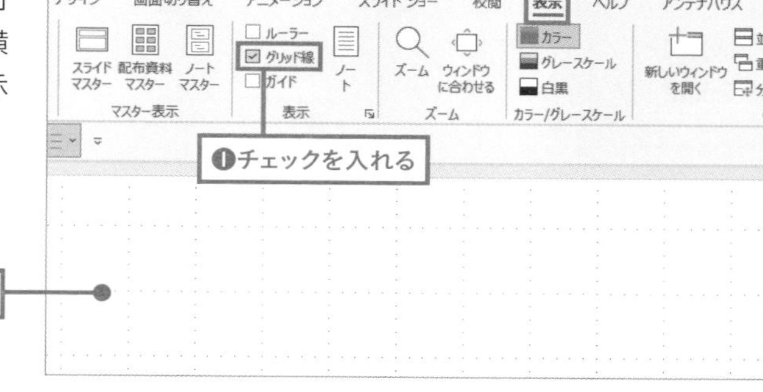

2 図形を描く

グリッド線に合わせて2つの図形を作成し、配置してみましょう。

［挿入］タブ→［図形］をクリックして［角丸四角形］を選択します。グリッド線の交差位置を始点と終点にしてドラッグすると、グリッド線に合わせて角丸四角形が描けました。もう1つもグリッド線の同じ高さに合わせてドラッグします。

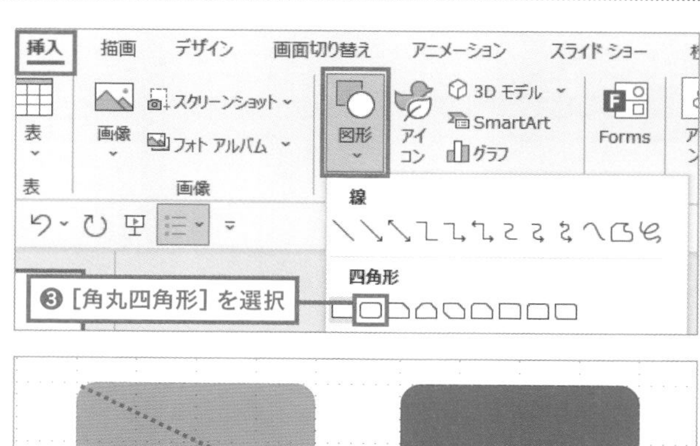

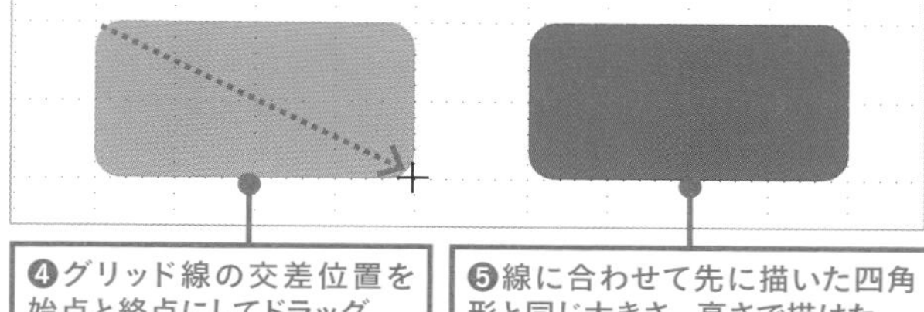

05 図形を中心から描く

- ［Ctrl］キーを押すとドラッグ位置を中心に図を描画できる
- 正円や正方形の描画はドラッグ時に［Shift］キーを押す

134ページで紹介したのはドラッグの開始位置から図形を描く方法でしたが、ドラッグ位置を中心にして描くこともできます。同心円を描いたりするのにも役立ちます。

1 1つ目の円の中心から2つ目の円を描く

図は1つ目の円を描き終わった状態です。この円に重ねて円を描き同心円を作ってみましょう。［図］から［楕円形］を選んだ状態で1つ目の円の中心あたりにカーソルを合わせて、［Ctrl］＋［Shift］キーを押しながらドラッグします。［Ctrl］キーがドラッグ位置を中心にするキーで、［Shift］キーは今回正円を描画するために同時に押しました。

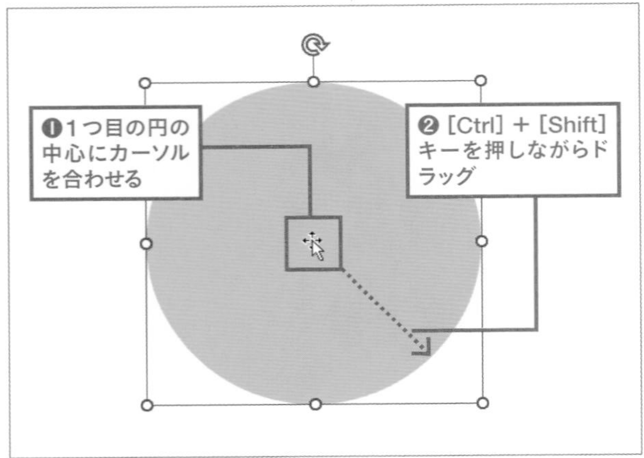

2 2つ目の円が描けた

2つ目の正円が図形の中心から描け、同心円が出来上がりました。

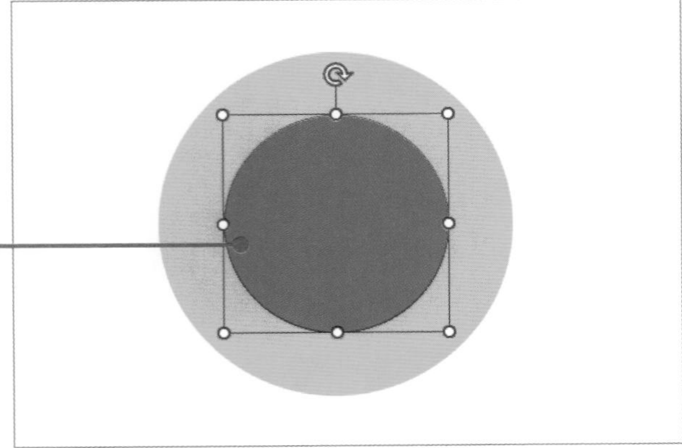

06 図形を水平・垂直位置にコピーする

- [Ctrl] キーを押しながら図形をドラッグして複製する
- [Ctrl] + [Shift] キーで水平・垂直に複製可能

複数の同じ形の図形を描画する場合、図形を選択して [Ctrl] キーを押しながらドラッグすると複製できます。

1 図形をコピーする

作成した図にカーソルを合わせ、ポインターの形状が ✥ に変わったら、[Ctrl] キーを押しながらドラッグします。図形がコピーされました。

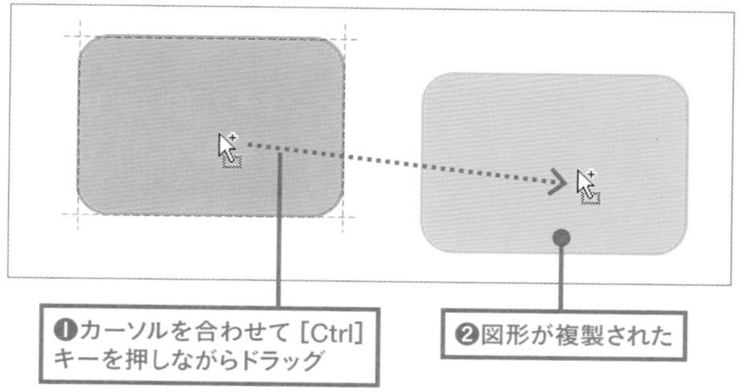

❶カーソルを合わせて [Ctrl] キーを押しながらドラッグ

❷図形が複製された

2 図形を水平・垂直にコピーする

[Ctrl] + [Shift] キーを押しながらドラッグすると、水平または垂直に図形をコピーできます。

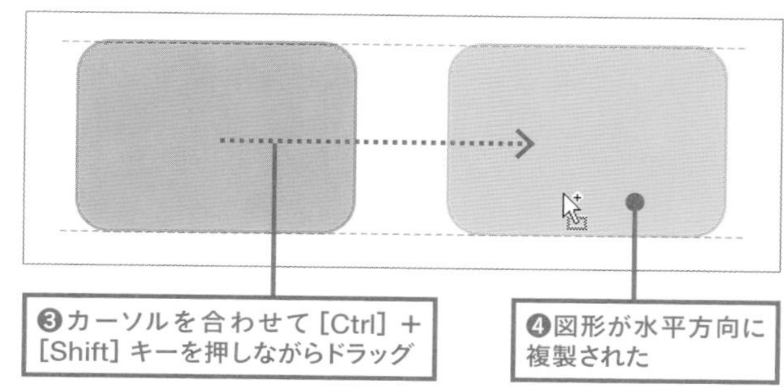

❸カーソルを合わせて [Ctrl] + [Shift] キーを押しながらドラッグ

❹図形が水平方向に複製された

図形を移動するには?

図形にポインターを合わせてカーソルが ✥ の形になったら、そのままドラッグ&ドロップします。[Shift] キーを押しながら左右または上下方向にドラッグ&ドロップすると、水平または垂直方向に移動できます。

07 吹き出しの位置や矢印の太さを変える

Point

- 調整ハンドルと回転ハンドルが付いている図形は向きや特定部位などの位置を変更可能
- 回転、反転を使いこなすと既存の図形で思い通りの図解を作成できる

図形の中にはシンプルな四角や丸のほか、吹き出しや矢印などもあります。スライドの構図に合わせて吹き出しの位置を変更したり、矢印の向きを変更して使いましょう。

1 吹き出しのツノの位置を変更する

変更したい吹き出し図形をクリックして選択すると黄色の［調整ハンドル］が表示されます。カーソルをハンドルに合わせ、ポインターの形状が ▷ に変化したら移動させたい位置までドラッグします。吹き出しのツノの位置が変更されました。

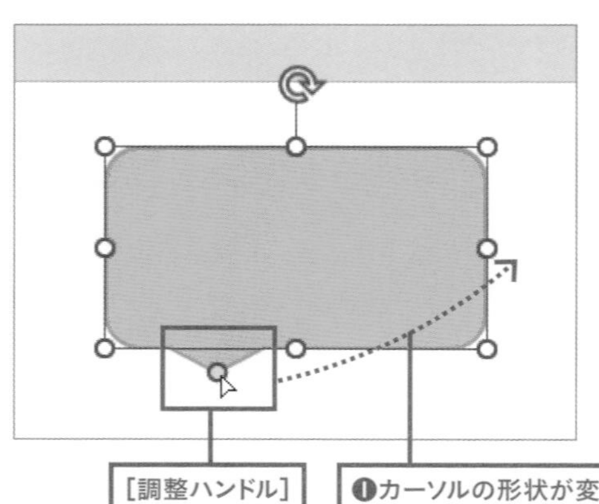

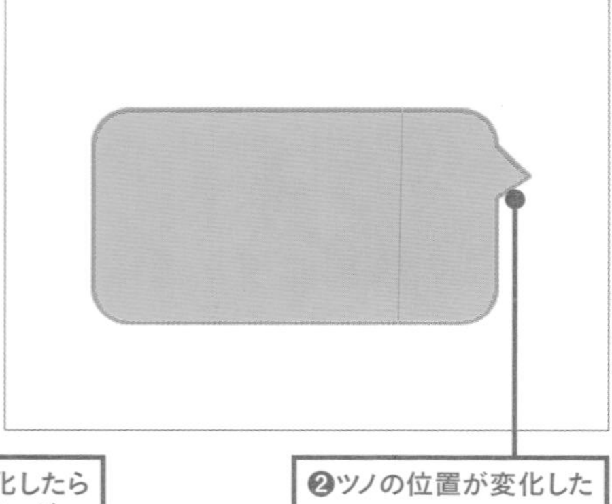

［調整ハンドル］

❶カーソルの形状が変化したら移動させたい方向にドラッグ

❷ツノの位置が変化した

HINT

矢印を上下左右、自在に変更

矢印のような図形は、初期状態の右向きだけでなく、スライドの内容に合わせて左向きや下向き、斜めの図が必要になることがあります。そんなときは「回転ハンドル」をドラッグすれば、好きな角度に変えられます。［Shift］キーを押しながらドラッグで15度ずつ回転できます。

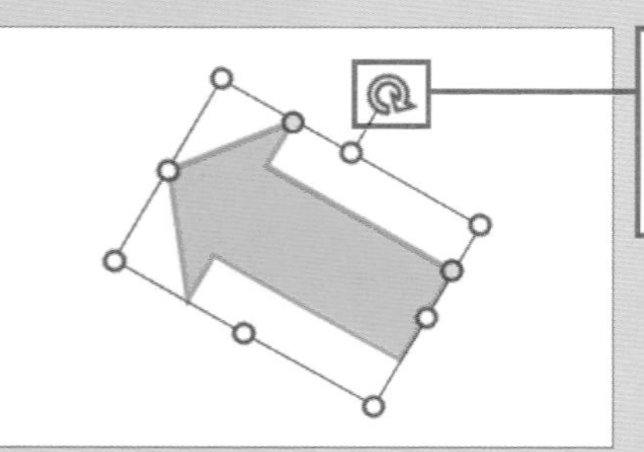

この部分にカーソルを合わせてポインターが ↻ に変化したらドラッグして回転

2 矢印を反対向きに変える

矢印の図形も同じように好きな向きに変更することができます。カーソルをハンドルに合わせてポインターの形状が変化したらドラッグします。

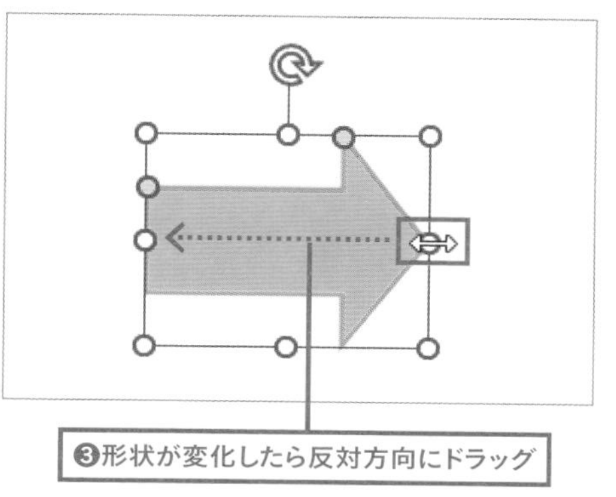

❸形状が変化したら反対方向にドラッグ

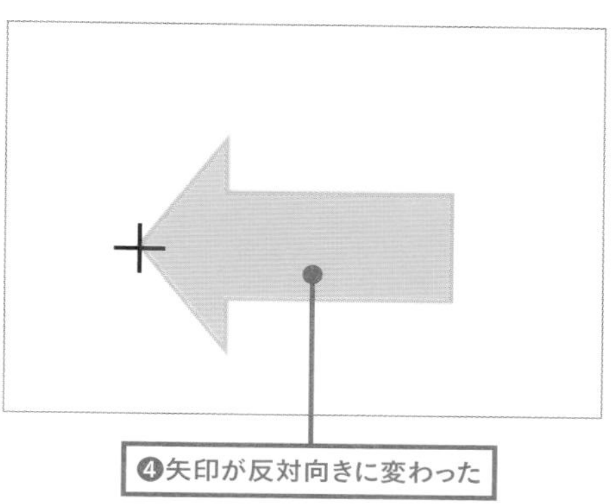

❹矢印が反対向きに変わった

TIPS 複雑な図形を作成する

図形の中に欲しい図形がない場合は、基本図形を組み合わせる「図形の結合」を使いましょう。「型抜き（合成）」「重なり抽出」などを活用すれば、思い通りの図形を作りだすことができます。

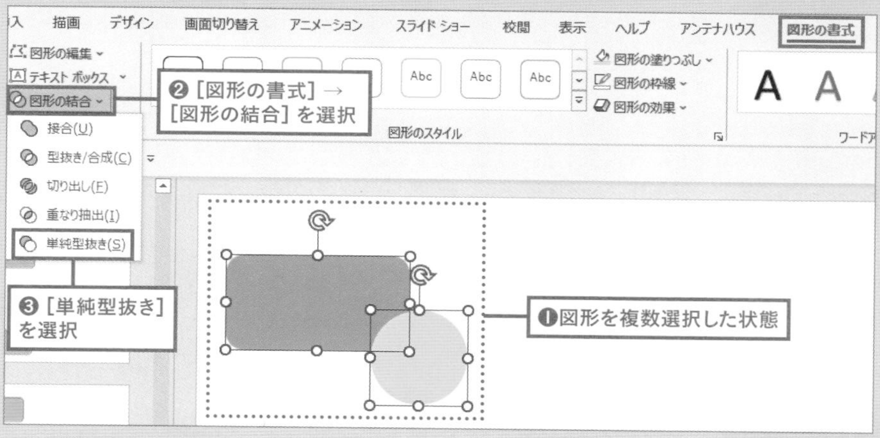

入 描画 デザイン 画面切り替え アニメーション スライド ショー 校閲 表示 ヘルプ アンテナハウス 図形の書式

図形の編集 テキスト ボックス 図形の結合 接合(U) 型抜き/合成(C) 切り出し(F) 重なり抽出(I) 単純型抜き(S)

図形の塗りつぶし 図形の枠線 図形の効果 図形のスタイル ワードア

❶図形を複数選択した状態

❷［図形の書式］→［図形の結合］を選択

❸［単純型抜き］を選択

❹上に重なった円の部分が型抜きされた

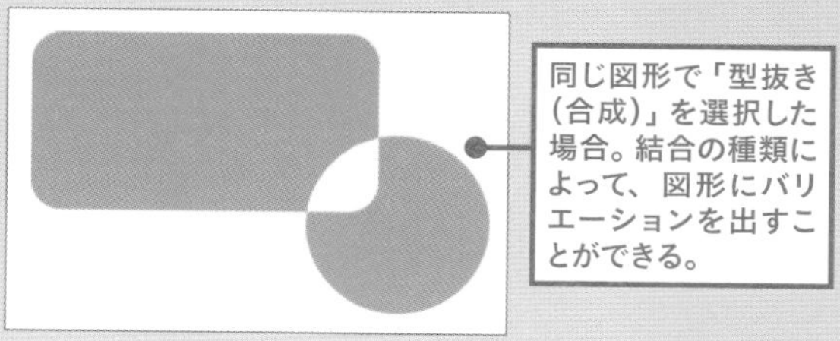

同じ図形で「型抜き（合成）」を選択した場合。結合の種類によって、図形にバリエーションを出すことができる。

08 複数の図形も怖くない！図形の重なり順を変更する

● 図の重なり順は変更できる
● 複雑な図は［オブジェクトの選択と表示］で変更すると便利

複数の図形を組み合わせる際に知っておきたいのが、図形の重なり順です。図形は基本的に、作成した順に重なる（2番目に作った画像が1番目に作った画像の上に表示される）ため、重なり順を設定しないと、せっかく作った画像が他の画像に隠れて見えないということが起きてしまいます。

1 図形の配置順を変更する

下図は角丸四角形と矢印図形を配置したものです。作成した順に図形が重なり、一部の矢印が次の四角形に隠れてしまっています。

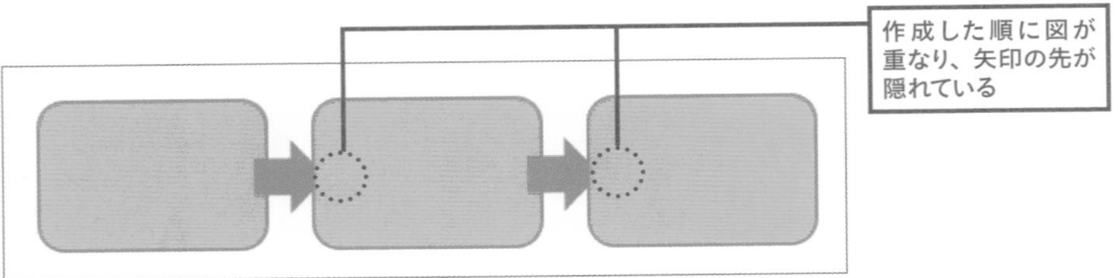

3つの矢印はすべて前面に配置したいので、まずはこの矢印図形を［Ctrl］キーを押しながらすべて選択します。右クリックでメニューを表示したら、［前面へ移動］を選択しましょう。

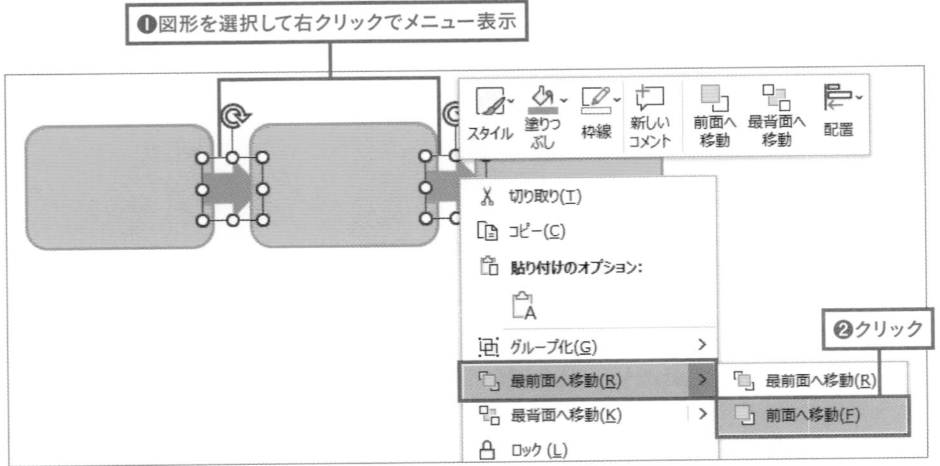

2 重なり順が変更された

選択した図形がすべて前面に移動し、隠れている矢印部分が表示されました。

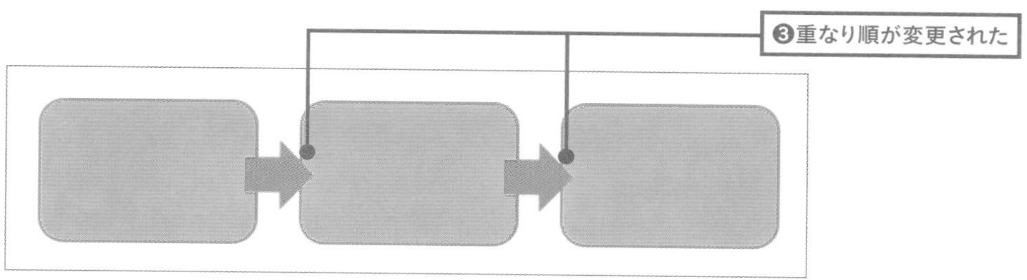

TIPS より視覚的に操作できる［オブジェクトの選択と表示］

任意の図形を選択して❶［図形の書式］タブ→［オブジェクトの選択と表示］をクリックすると、❷スライド内の図形が一覧で表示され、図形の順番変更や非表示を直感的に行うことができます。

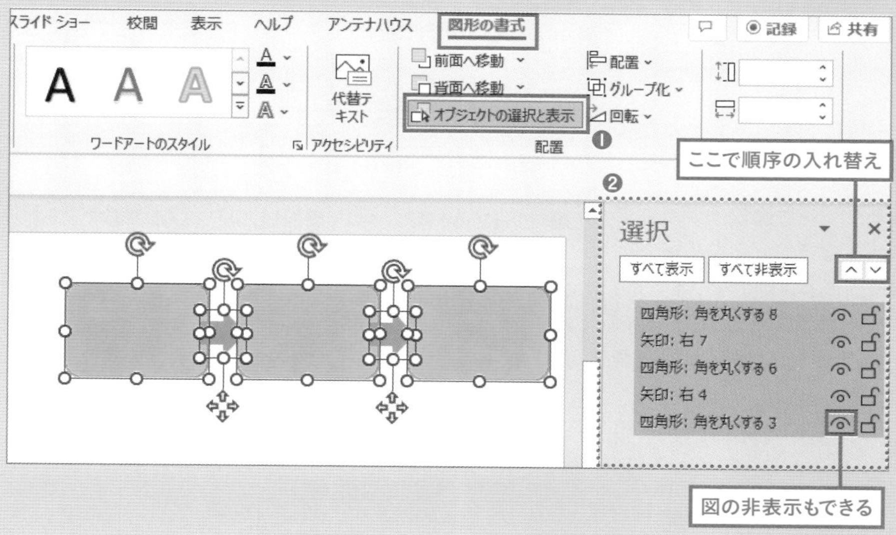

ここで順序の入れ替え

図の非表示もできる

09 複数の図を組み合わせたら必ずグループ化する

- 複数の図はグループ化しておくと1つの図として扱える
- 回転や拡大だけでなく、塗りつぶしや枠線の変更も1回で済むのでらくちん

複数の図形を１つにまとめることを「グループ化」といいます。グループ化された図形は１つの図形と同じようにまとめて移動や拡大・縮小ができます。**図形を作成したら、ある程度のまとまりごとに必ずグループ化しておきましょう。**

グループ化したい図形を［Ctrl］キーで複数選択し、右クリックして表示させたメニューから［グループ化］→［グループ化］を選択します。

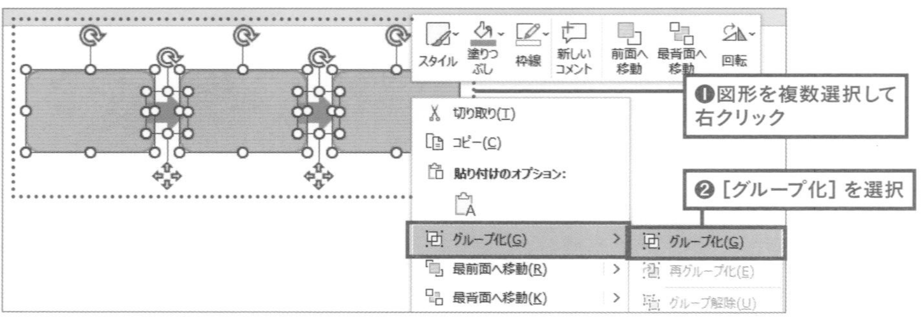

選択していた複数の図形がグループ化され、１つの図形として扱えるようになりました。図形を移動する際も、一つひとつバラバラに操作する必要がありません。

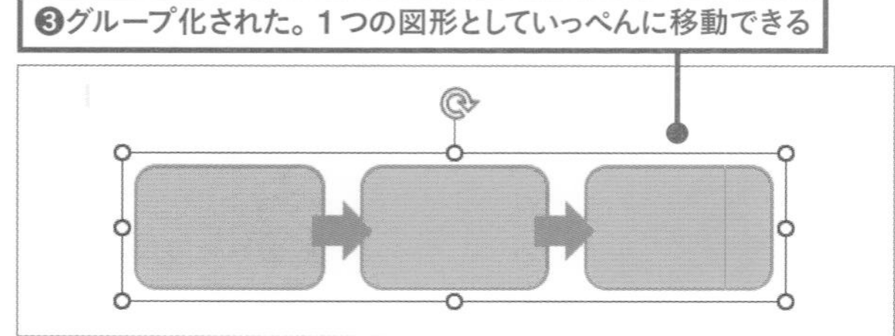

グループ化の解除

HINT

グループ化した図は解除してまた単体の図形に戻すこともできます。❶グループ化した図形を選択して右クリックし、表示されたメニューから❷［グループ解除］を選択します。

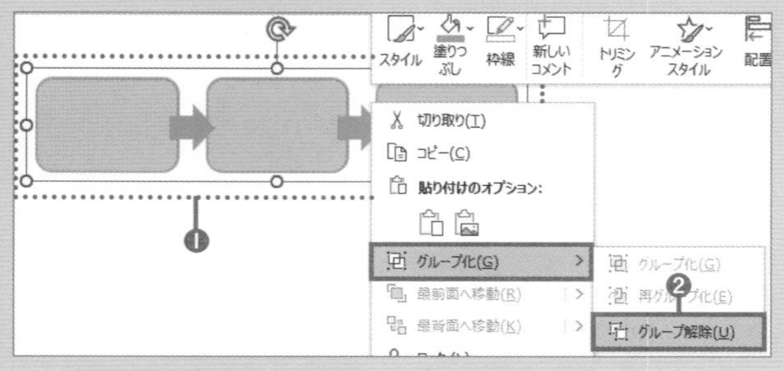

10 図形にテキストを入力したい

- 図形には文字を入力できる
- 文字色やフォントも自在に変更可能

1 図形にテキストを入力する

作成した図形にはテキストが入力できます。図形を選択（グループ化しているときはダブルクリック）し、そのままテキストを入力していきます。

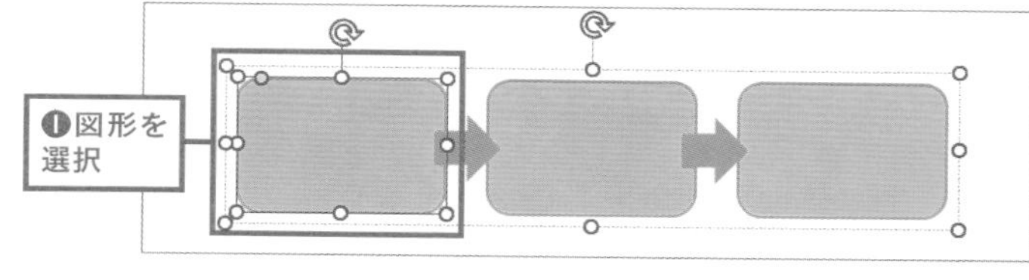

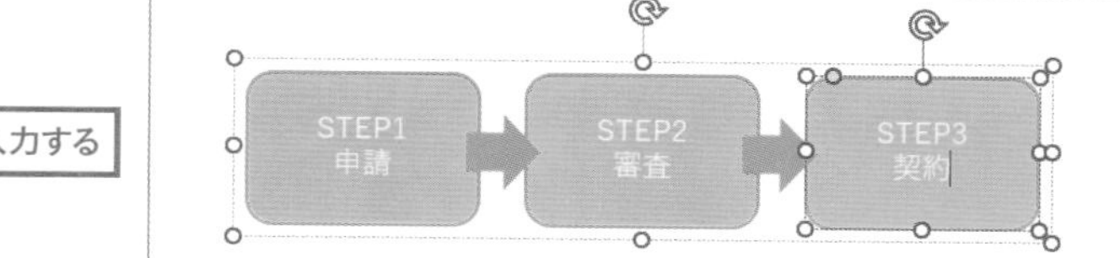

2 テキストの色を変更する

Chapter 3（59ページ）でマスターしたように、図形内のテキストもフォントを変更したり色を変えたりできます。
図形を選択した状態で、［図形の書式］タブ→［文字の塗りつぶし］から好きな色を選びます。今回の場合、図形をグループ化しているのでグループ全体を選択していますが、色を変更したい図形だけを個別に選択して変更することもできます。

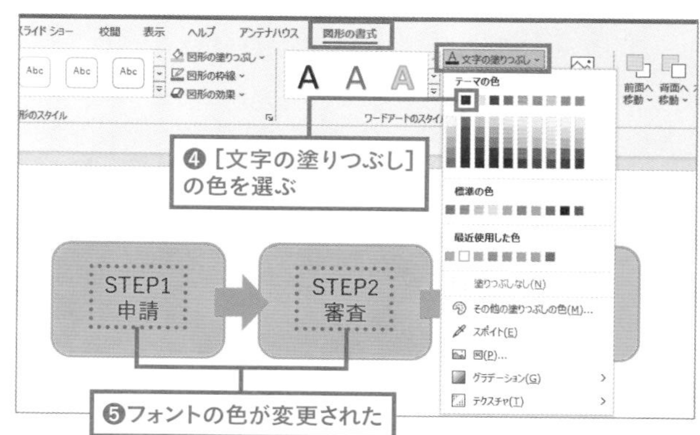

11 図形の色を コーポレートカラーに変更する

- 用意されている色以外の設定方法を知る
- 図形だけでなく、テキストや背景色の色替えにも使える

図形の色をコーポレートカラーにしたいけれど、[図形の塗りつぶし] では同じ色が存在しない…そんなときはWebサイトなどから色をスポイトで抽出することができます。

1 [スポイト] を選択する

色を変更したい図形をクリックした状態で、[図形の書式] タブ→ [図形の塗りつぶし] → [スポイト] を選択します。

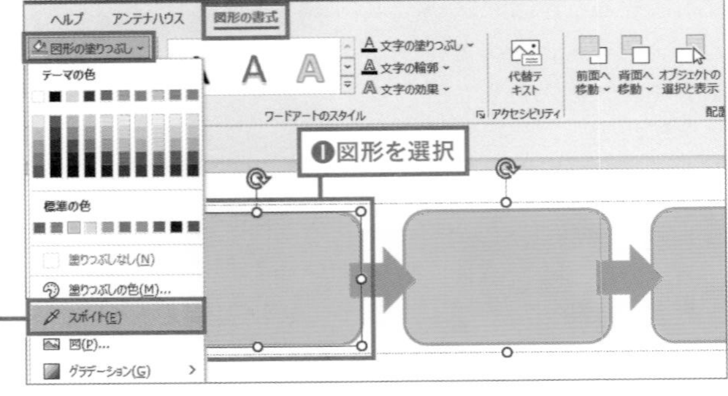

2 色を抽出する

スライド内でクリックし (どこでもOK)、マウスボタンを押したままWebサイトなどの抽出したい色がある部分へドラッグします。すると、選択していた図形がドラッグ先の色に変更されました。

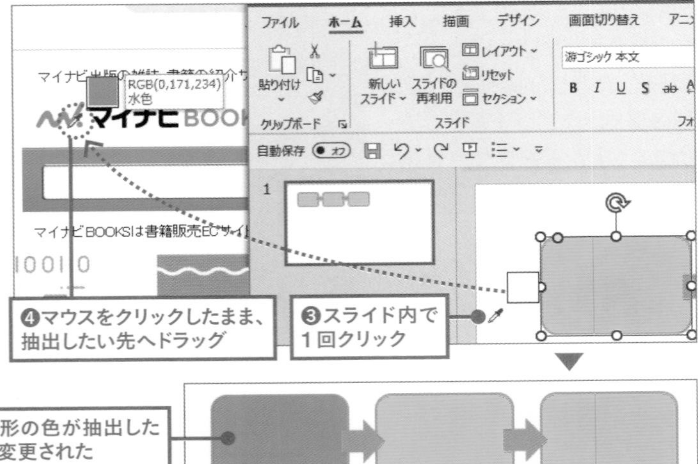

12 一瞬で洗練された図表を作る SmartArt

- SmartArtでかんたん視覚化
- リストや手順など種類別にまとめられているので、適したグラフィックを見つけるのもらくちん

スライドの基本は「情報の視覚化」。とはいうものの、適切な図を一から作成するのは難易度が高いと感じる人もいるかもしれません。そんなときは［SmartArtグラフィック］をチェックして、自分が表現したい図表がないか確認してみましょう。SmartArtの「リスト」「手順」「循環」など8種類のカテゴリから選択するだけでわかりやすい図表が完成します。

1 SmartArtグラフィックを挿入する

［挿入］タブ→［SmartArt］をクリックすると、［SmartArtグラフィックの選択］ダイアログが表示されます。今回は手順を説明する図を挿入したいので、左の種類から［リスト］を選び、任意のSmartArtを選択します。

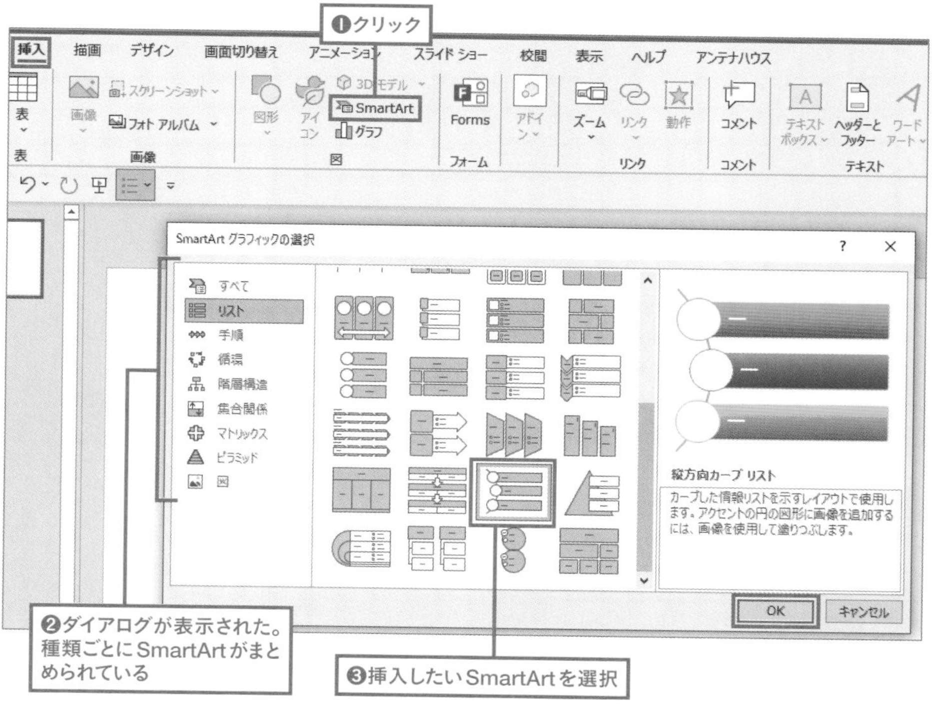

❶クリック

❷ダイアログが表示された。種類ごとにSmartArtがまとめられている

❸挿入したいSmartArtを選択

2 SmartArtにテキストを追加する

❸で選択したSmartArtが挿入されました。一部のSmartArtはテキストや画像を入れる場所があらかじめ設定されているので、必要に応じて入力・挿入します。

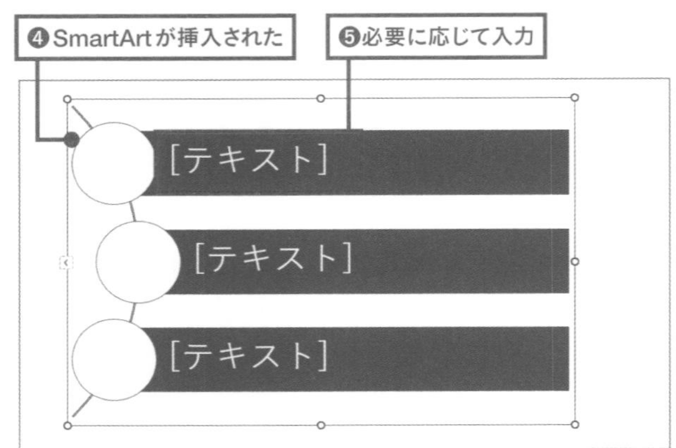

Column アイコンを活用する

2019以降のPowerPointでは、スライドにアイコン（SVG画像）を挿入することができます。「ビジネス」「分析」など、目的に合わせてシンプルで使いやすいアイコンが揃っているため、スライドにイラスト要素が必要なときなどに役立ちます。

❶［挿入］タブから［アイコン］を選択

❷ダイアログから任意のアイコンを選んで［挿入］ボタンを選択

❸ ❷のアイコンが挿入された

挿入 (1)　キャンセル

13 SmartArtに図形を追加するには

- SmartArtには自由に図を追加してカスタマイズできる
- 追加したい場所の横など、追加の基準となる図を選択するのがコツ

SmartArtグラフィックに用意されている図形の数は、必要なだけ増やすことができます。組織図や手順など、基本のSmartArtでは数が合わない場合は［図形の追加］ボタンを活用しましょう。

1 ［図形の追加］をクリックする

図を追加したい部分を選択し、［SmartArtのデザイン］タブの［図形の追加］をクリックします。リストから必要な追加図形を選択（ここでは［後に図形を追加］を選択）します。

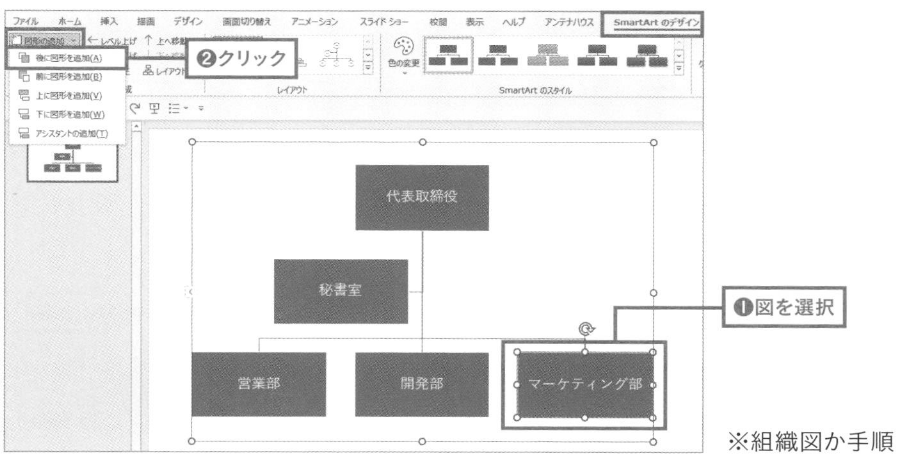

※組織図か手順

2 SmartArtグラフィックに図形を追加する

選択していたSmartArtに図形が追加されました。

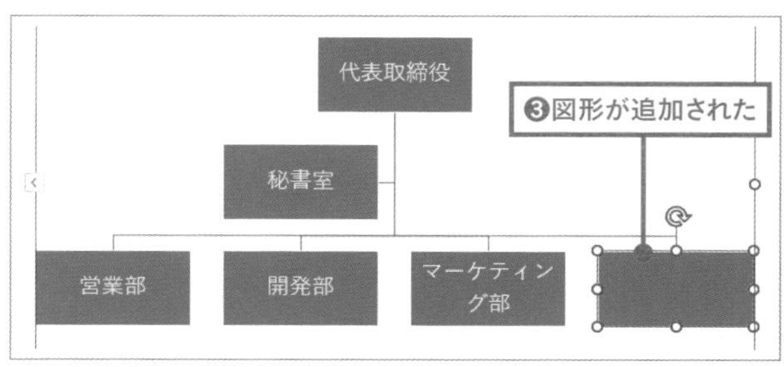

14 SmartArtのレイアウトを活用する

- 内容に合わせてレイアウトを変更する
- デザインを変更したいなら［SmartArtのスタイル］から

SmartArtにはたくさんのレイアウトが登録されています。例えば「循環」のパターンの図形には、「円形循環」「中心付き循環」などいくつものレイアウトを選んで変更することができるため、内容に合ったものを選びましょう。

挿入したSmartArtを選択し、［SmartArtのデザイン］タブの［レイアウト］の▼をクリックすると、選択したSmartArtのさまざまなレイアウトが一覧で表示されます。選択すると、レイアウトが反映されました。

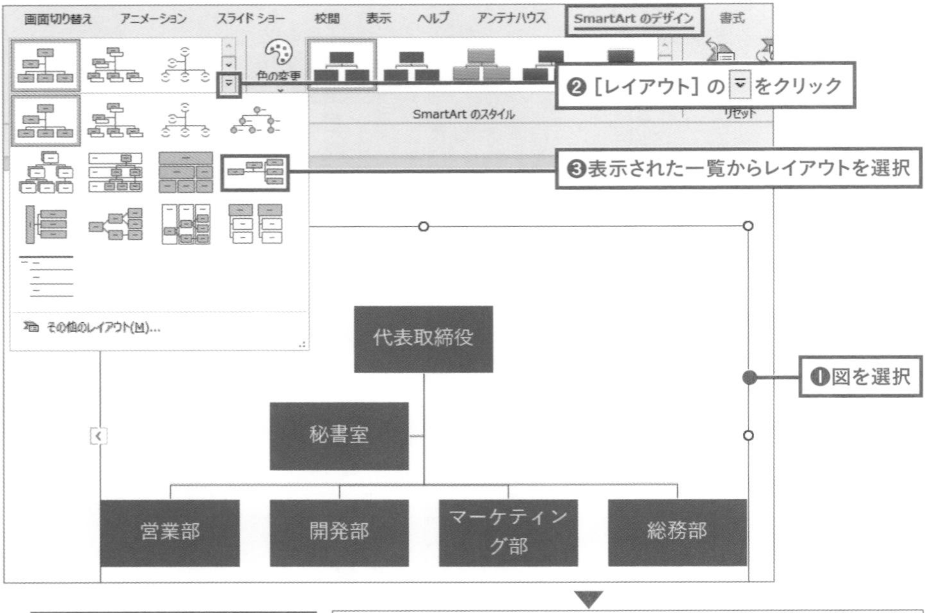

❷［レイアウト］の▼をクリック

❸表示された一覧からレイアウトを選択

❶図を選択

代表取締役
秘書室
営業部
開発部
マーケティング部
総務部

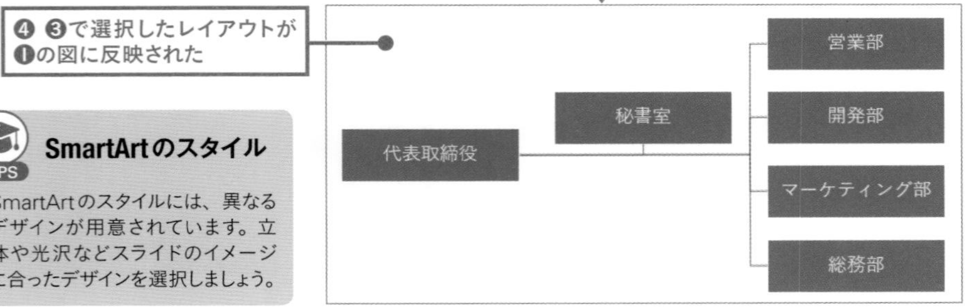

❹ ❸で選択したレイアウトが❶の図に反映された

SmartArtのスタイル

TIPS

SmartArtのスタイルには、異なるデザインが用意されています。立体や光沢などスライドのイメージに合ったデザインを選択しましょう。

15 SmartArtに画像を挿入する

- SmartArtに画像を挿入する
- PowerPointに入っているアイコンを挿入することもできる

SmartArtグラフィックには図を入れるための場所があいていることもあります。ここではあらかじめ画像の挿入枠が入っているレイアウトを選択し、その枠に画像（ここでは写真）を配置しましょう。

1 ［図をファイルから挿入］をクリックする

挿入したSmartArtの画像の挿入位置にある［図をファイルから挿入］をクリックします。

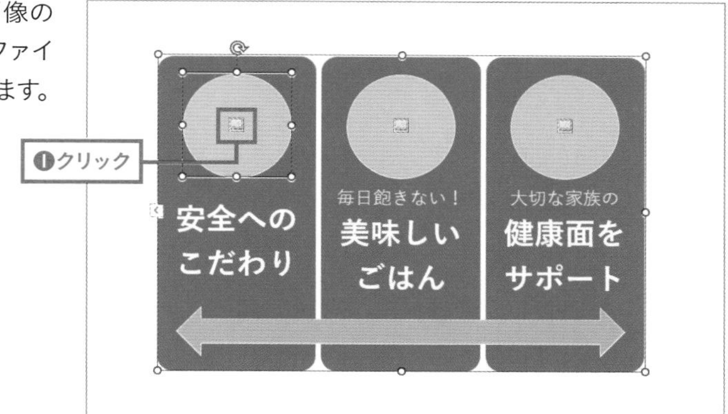

2 挿入したい図を選択する

［図の挿入］ダイアログが表示されるので［ファイルから］をクリックし、挿入したい画像をフォルダから選びます。

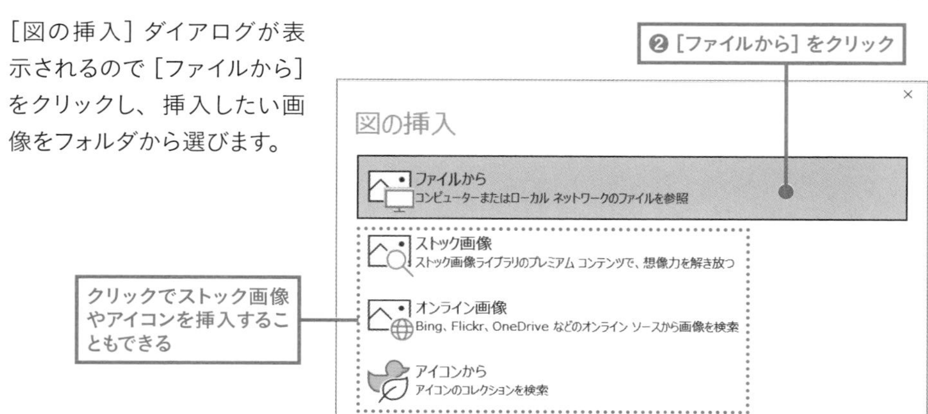

❸挿入したい図を選択

選択した画像がSmartArtに挿入されました。

❹ ❸で選択した画像が挿入された

16 スライドに画像を挿入する

- 画像の挿入をマスターする
- 画像挿入後はスライドに合わせて必ずトリミング

153ページではSmartArtグラフィックに画像を入れる解説をしましたが、その他の場所でも画像は挿入できます。挿入した画像は、不要な部分をカットするなど、ひと手間加えることで、より見栄えのよいスライドを作ることができます。

1 画像を挿入する

[挿入] タブから [画像] を選択し、パソコン内にある画像を指定して挿入します。

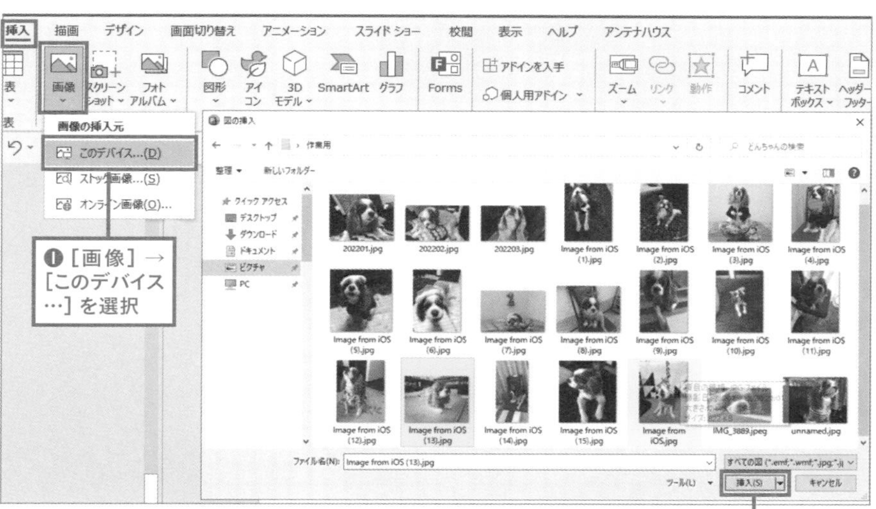

❶ [画像] → [このデバイス…] を選択

❷画像の入ったフォルダから任意の画像を選択して挿入

❸画像が挿入された

2 画像をトリミングする

画像の必要な部分のみを選択してトリミングしましょう。[図の形式] タブの [トリミング] から [トリミング] を選択すると、画像のまわりに黒い囲み線が表示されました。画像はこの線で囲まれた範囲でトリミングされるので、任意の位置にドラッグしましょう。範囲指定が完了したら、再度 [トリミング] ボタン、または [Esc] キーを押下します。

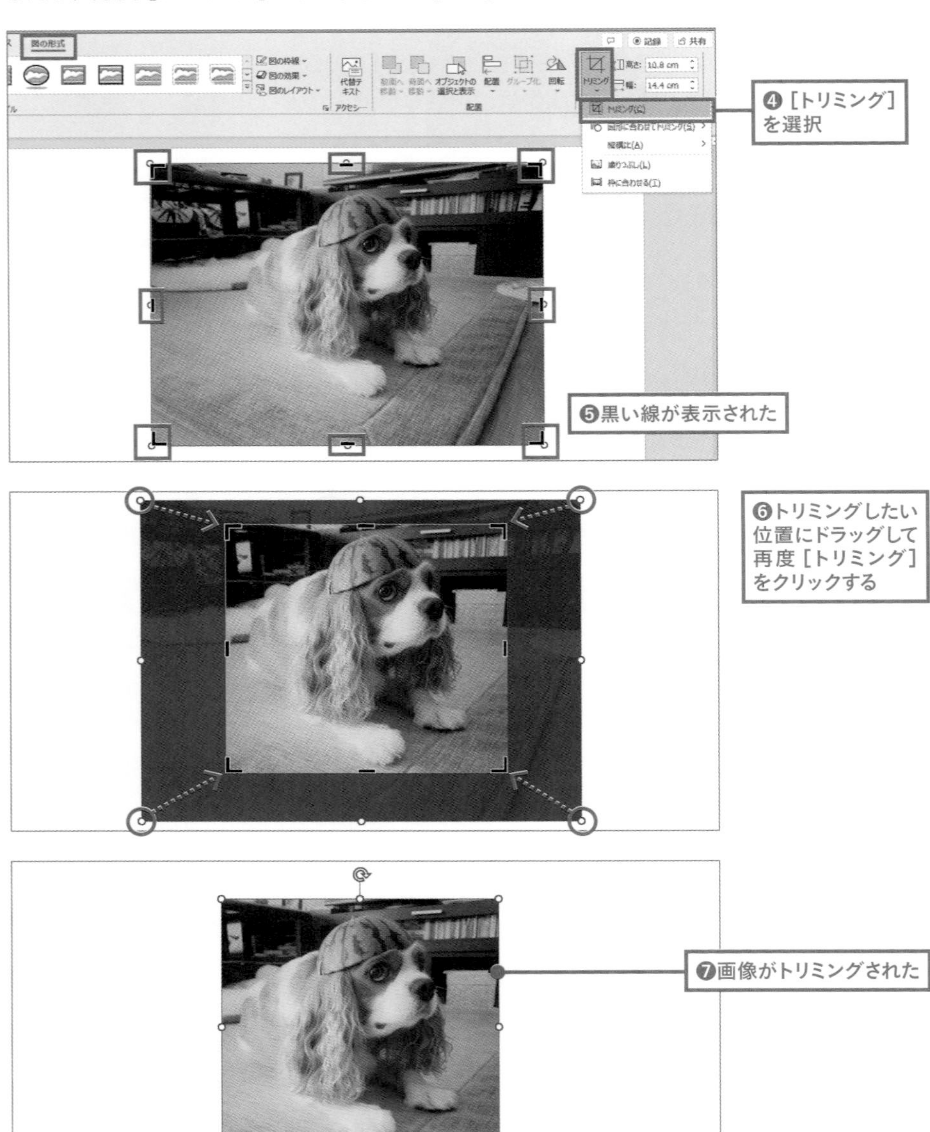

Chapter7

アニメーション&スライドショーの実行

スライド作成が一通り完了したら、アニメーション効果を追加しましょう。強調したい内容に視覚的な効果を加えることで、より印象づけることができます。また、プレゼン時に慌てずに済むよう、スライドショーの実行ワザもおさえておきましょう。

01 スライドの切り替え時にアニメーションで効果を付ける

- 画面切り替え機能とアニメーション機能を使い分ける
- やりすぎはかえって見づらくなってしまうためNG！

スライドにアニメーションを付けることでプレゼン効果をより高めることができます。ここではまずスライド切り替え時の効果の付け方、［画面切り替え］機能を確認しましょう。ただし**アニメーション効果の付けすぎは禁物です。シンプルに見やすさを重視した演出を心がけましょう。**

1 画面の切り替え時に効果を付ける

アニメーションを設定するスライドを選択し、［画面切り替え］タブ→ ▿ をクリックします。画面切り替えの種類が表示されるので、任意の切り替え効果を選択しましょう。

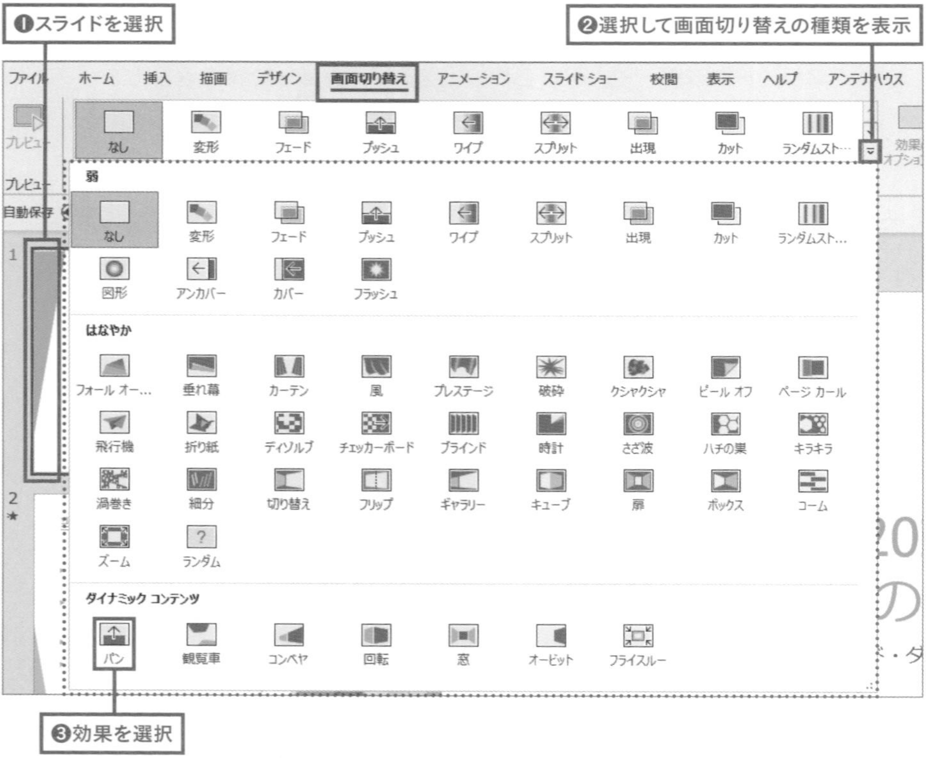

❶スライドを選択

❷選択して画面切り替えの種類を表示

❸効果を選択

2 効果が設定された

❸で選んだ効果がプレビュー表示され、効果が設定されました。効果が設定されたスライドサムネイルの横には ★ アイコンが表示されます。

HINT プレビューで効果を確認する

効果の中にはどのようなアニメーションが設定されているか、一見わかりにくいものもあります。効果の選択時にはプレビューが１回表示されますが、改めて動作を確認したいときは、効果を選択したうえで❶［プレビュー］ボタンを押して❷スライドペインのプレビューを確認しましょう。

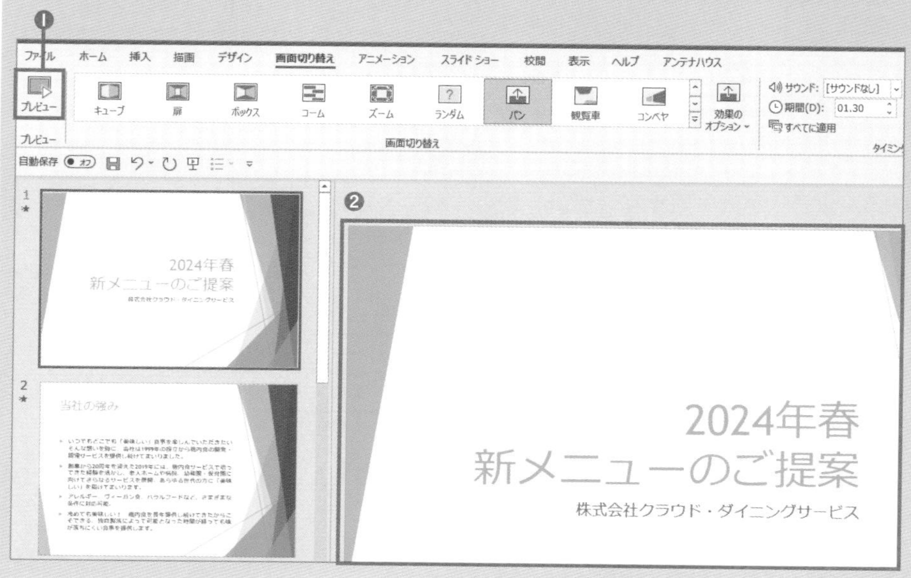

すべてのスライドに同じ切り替え効果を設定する

画面切り替え効果が設定されているスライドを選択し、リボンの［画面切り替え］タブにある［すべてに適用］をクリックすると、すべてのスライドに同じ切り替え効果が設定されます。

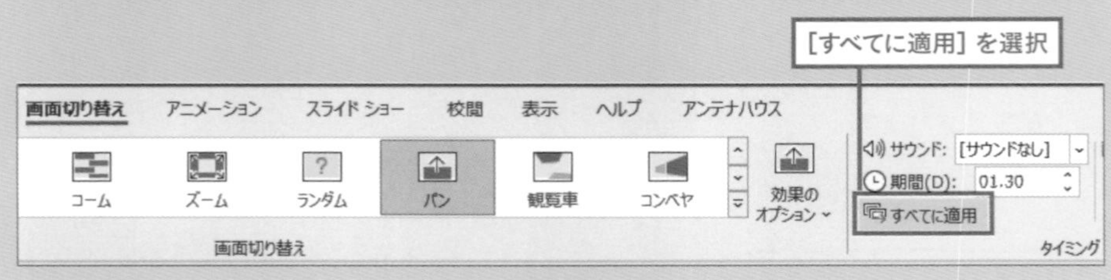

効果の種類とカスタマイズ

ここで設定した効果はスライドショー実行時のスライド切り替えの際に反映されます（スライドショーの実行については169ページを参照）。
［画面切り替え］タブでは効果の方向を変更したり、サウンドを付けたりといったカスタマイズもできます。

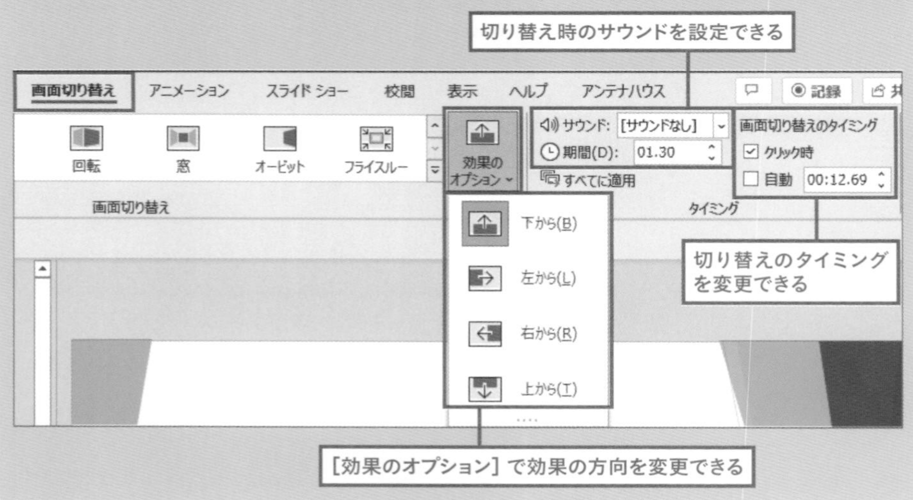

02 スピーチに合わせてアニメーション効果を設定する

- スライドの特定の要素にアニメーション効果を設定可能
- 効果を設定したあとは必ず再生して動きを確認する

箇条書きやSmartArt、またはスライドの1要素にアニメーション効果を設定すると、スピーチに合わせて少しずつ内容を表示させることができ、プレゼンに動きを出すことができます。

通常の表示時

当社の強み

- いつでもどこでも「美味しい」食事を楽しんでいただきたいそんな想いを胸に、当社は1999年の設立から機内食の開発・調理サービスを提供し続けてまいりました。
- 創業から20周年を迎えた2019年には、機内食サービスで培ってきた経験を活かし、老人ホームや病院、幼稚園・保育園に向けてさらなるサービスを展開。あらゆる世代の方に「美味しい」を届けてまいります。
- アレルギー、ヴィーガン食、ハラルフードなど、さまざまな条件に対応可能。
- 冷めても美味しい！　機内食を長年提供し続けてきたからこそできる、独自製法によって可能となった時間が経っても味が落ちにくい食事を提供します。

すべての情報が表示されている

アニメーション設定時

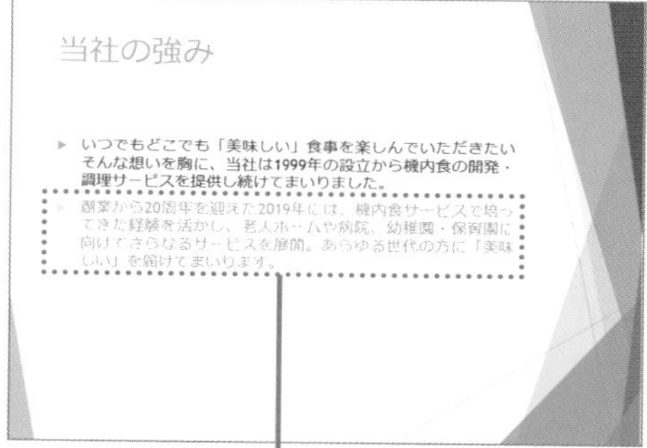

アニメーションを設定する箇条書きのプレースホルダーの外枠を選択し、[アニメーション] タブから効果を設定した状態。[Enter] キーを押すごとに表示される項目が増えていく

1 スライドの1項目にアニメーションを設定する

設定したい項目を選択し（複数選択も可能）、[アニメーション] タブから ▾ をクリックしてアニメーション効果の一覧を表示します。一覧から任意の効果を設定します。

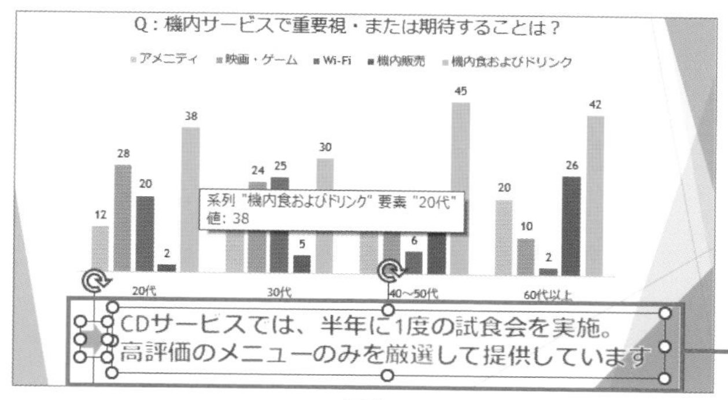

❶設定したい部分を選択

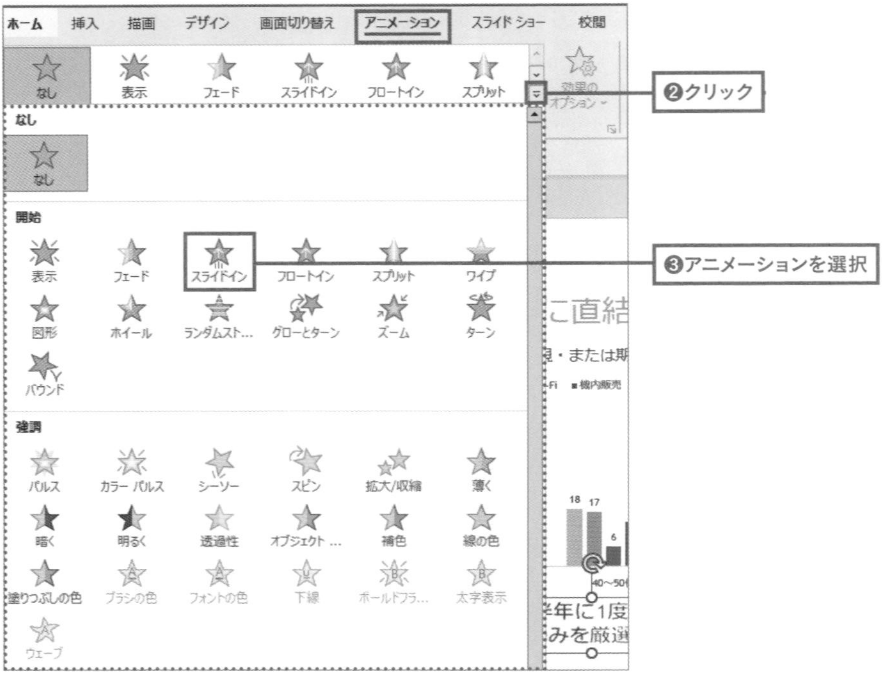

❷クリック

❸アニメーションを選択

2 設定したアニメーションを確認する

アニメーションの設定をしたら、必ず再生して確認しましょう。アニメーションを確認するには、［アニメーションウィンドウ］を選択して右側にアニメーションウィンドウを表示し、［選択した項目の再生］ボタンをクリックします。すると、選択しているアニメーション効果がすべて再生されます。

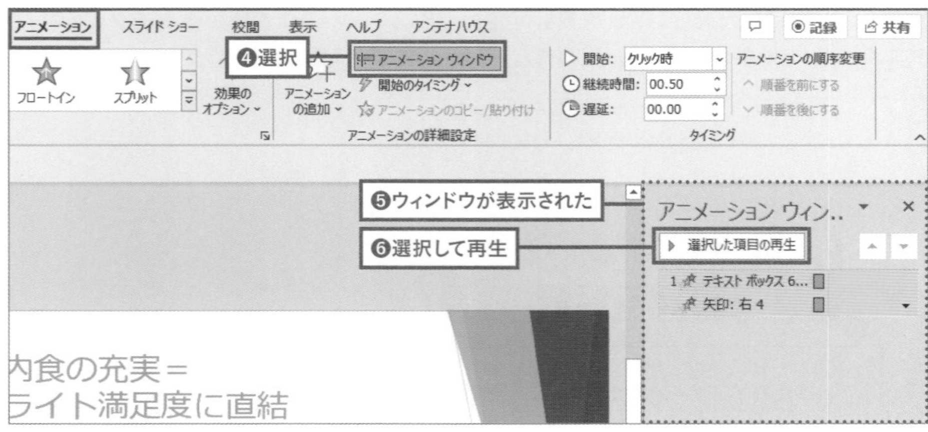

1つの要素に複数のアニメーションを設定する

1つの要素に複数のアニメーション効果を設定することもできます。2で［スライドイン］を設定したあと、❶要素を再度選択し、❷［アニメーションの追加］から2つ目の効果を選択します。ここでは［カラーパルス］を選びました。

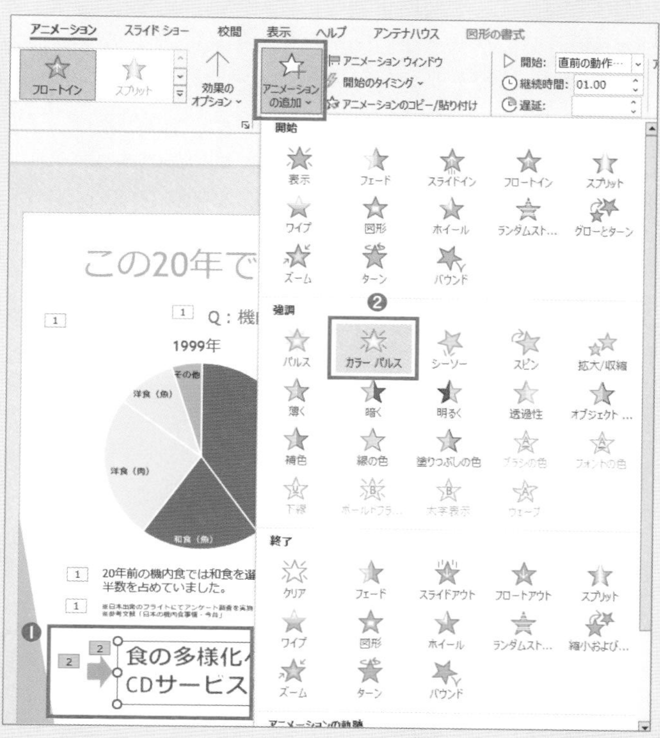

［スライドイン］のあと［カラーパルス］効果を設定した状態

1 20年前の機内食では和食を選択する人が過半数を占めていました。

1 今では和食、洋食の他、さまざまな多国籍料理が選ばれる結果に。

1 ※日本出発のフライトにてアンケート調査を実施 ※参考文献「日本の機内食事情・今昔」

2 3 食の多様化への対応は必須。CDサービスならさまざまなメニューの提供が可能

アニメーションウィンドウの表示

HINT

アニメーションウィンドウでは、複数設定したアニメーション効果の順番を変更したり、効果の表示タイミングを変更したりできます。効果のうち、任意の効果を1つ選択すると［選択した項目の再生］ボタンが［ここから再生］ボタンに変化し、選択した効果以降のアニメーションのみプレビュー表示できます。

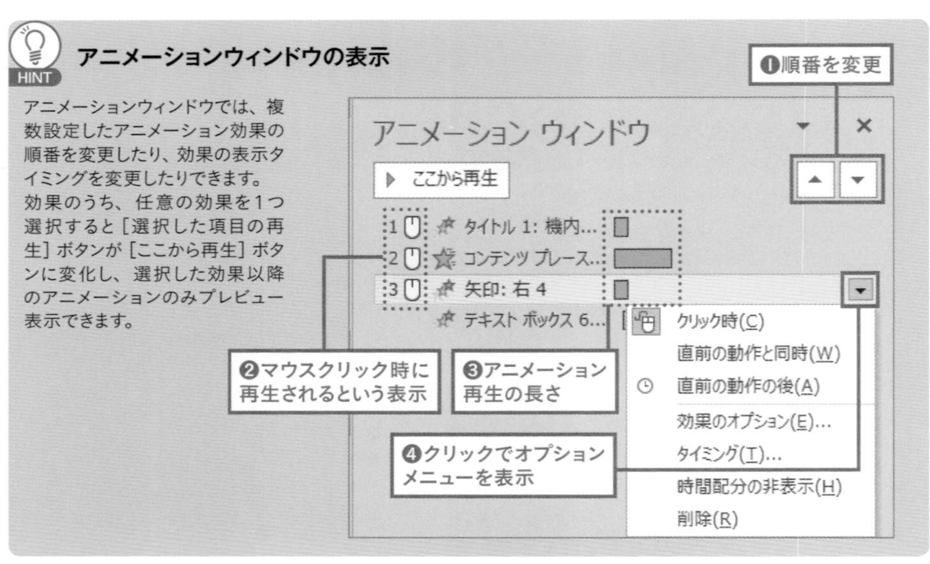

設定したアニメーション効果を削除する

TIPS

［アニメーションウィンドウ］を表示して、❶削除したいアニメーションの効果を選択し、❷▼をクリックして❸［削除］を選択します。これでアニメーション効果が削除されます。

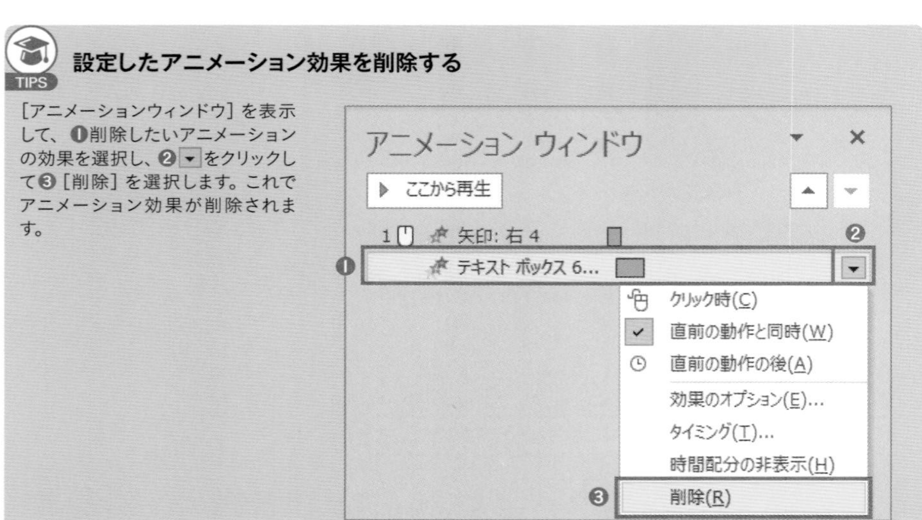

SmartArtにアニメーションを設定する

SmartArtにアニメーション効果を設定することもできます。**初期設定ではSmartArt全体に対して1つのアニメーションが追加されるため、要素の一つずつに効果を設定したいときは、［アニメーション］タブ→［アニメーションの追加］からアニメーションを設定したあとで［効果のオプション］をクリックし、［個別］を選択しましょう。**

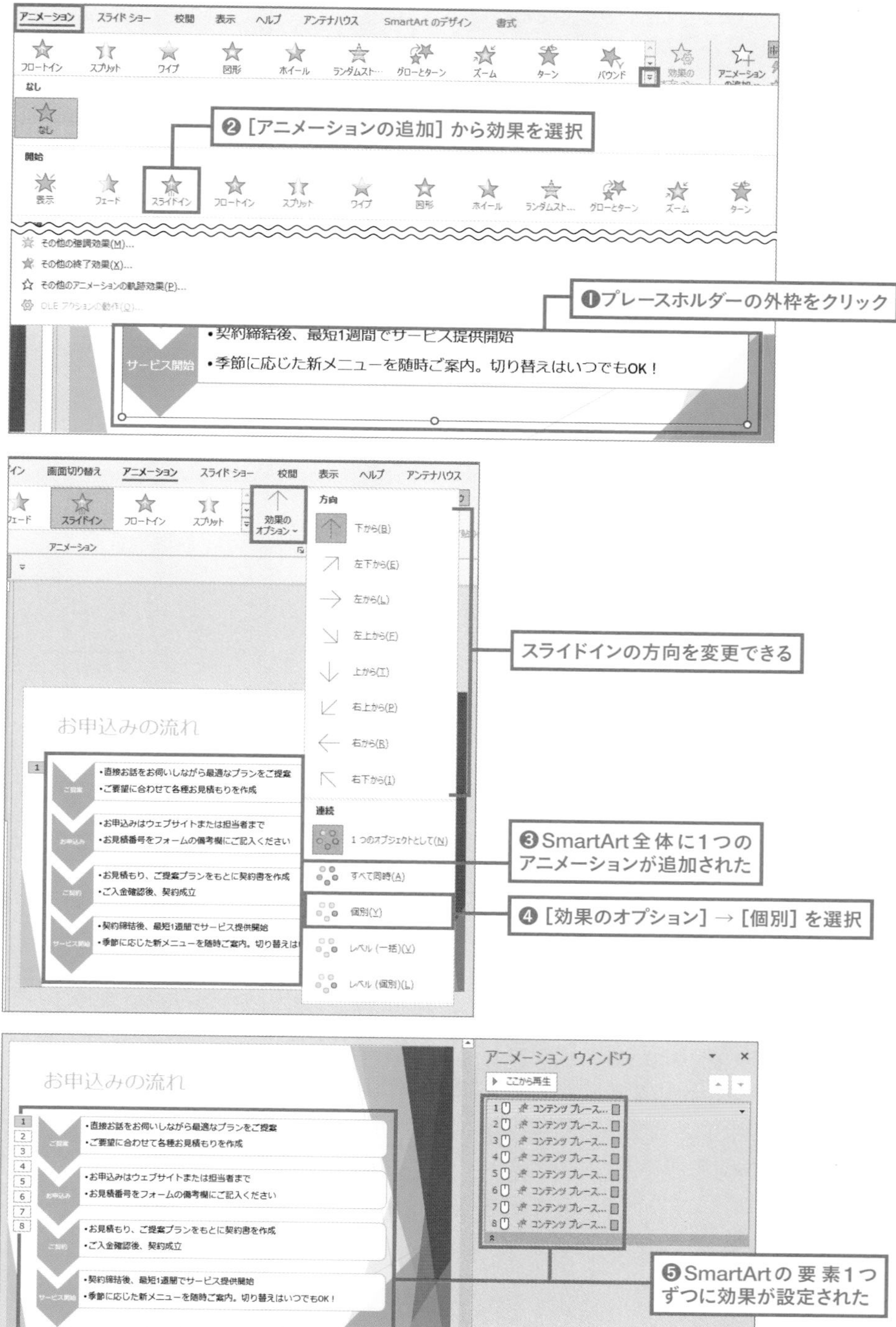
❷［アニメーションの追加］から効果を選択
❶プレースホルダーの外枠をクリック
スライドインの方向を変更できる
❸SmartArt全体に1つのアニメーションが追加された
❹［効果のオプション］→［個別］を選択
❺SmartArtの要素1つずつに効果が設定された

03 アニメーションの速さや方向を変更するには?

- 開始タイミングや継続時間はカスタマイズ可能
- 内容やスピーチのタイミングに合わせて調整するのがプレゼン成功のコツ

アニメーションが表示される速さは［効果のオプション］ダイアログで設定できます。

1 ［効果のオプション］ダイアログを表示する

［アニメーション］タブ→［アニメーションウィンドウ］を開き、設定したいアニメーションを選択した状態で▼をクリックして［効果のオプション］または［タイミング］を選択します。

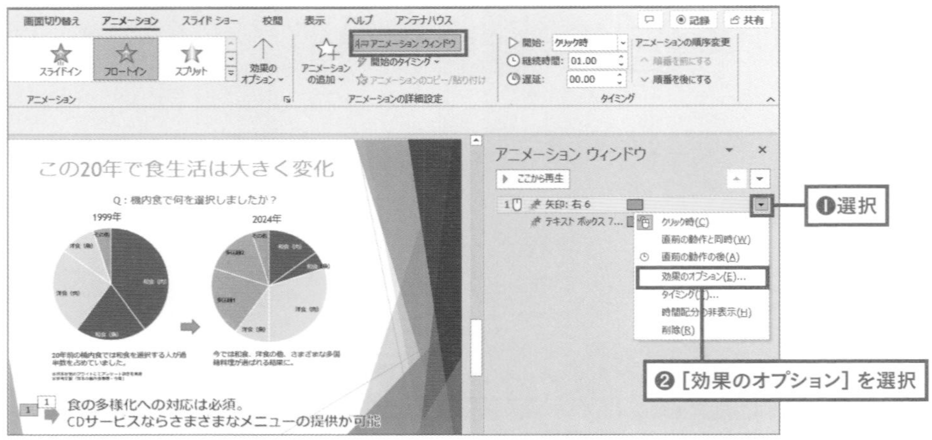

2 継続時間を変更する

効果の設定画面が表示されたら［タイミング］タブの［継続時間］を任意の値に変更します。［遅延］に入力すると、アニメーションの開始タイミングを遅らせることができます。

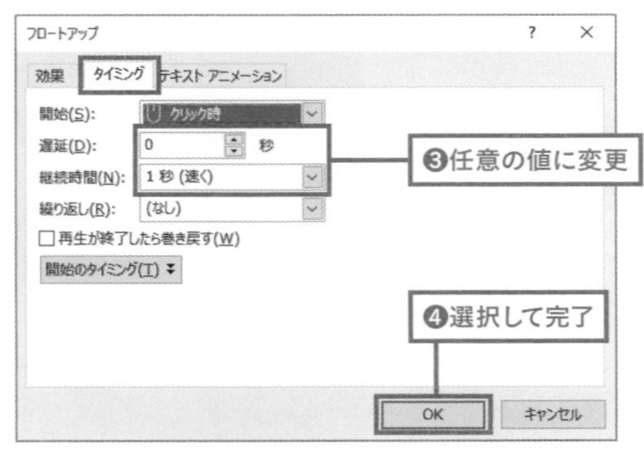

HINT ダイアログを開かずに変更も可能

［アニメーション］タブでも［開始のタイミング］［継続時間］［遅延］が設定できます。

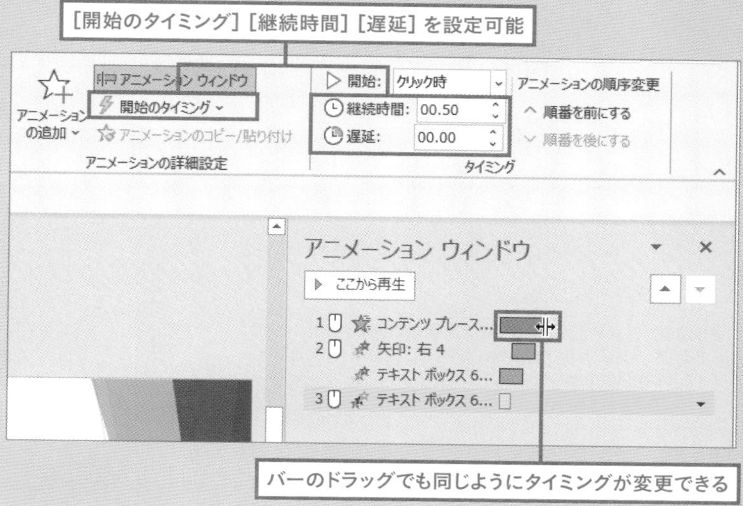

［開始のタイミング］［継続時間］［遅延］を設定可能

バーのドラッグでも同じようにタイミングが変更できる

3 アニメーションの方向を変更する

設定したアニメーションの方向や種類は［効果のオプション］から変更できます。ここでは設定した［スライドイン］（指定した方向から飛び込んでくる効果）の方向を［下］から［右］に変更します。

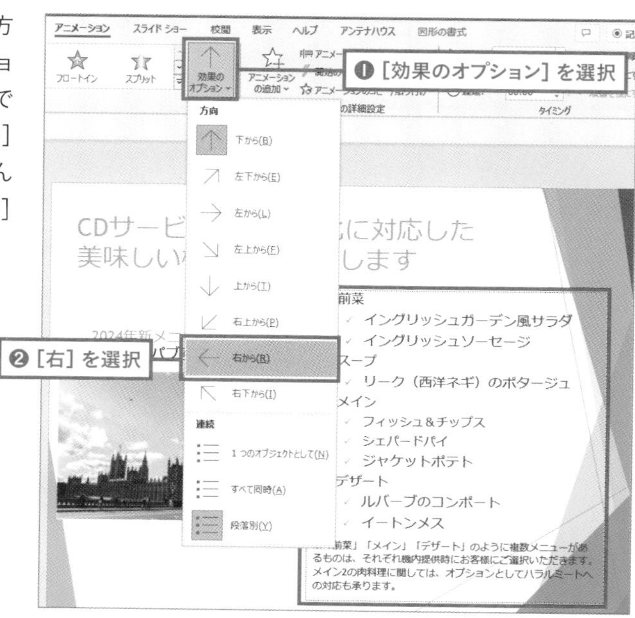

例

▶ 前菜

✓ イングリッシュガーデン風サラダ

✓ イングリッシュソーセージ

▶ スープ

✓ リーク（西洋ネギ）のポタージュ

▶ メイン

✓ フィッシュ&チップス

✓ シェパードパイ

✓ ジャケットポテト

▶ デザート

✓ ルバーブのコンポート

✓ イートンメス

※「前菜」「メイン」「デザート」のように複数メニューがあるものは、それぞれ機内提供時にお客様にご選択いただきます。メイン2の肉料理に関しては、オプションとしてハラルミートへの対応も承ります。

箇条書きが右から左に飛び込んでくるように設定された

TIPS

アニメーションを設定したらスライドモードで動作を確認

162ページにてアニメーションのプレビュー方法を解説しましたが、ある程度アニメーションを設定し終えたら、必ずスライドのはじめから［スライドショー］を実行して、全体の流れを確認しましょう。アニメーションが意図した動きになっているか、見やすいタイミングになっているかをきちんと確認・調整することが、見やすいスライド資料を作るコツです（スライドショーについては次ページから解説しています）。

04 プレゼンはスタートが肝心! スライドショーの実行

- スライドショーの実行は［F5］ショートカットキーでの実行がスムーズでおすすめ
- 途中のスライドから開始するには、［Shift］＋［F5］キー

プレゼンははじまりが肝心。スライドショーの実行がスムーズにいかないと、プレゼン全体が手際の悪い印象になりかねません。スライドショーのはじめ方はショートカットキーも一緒にマスターしておきましょう。

1 スライドショーを最初のページから実行する

［スライドショー］タブを選択し、［最初から］をクリックすると、どのスライドを選択していても最初のスライドからスライドショーが開始されます。**［F5］キーを押しても同じようにスタートできます。**

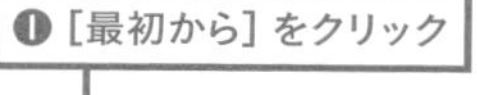

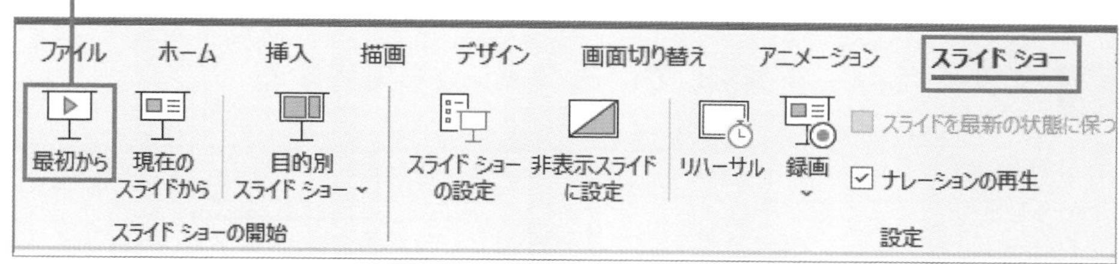

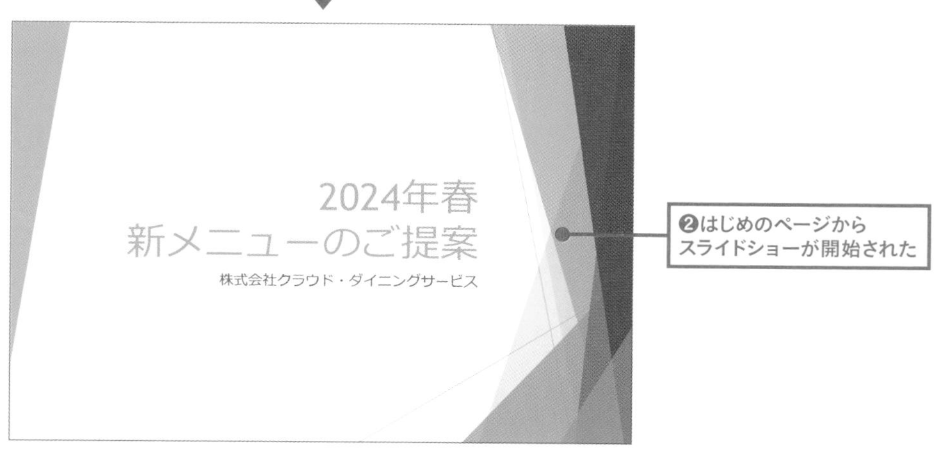

HINT スライドショーが最初から実行されないときは?

スライドショーが最初のスライドから実行されないときは、❶[スライドショー]タブにある[スライドショーの設定]をクリックします。[スライドショーの設定]ダイアログボックスの❷[スライドの表示]で[すべて]を選択した状態で[OK]ボタンをクリックしてダイアログを閉じましょう。

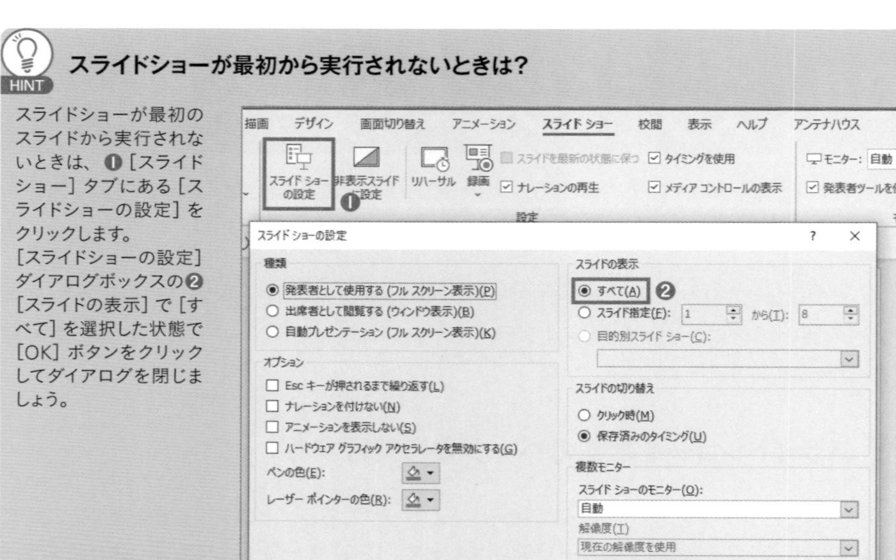

2 スライドショーを選択しているページから実行する

途中のスライドからスライドショーを開始することもできます。[スライドショー]タブを選択し、[現在のスライドから]をクリックすると、選択しているスライドからスライドショーが開始されます。**[Shift]+[F5]キーを押しても同じようにスタートできます。**

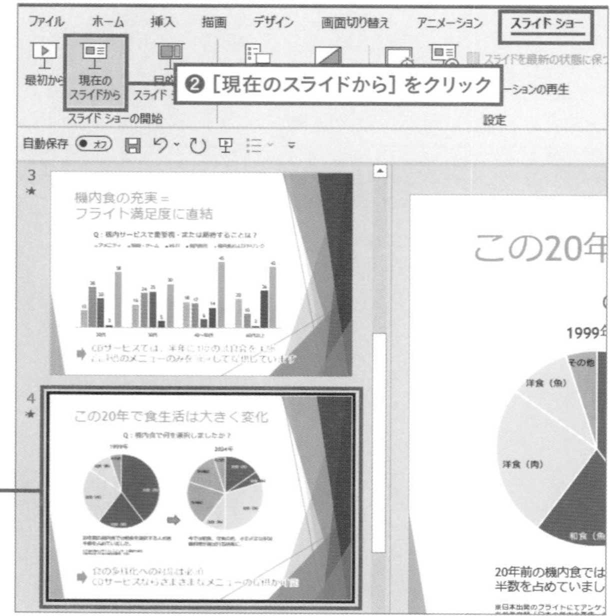

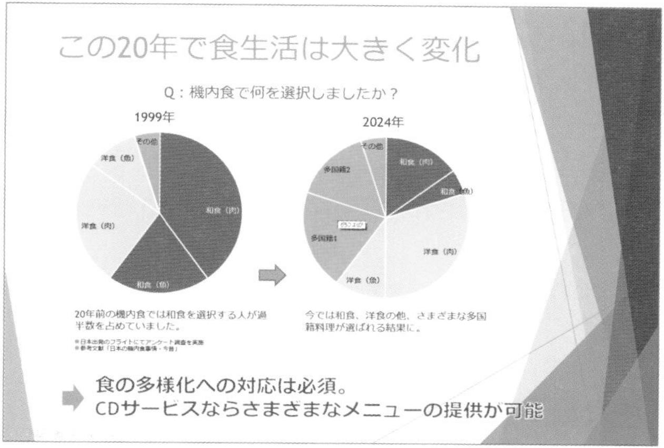

❸ ❶で選択していたページからスライドショーが開始された

TIPS

閲覧表示モード

プロジェクターなどに投影せず、1対1の商談でノートパソコンを相手に見せながらプレゼンを行うときなどは、[閲覧表示] モードを使うこともできます。小さなウィンドウの中にスライドが表示されるため、プレゼン時に他の画面を使用する必要がある際など、都度スライドを終了する必要がありません。設定したアニメーションもスライドショーと同じように見せることができます。

❷ [閲覧表示] を選択

❶ [表示] タブを選択

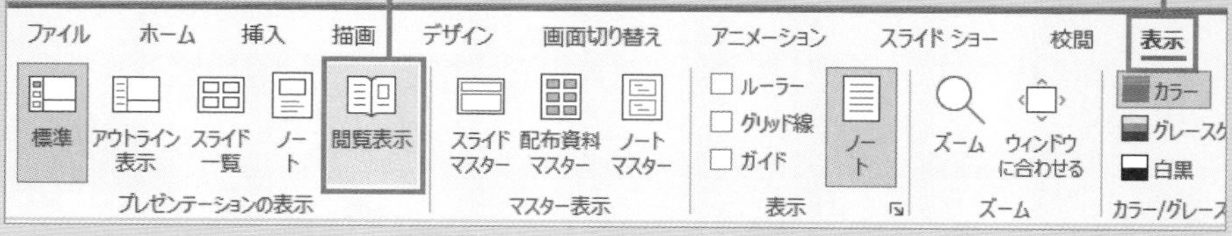

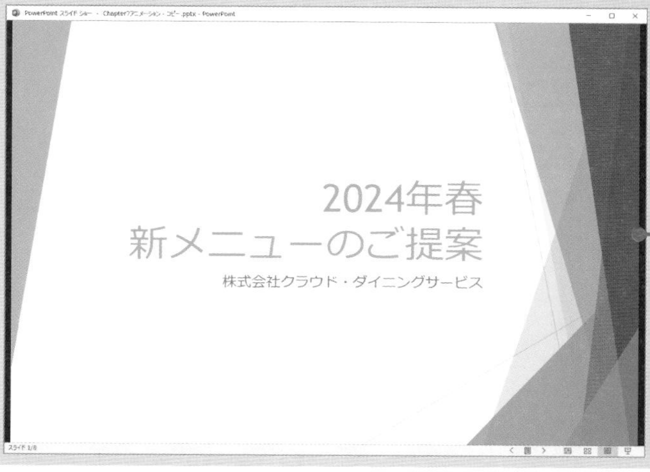

ファイル　ホーム　挿入　描画　デザイン　画面切り替え　アニメーション　スライド ショー　校閲　表示

標準　アウトライン表示　スライド一覧　ノート　閲覧表示　スライドマスター　配布資料マスター　ノートマスター　ルーラー　グリッド線　ガイド　ノート　ズーム　ウィンドウに合わせる　カラー　グレースケール　白黒

プレゼンテーションの表示　マスター表示　表示　ズーム　カラー/グレースケール

2024年春
新メニューのご提案
株式会社クラウド・ダイニングサービス

❸ [閲覧表示] モードでスライドが表示された

05 トラブル時にお役立ち スライドショーを途中で終了する

- [Esc] キーでスライドショーを終了する
- 最終ページまで到達したあとに表示される画面は変更可能（186ページ）

何らかのトラブルが発生した際など、スライドショーを途中で終了するときもショートカットキーを覚えておけば便利です。慌てずに操作しましょう。

1 スライドショーを途中で終了する

トラブル発生時など、途中でスライドショーを中止したいときには、[Esc] キーを押します。
また、[スライドショー] を最後のスライドまで表示し終わると、黒い画面が表示（186ページ）され、その画面をクリックすると編集画面に戻ります。

❶終了したいスライドで [Esc] キーを押す

当社の強み

- いつでもどこでも「美味しい」食事を楽しんでいただきたいそんな想いを胸に、当社は1999年の設立から機内食の開発・調理サービスを提供し続けてまいりました。
- 創業から20周年を迎えた2019年には、機内食サービスで培ってきた経験を活かし、老人ホームや病院、幼稚園・保育園に向けてさらなるサービスを展開。あらゆる世代の方に「美味しい」を届けてまいります。
- アレルギー、ヴィーガン食、ハラルフードなど、さまざまな条件に対応可能。
- 冷めても美味しい！　機内食を長年提供し続けてきたからこそできる、独自製法によって可能となった時間が経っても味が落ちにくい食事を提供します。

2 スライドショーが終了した

スライドショーが終了して編集画面に戻りました。

❷スライドショーが終了し、編集画面に戻った

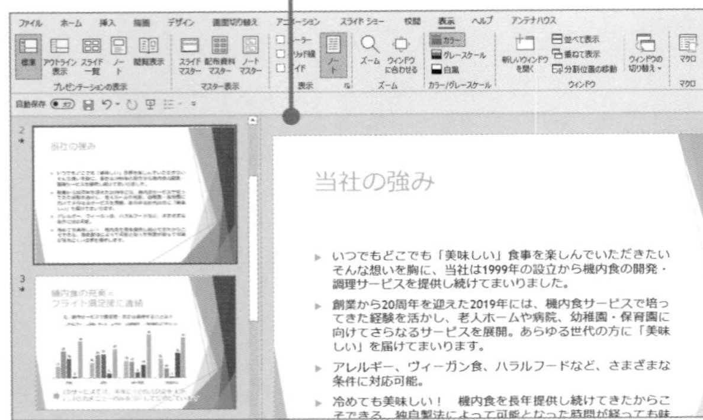

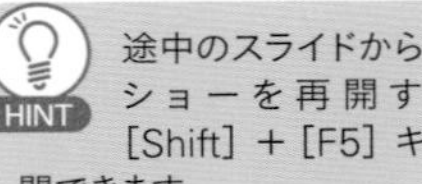

HINT 途中のスライドからスライドショーを再開するには [Shift] + [F5] キーで再開できます。

06 自在に前後のスライドに切り替える

- 次のスライドに進むには［Enter］キー、［スペース］キー、マウスクリックなどから使いやすいものを選ぶ
- 前のスライドに戻るには［BackSpace］キー、または［←］キーで

プレゼン中は次のスライドに進めるだけでなく、一時的に前のスライドに戻ったりすることもあります。スピーチの内容によって自在に操れるように練習しておきましょう。
スライドショー中に次のページを表示するには、［Enter］キーを押下、またはマウスをクリックします。前のページを表示するには、［BackSpace］キーを押下します。

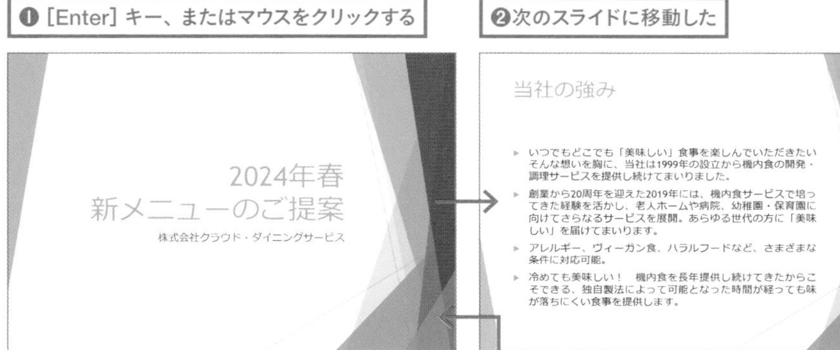

前に進むには［スペース］キーや［→］キー、戻るには［←］キーも使用できます。

アニメーションの実行をオフにする

［スライドショー］タブの［スライドショーの設定］から［アニメーションを表示しない］にチェックを入れると、設定したアニメーションを実行せずにスライド表示を進めることができます（［画面切り替え］には適用されません）。

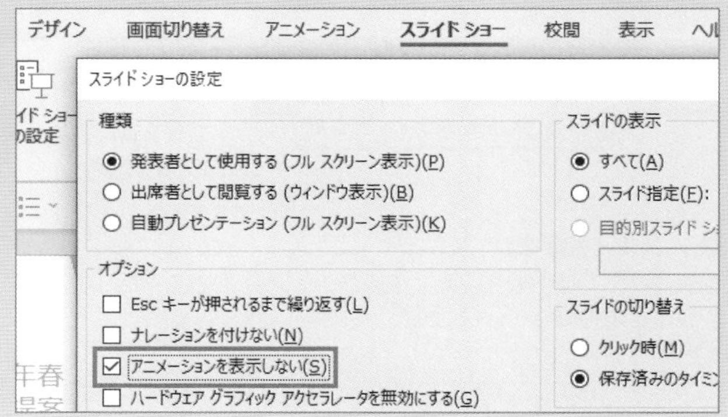

07 特定のスライドを一瞬で選択する

- 特定のスライドにジャンプしたいときはスライド一覧を表示する
- [-]（マイナス）キーでも表示できる

スライドの枚数が多く、特定のスライドにジャンプしたい場合、[Enter] キーやマウスのクリックで１枚１枚進めていては時間がかかってしまいます。スライドの一覧を表示して素早く表示するようにしましょう。

1 ツールバーを選択する

スライドショー実行中、左下にスライドショーの操作をするツールバーが表示されます。左から4つ目のアイコンを選択します。

2 スライド一覧が表示された

すべてのスライドが一覧で表示されました。表示したいスライドをクリックすると、そのスライドからスライドショーが再開されます。

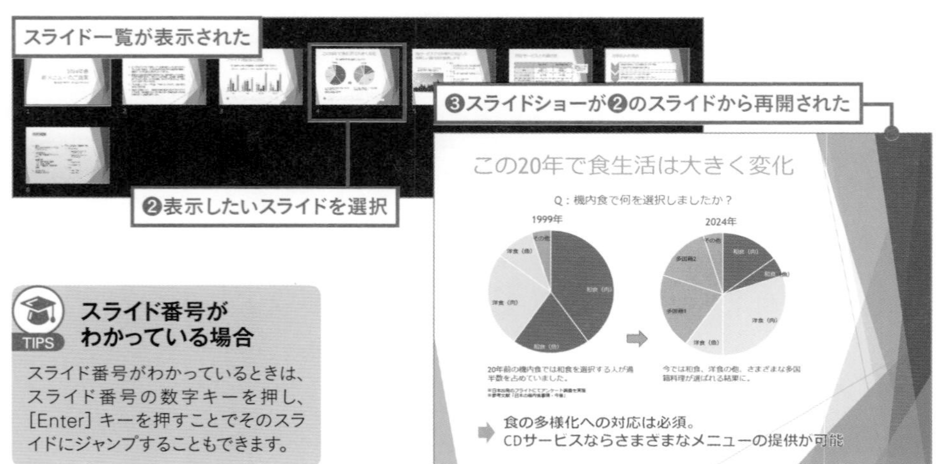

TIPS スライド番号がわかっている場合

スライド番号がわかっているときは、スライド番号の数字キーを押し、[Enter] キーを押すことでそのスライドにジャンプすることもできます。

08 クリック操作不要! スライドを自動で切り替える

- 表示秒数を手動で設定し、スライドショーの自動切り替えができる
- 切り替え時間を測定したいときは176ページを参照

通常クリック操作などで手動で行うスライド操作ですが、秒数を設定して自動で切り替えることもできます。写真の自動スライドショーなどにも使用できて便利です。

1 スライド一覧表示にする

[表示] タブから [スライド一覧] を選択し、表示方法をスライド一覧に切り替えておきます。

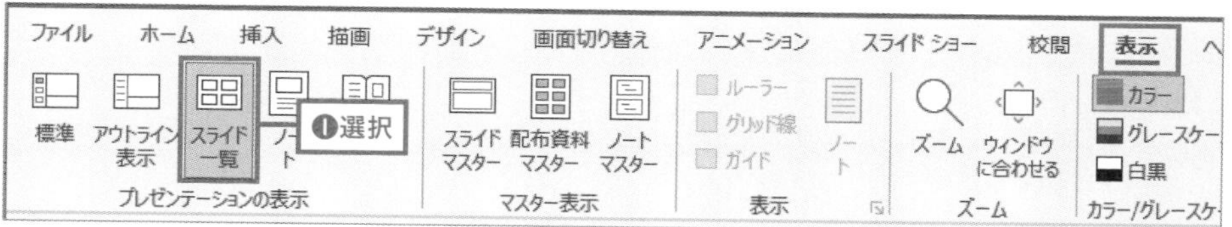

2 表示時間を設定する

スライドの1枚目から表示秒数を設定していきます。スライドの1枚目を選択した状態で、[画面切り替え] タブを選択し、[自動] にチェックを付けて、表示時間を「00:05:00」(5秒) と入力します。同様に他のページも選択して❹を繰り返し、表示時間を設定していきます。設定完了後にスライドショーを実行すると、設定した時間でスライドが自動で切り替わります。

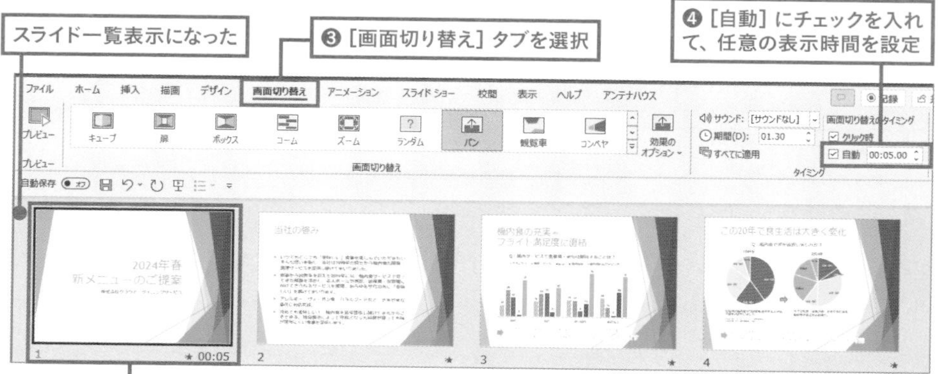

09 スライドショーの切り替え時間を記録する

- 記録した時間は自動スライドショーにそのまま使える
- リハーサルでプレゼン時間を把握し、準備を万全に

前ページでは表示を自動で切り替える秒数を設定しました。ここでは、リハーサル時などにスライド切り替えにかかった時間を記録する方法を説明します。

1 [リハーサル] を選択してスライドショーを開始する

[スライドショー] タブから [リハーサル] を選択します。

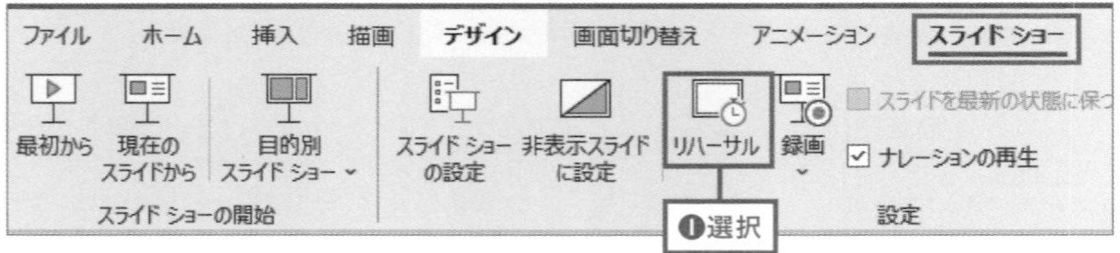

2 [記録中] ツールバーを表示する

スライドショーが開始され、[記録中] ツールバーが表示されました。通常と同様、マウスのクリックや [Enter] キーで次のスライドに移動することができます。次のスライドに移ると、❸の時間がリセットされ、そのスライドからまた次のスライドに移るまでの時間が記録されます。

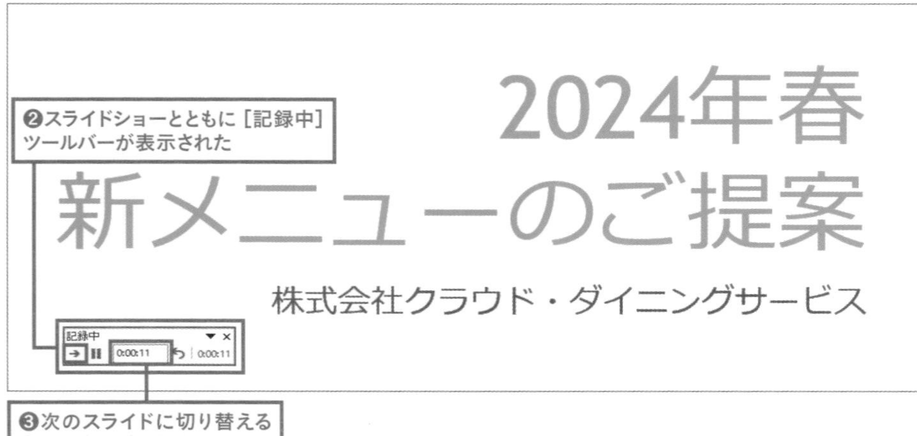

3 すべてのスライド表示にかかった時間を記録する

すべてのスライドで2の操作を繰り返し、最後のスライドまで記録が完了すると、スライドショー全体の所要時間が表示され「今回のタイミングを保存しますか？」というダイアログが表示されます。タイミングに問題がなければ［はい］をクリックして保存しましょう。
保存したタイミングは、プレゼンの制限時間を超えていないかをチェックするために使用したり、次ページで解説する自動スライドショーに使用することもできます。

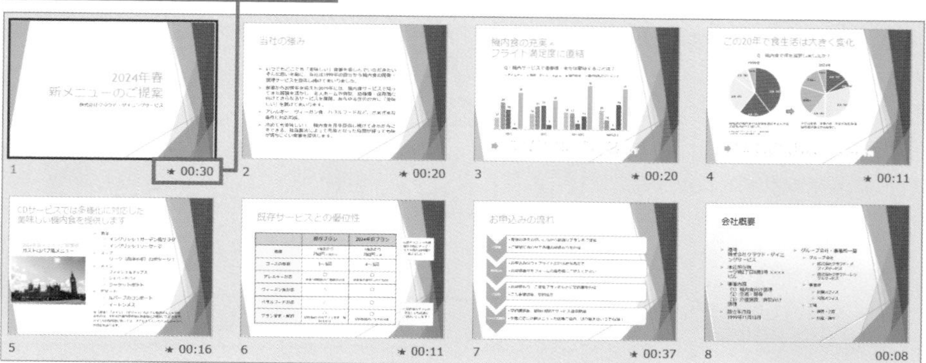

保存した切り替え時間を削除する

HINT

記録を削除するには、［スライドショー］タブ→［設定］グループ→［録画］を選択し、［クリア］→［すべてのスライドのタイミングをクリア］を選択します。

記録した時間で自動的にスライドを切り替える

TIPS

❺の状態で［F5］キーまたは［スライドショー］タブの［最初から］をクリックしてスライドショーを実行すると、記録した時間で自動的にスライドを切り替えることもできます。

10 自動的にプレゼンを繰り返す

- プレゼンを自動で繰り返す機能はイベントや展示会でお役立ち
- あらかじめ表示切り替えのタイミングを記録しておく

店頭やイベント会場でのモニターなどで、スライドを自動的に繰り返したい場合には「自動プレゼンテーション」を設定します。あらかじめ175ページ、または176ページで紹介したように、スライド切り替えのタイミングを設定してからはじめてください。

1 [スライドショーの設定] ダイアログを表示する

あらかじめ表示切り替えのタイミングを記録しておき（175ページ、または176ページ）、[スライドショー] タブから [スライドショーの設定] を選択して、設定ダイアログを表示します。

2 [自動プレゼンテーション] を選択する

ダイアログの [自動プレゼンテーション（フルスクリーン表示）] を選択し [OK] ボタンをクリックしてダイアログを閉じます。スライドショーを開始すると、自動でスライドショーが繰り返し実行されます。

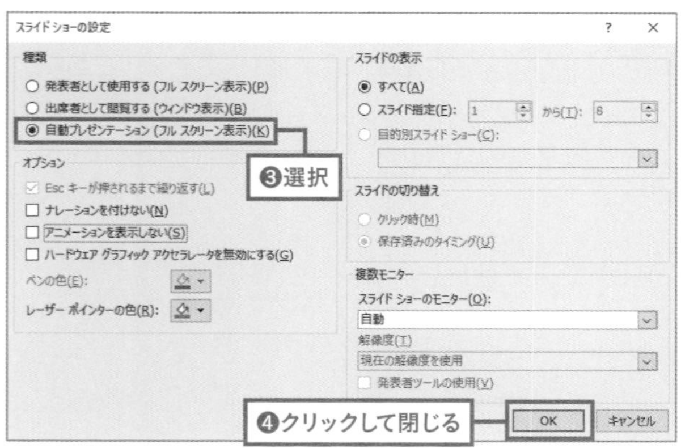

11 発表の原稿はどこに書くのがベスト？

- 発表内容や原稿は［ノート］ペインに書いておくと安心
- ［発表者ビュー］ならノートの内容を自分だけ確認することが可能

大勢の前でプレゼンする際は、覚え書き程度でも原稿を用意しておきましょう。原稿は［ノート］に書いておけば、スライドとセットで印刷することもできて便利です。

1 表示を［ノート］に変更する

［表示］タブの［プレゼンテーションの表示］から［ノート］を選択します。するとスライドの下部に原稿やメモを書ける［ノートペイン］が表示されます。

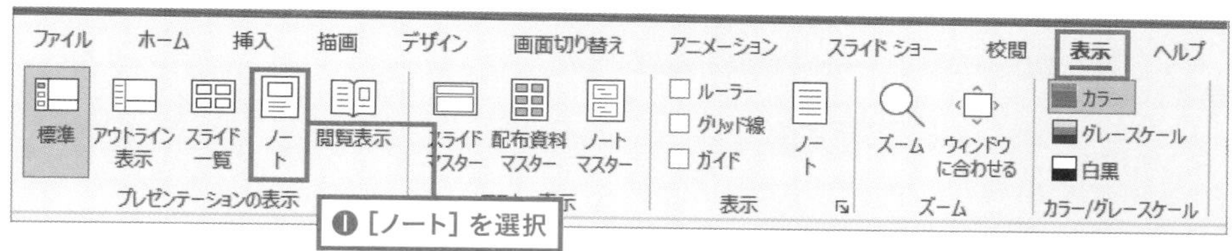

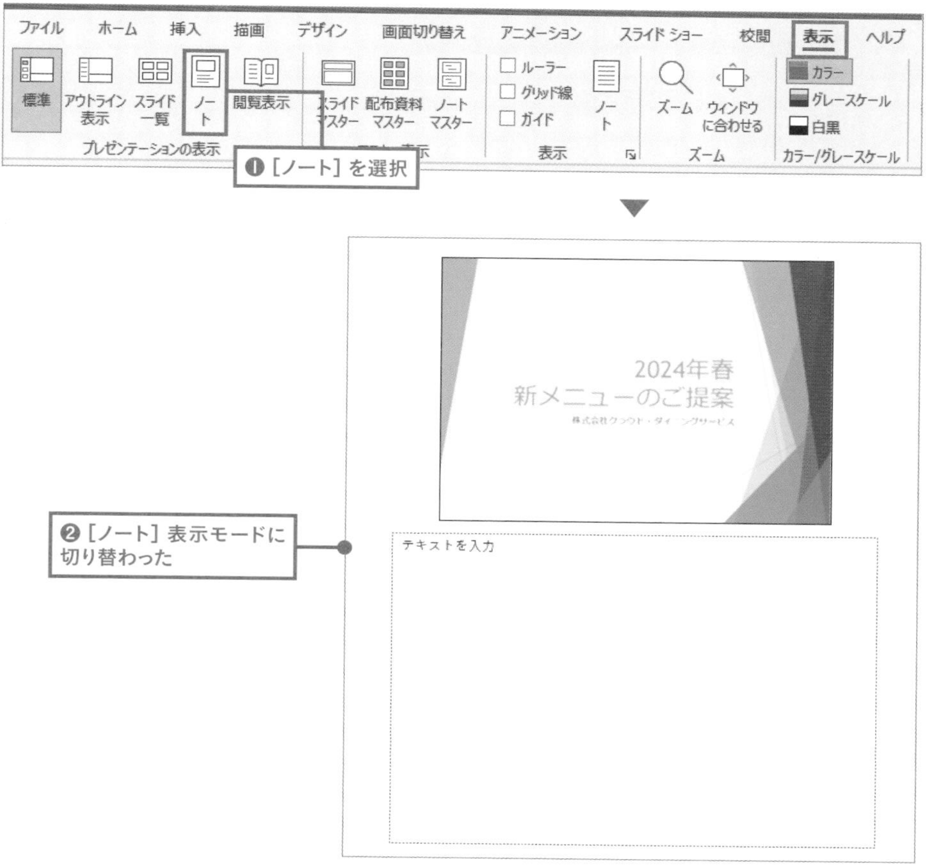

▼

2024年春
新メニューのご提案
株式会社クラウド・ダイニングサービス

テキストを入力

❷［ノート］表示モードに切り替わった

2 ノートに原稿を書く

スライドの下をクリックして原稿を書きます。ノートペインに書いた内容は初期設定ではスライドショーや閲覧表示では表示されません。必ず以下のTIPSで説明している［発表者ツールを表示］するか、スライドと一緒にノートも印刷して使用しましょう。

［発表者ツール］でノートの原稿を確認する

TIPS

スライドショーの際にノートの原稿を確認しながら発表するには、［発表者ツール］を使用します。［発表者ツール］はパソコンをプロジェクターなどにつないだあと、スライドショーを開始すると自動で発表者のパソコンに表示されますが、表示されない場合は以下の手順で表示しましょう。

［スライドショー］タブを選択し、［発表者ツールを使用する］にチェックを入れたら、［最初から］をクリックしてスライドショーを開始します。

スライドショーが開始したら、スライド上で右クリックして［発表者ツールを表示］を選択します。

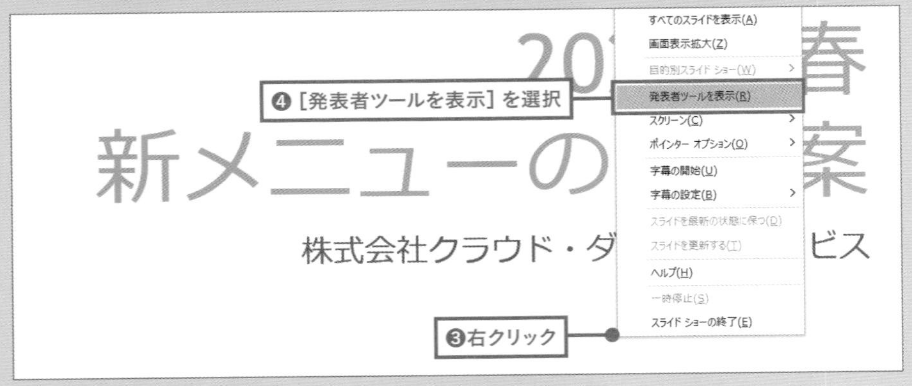

発表者ツールが表示されました。ここではノートのほか、スライドの枚数や発表の時間などを確認することができます。このように［発表者ツールを表示］した状態で、外部機器を接続してモニターやプロジェクターにスライドを投影していると、ノートなどが発表者のパソコンのみで表示され、投影されているスライドには表示されません。原稿や時間を確認しながら発表できるプレゼン時の強い味方といえるでしょう。

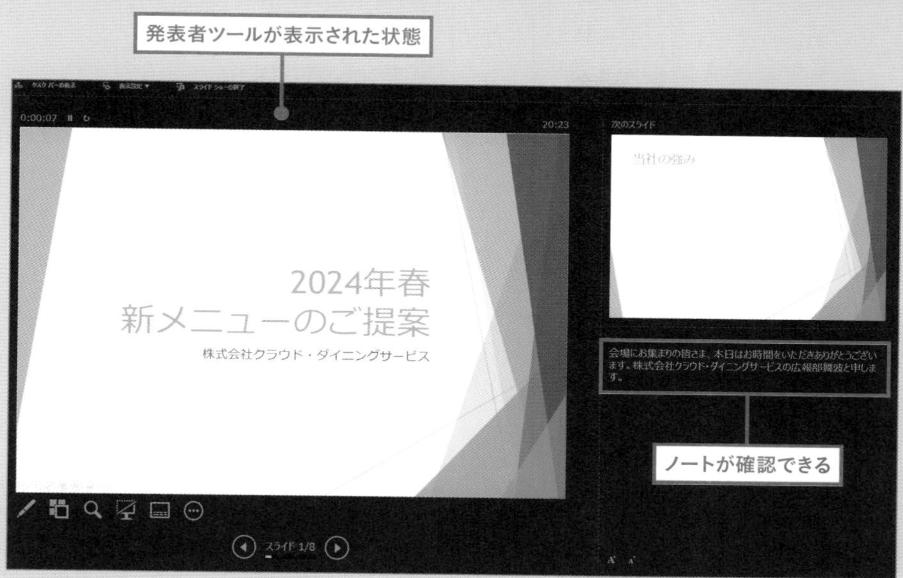

簡易的にノートを表示する

スライドの標準表示時でも、ノートペインを表示・編集することができます。表示しているスライド下にあるタスクバーの［ノート］をクリックすると、スライドペインの下にノートペインが表示されました。

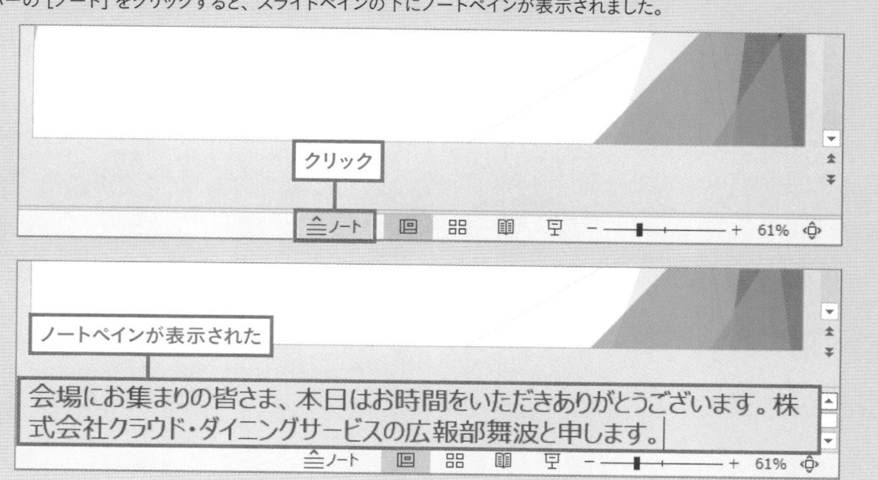

12 レーザーポインターやスライド書き込みでダイナミックなプレゼンを

- レーザーポインターやペンを使用してより動的なプレゼンを
- ショートカットキーを覚えておくとスムーズ

プレゼン中に特定の場所を示したり、スライドに書き込みをすることで、プレゼンがより直感的でわかりやすくなります。ここでは、レーザーポインターと書き込みの方法を解説します。

1 レーザーポインターを表示する

スライドショー実行中、マウスをそのままレーザーポインターに変更することができます（2013以降）。スライドショーを実行中（169ページ）、画面左下の をクリックします。表示された一覧から［レーザーポインター］を選択します。色も変更できるので、スライドの背景色に合わせてより見やすい色を選択しましょう。

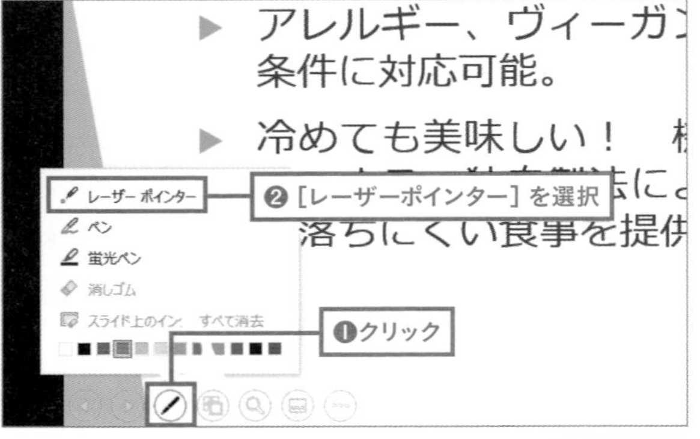

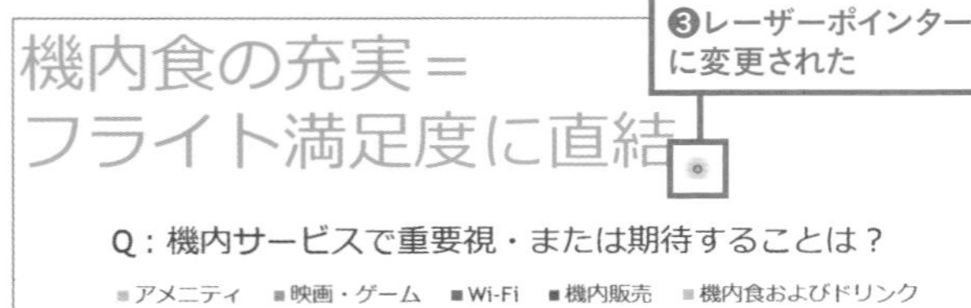

レーザーポインターの色を変更する

レーザーポインターの色を変更するには、［スライドショーの設定］ダイアログボックスを表示し（178ページ）、［レーザーポインターの色］の ▾ から選び、「OK」ボタンをクリックします。

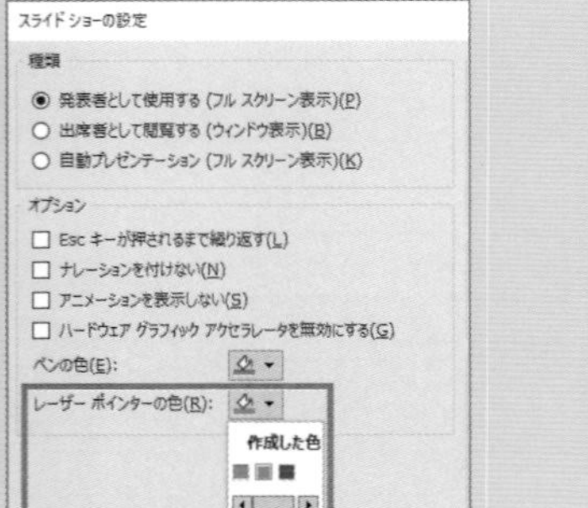

マウスのポインターに戻すには

TIPS レーザーポインターから通常のポインターに戻すには、[Esc] キーを押します。2度押ししてしまうとスライドショーが終了してしまうので注意しましょう。

より便利なショートカットキー

HINT [Ctrl] + [L] キーでレーザーポインターに変更することもできます。スライドショー実行時には、ショートカットキーを使用して操作すると、プレゼンを中断することなく使用できてスマートです。

2 スライドに書き込むペンに変更する

プレゼン中、強調したい部分をマルで囲んだり、棒グラフの推移を示すのに矢印を書き込んだりすると、動きのあるダイナミックなプレゼンになります。積極的に取り入れてワンランク上のプレゼンを目指しましょう。

スライドショー実行中、画面左下の ⊘ をクリックし、表示された一覧から［ペン］を選択します。

ペンを使っているときに次のスライドを表示するときは、マウスクリックは使えません。[Enter] キーや [↓] キー、[スペース] キーを押して表示しましょう。

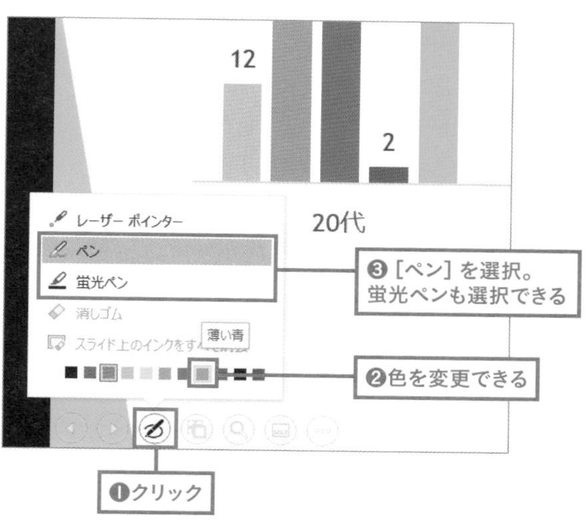

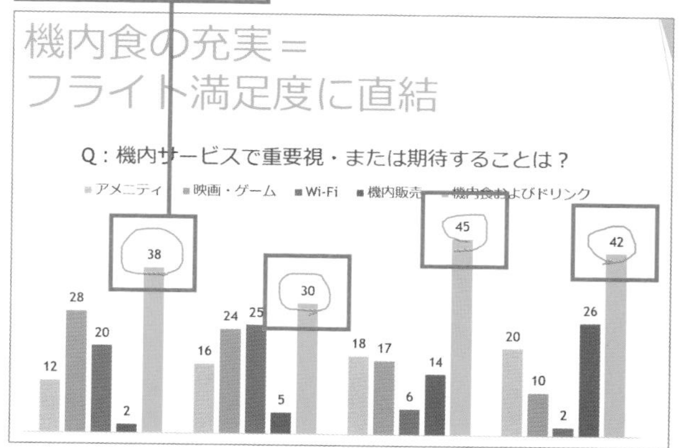

より便利なショートカットキー

HINT [Ctrl] + [P] キーでペン、[Ctrl] + [I] キーで蛍光ペンに変更することもできます。

3 スライドに書き込んだ線を消去する

プレゼン中にペンで書き込んだ内容は、一括ですべて消去、または［消しゴム］で1つずつ消すことができます。
スライドショー実行中、画面左下の をクリックし、表示された一覧から［スライド上のインクをすべて消去］を選択すれば、書き込みの内容がすべて削除されます。［消しゴム］を選択して、消去したい書き込みの上をクリックすると消去されます。

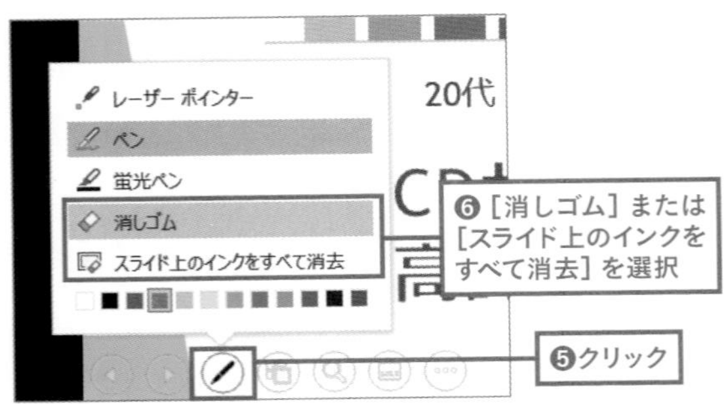

HINT

より便利なショートカットキー

[Ctrl] + [E] キーで消しゴム、[E] キーですべてを消去できます。

TIPS

書き込んだ線を残して保存する

書き込んだ線が残っている状態でスライドショー表示を終了すると、「インク注釈を保持しますか?」というダイアログが表示されます。❶［保持］をクリックすると、標準表示に戻しても書き込んだ線がそのまま表示されます。
保持したインクは［消しゴム］では消せないため、［ファイル］タブから［Backstage］ビューを開き、❷［情報］→❸［問題のチェック］→❹［ドキュメント検査］を選択して表示されたダイアログの❺［インク］にチェックを入れて❻［検査］をクリックします（ドキュメント検査で削除したデータは復元できない可能性があるため、必ず事前に保存をしておきましょう）。
検査が終了すると「インクが見つかりました」と表示があるので［すべて削除］を選択し、［閉じる］を押したら完了です。

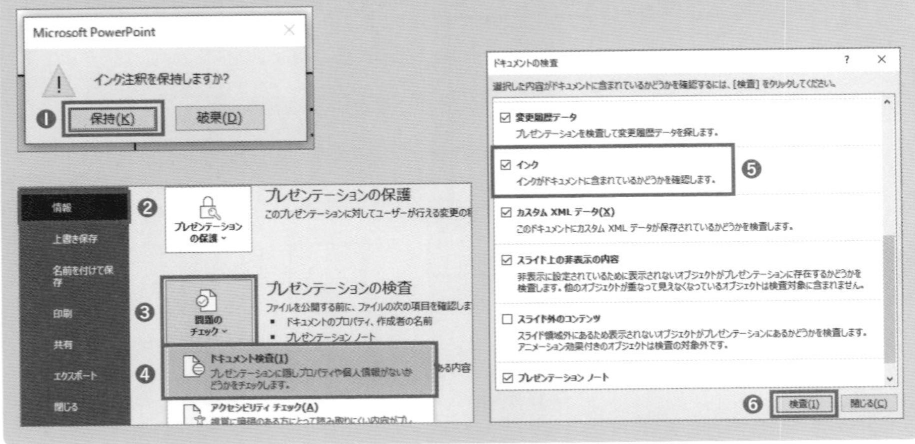

13 スライドショー実行中に黒い画面を差し込む

- プレゼン中に黒または白い画面を表示する
- スライドショー終了時の画面はスライドショーの設定画面で変更できる

スライドショー実行中に黒または白い画面を表示させることができます。発表者の紹介時にスライドを非表示にしたり、画面をブラックアウトさせて次のスライド内容を強調するのに使えます。

スライドショー実行中、[B] キーを押すと黒い画面、[W] キーを押すと白い画面が表示されます。スライドショーに戻るには再度同じキーを押すか [Esc] キーを押します。

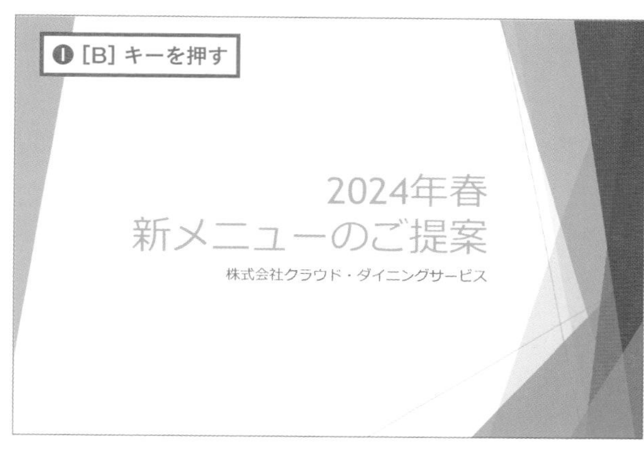

発表者ツールで黒の画面を表示する

発表者ツール（180ページ）でスライドショー実行中、黒い画面を表示するには、画面左下の［スライドショーをカットアウト/カットイン（ブラック）します］をクリックします。

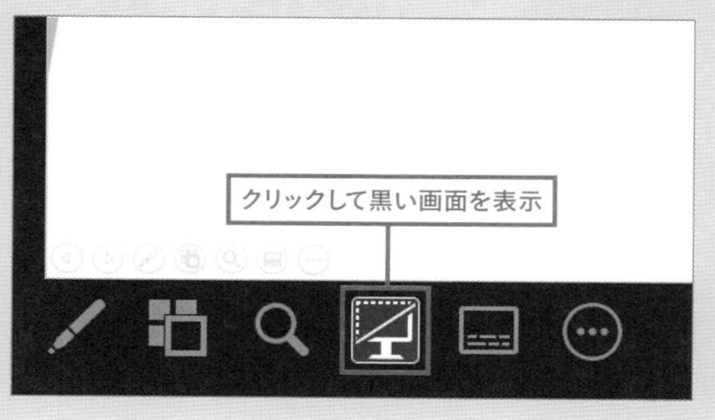

スライド終了時の画面を変更する

スライドショーで最後のページ表示が終わると黒い画面が表示されます（さらに進むとスライドの標準表示に戻ります）。この最後のページ表示は変更することができます。

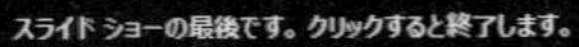

最後のスライドでクリック（または［Enter］キーを押すなど）すると、黒い画面が表示される

❶［スライドショー］タブで❷［スライドショーの設定］をクリックしてダイアログボックスを表示し、❸［Escキーが押されるまで繰り返す］にチェックを入れて❹［OK］ボタンをクリックします。

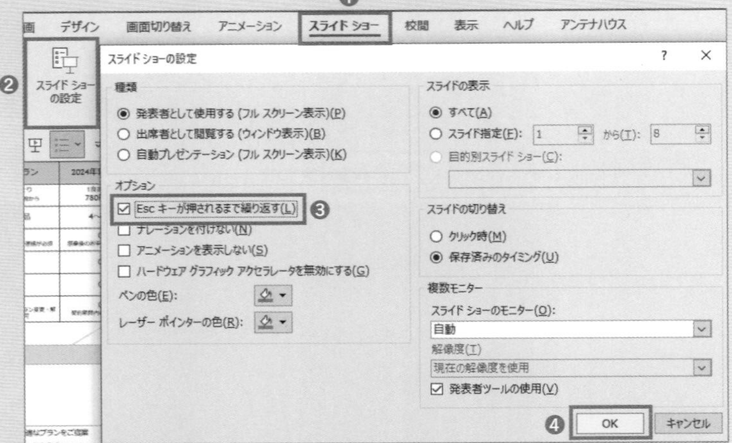

これで［Esc］キーを押すまでスライドショーが繰り返し表示され、最後のスライドで次のスライドに進むキーを押したとき、1枚目のスライドが表示されるようになりました。

2024年春
新メニューのご提案
株式会社クラウド・ダイニングサービス

1枚目のスライドが再度表示された

Chapter8

配布資料も大事!
印刷と保存

スライドを印刷したりPDF化すればプレゼン時に配る資料や取引先に持参する営業資料になります。メモ欄付きやオリジナル文言入りなど、状況に合わせて選びましょう。

01 1ページに複数のスライドを印刷する

- 用途に合わせて印刷の設定を変更する
- 白黒印刷の場合は［グレースケール表示］で見え方を事前にチェック

プレゼン時の配付資料であれば、1ページに複数スライド印刷して用紙を節約するのもよいでしょう。ここでは1スライドずつフルサイズで印刷する方法と複数スライドを1枚に印刷する方法を説明します。

1 1スライドずつ印刷する

［ファイル］タブを選択し、［Backstage］ビューで［印刷］を選択すると、部数やカラー設定などが変更できます。設定が完了したら［印刷］を選択して印刷します。

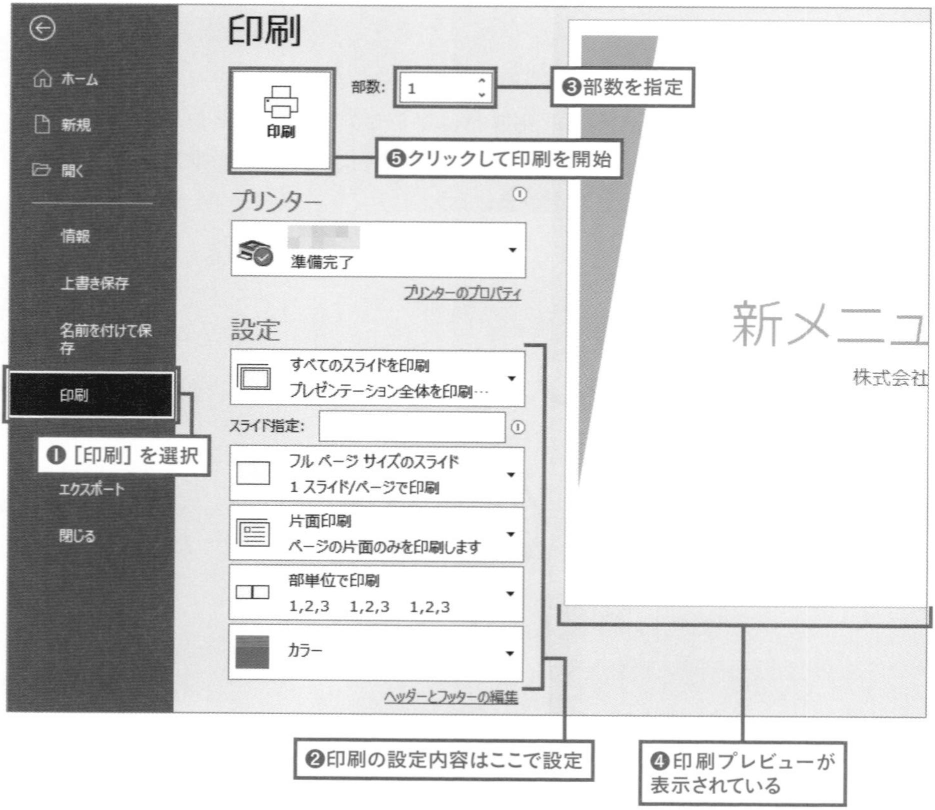

❶［印刷］を選択
❷印刷の設定内容はここで設定
❸部数を指定
❹印刷プレビューが表示されている
❺クリックして印刷を開始

2 複数スライドずつ印刷する

1と同じように［ファイル］タブ→［印刷］を選択後、［フルページサイズのスライド］をクリックすると、印刷時のレイアウトが指定できます。設定が完了したら［印刷］を選択して印刷します。

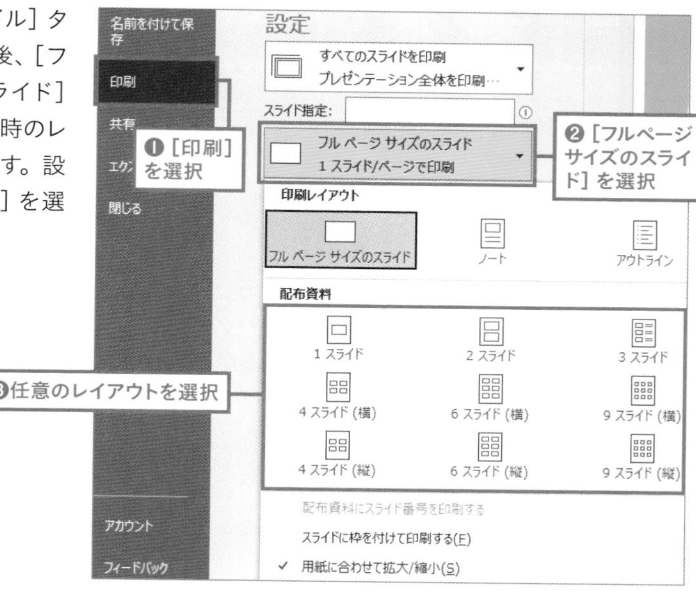

Column

このスライド、モノクロ印刷したらどうなる？

プレゼン時の配布資料は白黒印刷を指定されることもあります。資料をモノクロにする可能性がある場合は、あらかじめ印刷前に見え方をチェックしましょう。モノクロにすると、強調文字がかえって見にくくなってしまったり、図版の色分けがわからなかったりすることがあるため注意が必要です。

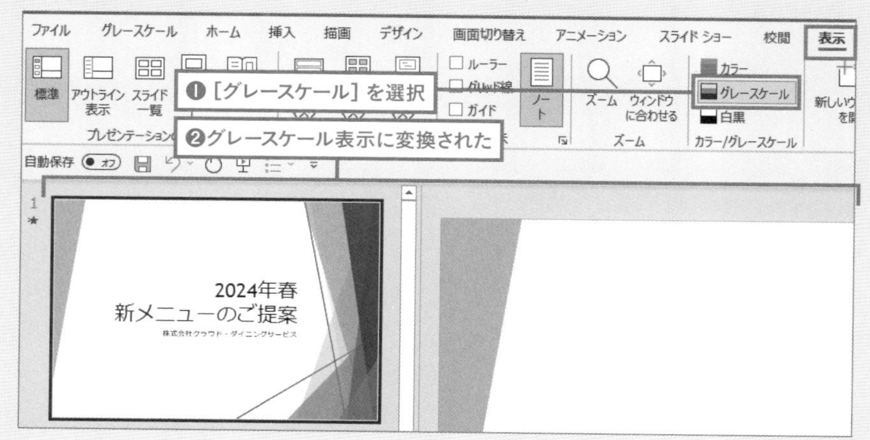

02 スライドの横にメモ欄を作って印刷する

- メモ欄を印刷したいときは［3スライド］ずつ印刷
- ノートペインの内容も一緒に印刷できる

印刷設定で［3スライド］を選択すると、スライドの横にメモ欄が表示された印刷資料が作れます。
189ページと同様、［ファイル］タブ→［Backstage］ビューを表示して［印刷］を選択した状態で、［フルページサイズのスライド］から［3スライド］を選択します。印刷時にメモ欄が表示されるのはこの［3スライド］のみです。

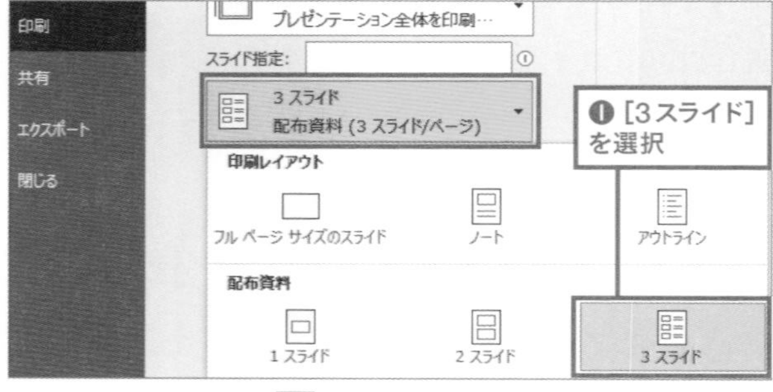

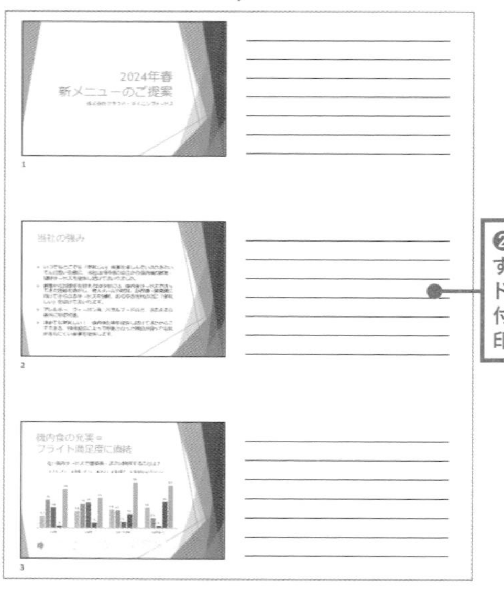

HINT ノートペインの内容を印刷する

179ページでノートペインに入力した原稿をスライドと一緒に印刷したいときは、［印刷レイアウト］をクリックして［フルページサイズのスライド］の右にある［ノート］を選択して印刷します。

03 配布資料に日付やスライド番号を挿入する

- 日付やページ番号は印刷画面でも設定可能
- 33ページのスライド番号の内容も一緒にチェック

スライドに日付やページ番号を入れていない場合でも、印刷設定画面で［ヘッダーとフッター］ダイアログボックスの［ノートと配付資料］タブでチェックを付ければ、印刷時にカンタンに追加できます。

1 印刷画面で［ヘッダーとフッター］を選択する

［ファイル］タブを選択し、［Backstage］ビューで［印刷］を選択したあと［ヘッダーとフッターの編集］を選択します。

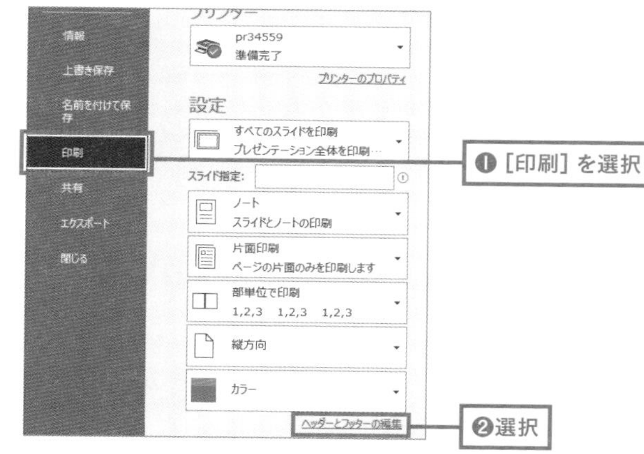

2 表示したい項目を選択する

表示されたダイアログの［ノートと配布資料］タブで、［日付と時刻］［ページ番号］［ヘッダー］［フッター］のうち、追加したい項目にチェックを入れます。［すべてに適用］をクリックして［印刷］ボタンを押します。

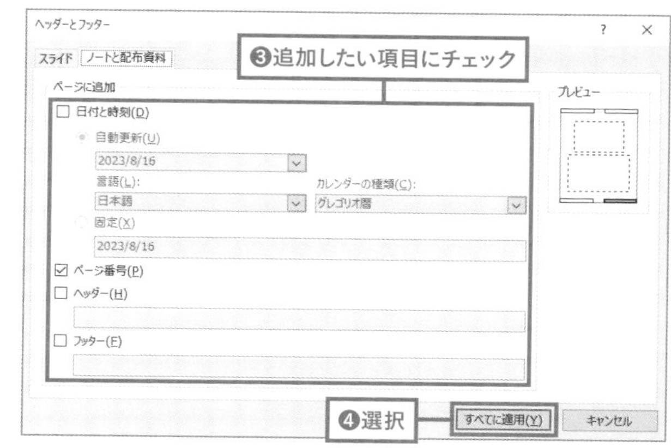

04 印刷資料にのみ「禁再配布」などの文言を入れたい

- [配布資料マスター] で印刷時にのみ表示される内容を設定する
- 1ページにレイアウトするスライド枚数や配布資料の向きなども設定できる

配布資料マスターを設定すると、印刷時のレイアウトやヘッダー、フッターのテキストや日付、ページ番号などを設定することができます。

1 [配布資料マスター] を選択する

[表示] タブから [配布資料マスター] を選択します。

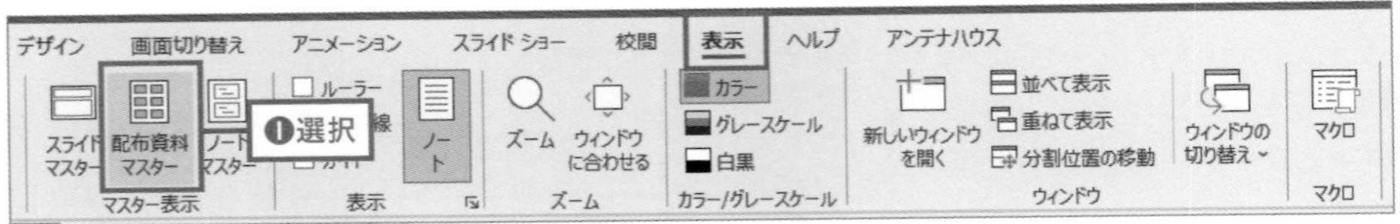

2 マスターにヘッダーなどを入力する

[配布資料マスター] が表示されました。ヘッダーやフッターのプレースホルダーなどに入力します。図はヘッダーに社名と「再配布禁止」の文言を入れ、[ホーム] タブのフォントの色や大きさを変更したところです。完了したら [配布資料マスター] タブの [マスター表示を閉じる] をクリックしてスライド表示に戻ります。

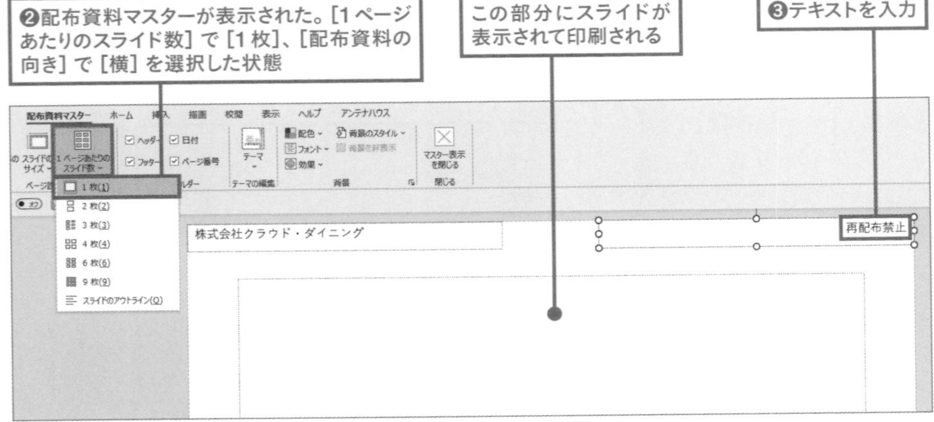

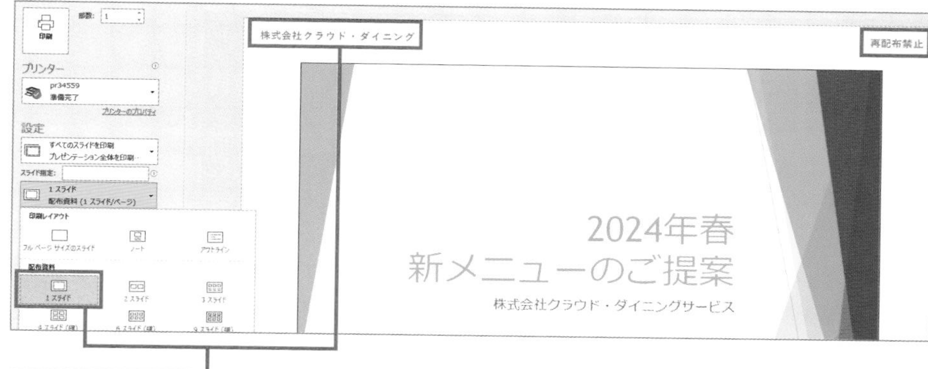

❹ ❸の内容は配布資料からレイアウトを設定したときにのみ表示される

配布資料マスターについてもっと詳しく!

［配布資料マスター］では印刷時の1枚におさめるスライド枚数や配布資料の向きなども設定することができます。

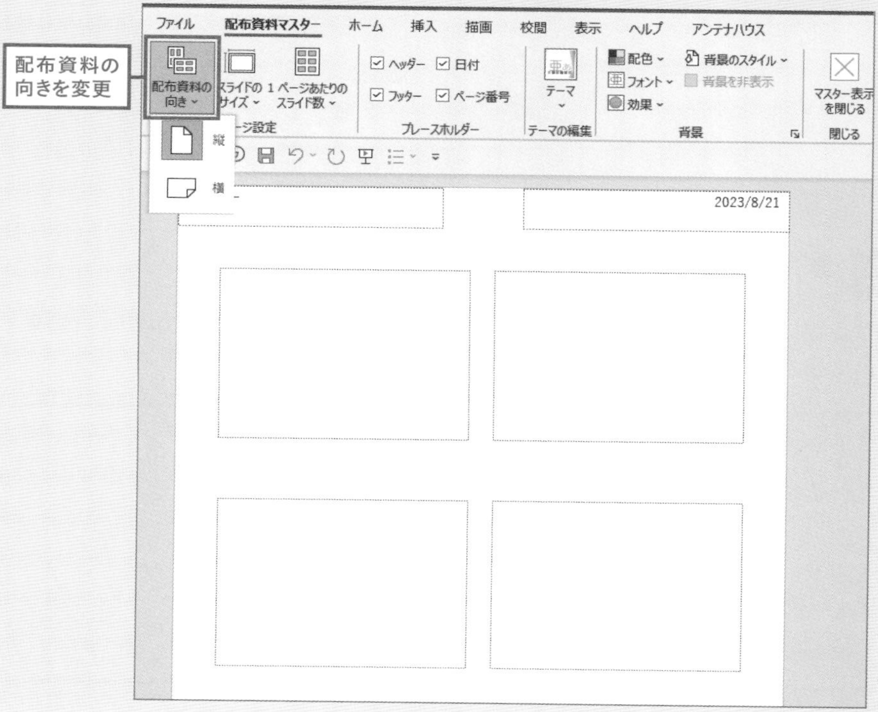

配布資料の向きを変更

05 読み取り専用にして内容を保護する

- 編集してほしくないスライドは読み取り専用に設定しておく
- ［編集する］を選択すればスライドは編集可能になる

作成したスライド資料をチームに共有後、内容を変更して上書き保存されてしまった！そんな事態を防ぐため、スライドを読み取り専用にして保護しておきましょう。

1 ［読み取り専用で開く］を選択して保存する

［ファイル］タブを選択して［Backstage］ビューを開き、［情報］を選択したら［プレゼンテーションの保護］から［常に読み取り専用で開く］を選択します。その後、いつも通りスライドを保存します。

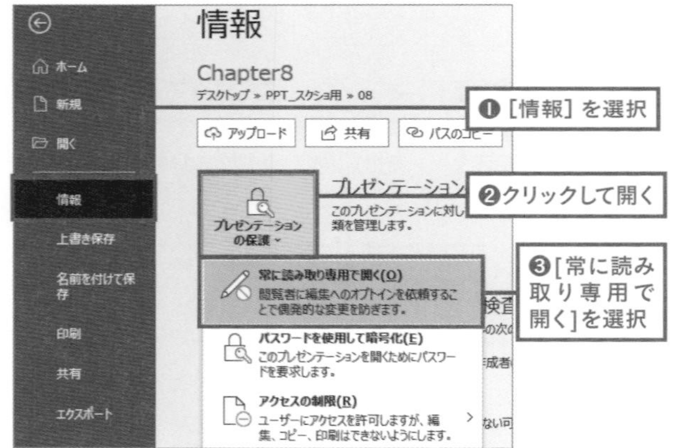

2 保存したスライドを開く

1で保存したスライドを開くと、「読み取り専用」と表示され、そのままの状態では編集できない状態になりました。

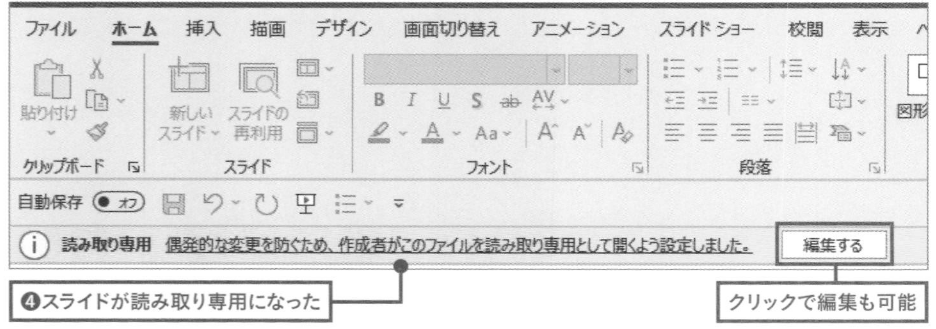

06 プレゼンをPDF形式で保存する

- 外部に送る資料はPDF形式がベスト
- 24ページのスライドの保存の内容も一緒にチェック

スライドをPDF形式で保存すると、PowerPointを持っていない人でも内容を確認でき、ファイルを勝手に変更される危険性もぐっと減ります。オンラインミーティングなどで資料を送る際にも使えるため、PDF形式での保存方法はしっかり覚えておきましょう。

[ファイル] タブを選択して [Backstage] ビューを開き [名前を付けて保存] を選択します。保存先を指定し、ファイル名を入力したら、ファイル形式のリストをクリックして表示し、[PDF (.pdf)] を選択して [保存] を押下します。

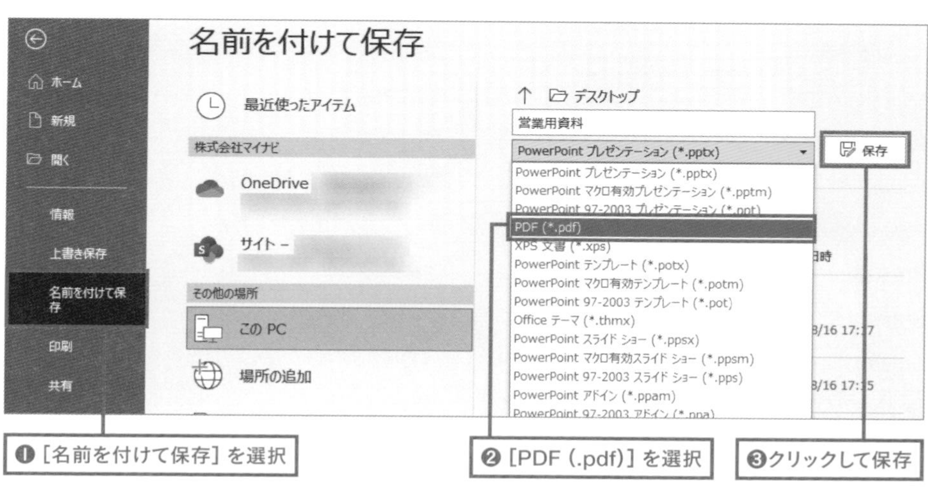

絶対に編集してほしくないものはPDF形式で共有

左ページの読み取り専用にして保存した場合、[編集する] をクリックするとスライドは編集が可能です。[プレゼンテーションの保護] はスライドファイルを完全に保護するものというより、うっかり内容を変更してしまうなど、ミスを防ぐことができるものとして考えましょう。
資料のファイルを外部に送る場合には、改変できないPDF形式で共有しましょう。

【記号】

【数字】

【アルファベット】

【あ行】

【か行】

【さ行】

【た行】

【な行】

【は行】

【ま行】

【や行】

【ら行】

【わ行】

STAFF

ブックデザイン　納谷 祐史
DTP　株式会社シンクス
編集　古田 由香里

PowerPoint 目指せ達人 基本&活用術 Office 2021 & Microsoft 365対応

2023年9月22日　初版第1刷発行

著者　PowerPoint基本&活用術編集部

発行者　角竹 輝紀

発行所　株式会社 マイナビ出版
〒101-0003　東京都千代田区一ツ橋2-6-3　一ツ橋ビル 2F
TEL：0480-38-6872（注文専用ダイヤル）
TEL：03-3556-2731（販売）
TEL：03-3556-2736（編集）
編集問い合わせ先：pc-books@mynavi.jp
URL：https://book.mynavi.jp

印刷・製本　株式会社ルナテック

ISBN：978-4-8399-8461-8